图7-3　新红星

图7-4　超红

图7-5　寒富

图7-6　宫崎短枝红富士

图7-7　弘前富士

图7-8　红将军

图7-9　乔纳金

图7-10　嘎拉

图7-11　美国8号

图7-12　澳洲青苹

图7-13　早捷

图7-14　华丹

图7-35　鸭梨

图7-36　雪花梨

图7-37　红南果梨

图7-38　苍溪雪梨

图7-39　砀山酥梨

图7-40　绿宝石

图7-41　丰水梨

图7-42　黄金梨

图7-43　水晶梨

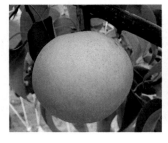

图7-44　园黄

图7-45　库尔勒香梨

图7-46　红星

图7-60　春雪

图7-61　突围

图7-62　中华寿桃

图7-63　黄金桃

图7-64　夏雪

图7-65　早凤王

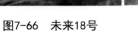
图7-66　未来18号

图7-67　红芒果油桃

图7-68　中油13号

图7-69　中油14号

图7-70　黄肉蟠桃

图7-71　晚巨蟠

图7-86 早巨杏

图7-87 极早红

图7-88 麦前杏

图7-89 丰收红

图7-90 红丰

图7-91 新世纪

图7-92 珍珠油杏

图7-93 供佛杏

图7-94 短枝八达杏

图7-95 苹果白杏

图7-96 美国金杏

图7-97 巨蜜王杏

图7-102　红五月

图7-103　日本李王

图7-104　紫琥珀

图7-105　黑巨王

图7-106　绥李3号

图7-107　红布林

图7-108　味厚

图7-109　恐龙蛋

图7-111　红灯

图7-112　早大果

图7-113　雷尼尔

图7-114　斯坦拉

图7-115　拉宾斯　　　　　图7-116　萨米脱　　　　　图7-117　龙冠

 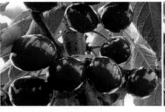 

图7-118　先锋　　　　　　图7-119　黑珍珠　　　　　图7-120　美早

图7-128　薄壳香　　　　　图7-129　京861　　　　　图7-130　辽核1号

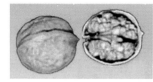  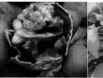 

图7-131　中林1号　　　　　图7-132　元丰　　　　　图7-133　8518核桃

图7-134　西林2号　　　　　　　　　图7-135　鲁光

图7-136 安徽宁国山核桃　　　　　图7-137 美国长山核桃

图7-138 美国黑核桃　　　　图7-139 狮子头　　图7-147 京山红毛早

图7-148 油栗　　　　图7-149 燕山早丰　　　　图7-150 燕山短枝

图7-151 燕红　　　　图7-152 大红袍　　　　图7-161 辽榛3号

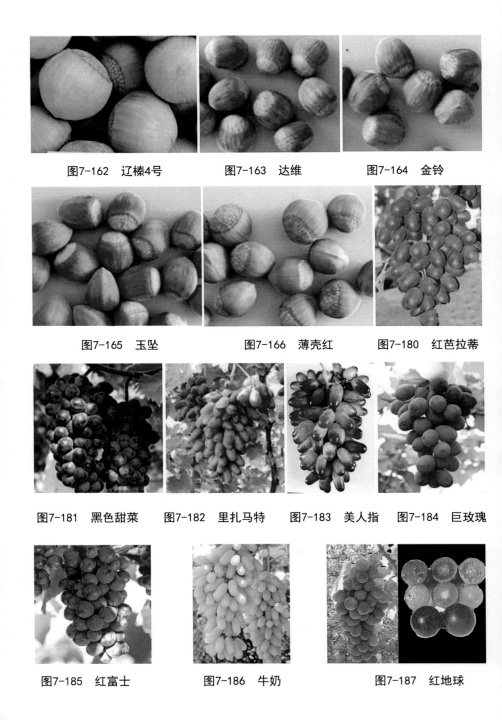

图7-162　辽榛4号　　　　　图7-163　达维　　　　　图7-164　金铃

图7-165　玉坠　　　　　　图7-166　薄壳红　　　　图7-180　红芭拉蒂

图7-181　黑色甜菜　　　图7-182　里扎马特　　　图7-183　美人指　　　图7-184　巨玫瑰

图7-185　红富士　　　　　图7-186　牛奶　　　　　图7-187　红地球

图7-188 摩尔多瓦　　图7-189 紫乳无核　　图7-190 赤霞珠　　图7-191 霞多丽

图7-213 楚红　　　　　　　　图7-214 红阳

图7-215 红美　　　　　　　　图7-216 红华

图7-217 翠玉　　　　　　　　图7-218 海沃德

图7-219　徐香　　　　　　　　　　　　图7-220　翠香

图7-221　金阳　　　　　　　　　　　　图7-222　新美

图7-223　金桃　　　　　　　　　　　　图7-224　金果

图7-225　华特　　　　　图7-233　无核大十　　　图7-234　白玉王

图7-235　桂花蜜　　　　　图7-236　日本甜桑　　　图7-237　台湾超长果桑

图7-238　四季红　　　　　图7-243　大将军　　　　　图7-244　红颜

图7-245　甜查理　　　　　图7-246　草莓王子　　　　图7-247　阿尔比

图7-248　香绯　　　　　　图7-256　磨盘柿　　　　　图7-257　牛心柿

图7-258　镜面柿

图7-259　曹州耿饼

图7-260　黑柿

图7-261　红灯笼柿

图7-262　罗田甜柿

图7-263　富有

图7-264　次郎

图7-265　甘秋

图7-272　金丝小枣

图7-273　骏枣

图7-274　赞皇大枣

图7-275 婆枣　　　　　　　　　图7-276 相枣

图7-277 圆铃枣　　　　　图7-278 冬枣　　　　　图7-279 梨枣

图7-280 胎里红　　　图7-281 台湾青枣　　　图7-284 大青皮石榴

图7-285 大红袍石榴　　　图7-286 泰山红石榴　　　图7-287 天红蛋石榴

图7-288 突尼斯软籽石榴　　图7-289 大果黑籽甜石榴　　图7-290 红如意软籽石榴

图7-291 三白石榴　　　　　　图7-292 大马牙甜石榴

图8-2 沙糖橘　　　　　　图8-3 金橘　　　　　　图8-4 本地早

图8-5 宫川蜜橘　　　　　图8-6 大浦蜜橘　　　　　图8-7 兴津蜜橘

早红脐橙　　红肉脐橙　　脐橙

图8-8　纽荷尔脐橙　　　图8-9　冰糖橙　　　图8-10　早红脐橙与其他脐橙的比较

图8-11　椪柑　　　　　图8-12　无核椪柑　　　　图8-13　寿柑

图8-14　丑柑　　　　　图8-15　沙田柚　　　　图8-16　金香柚

图8-23　桂味　　　图8-24　糯米糍　　　图8-25　挂绿　　　图8-26　陈紫

图8-27　黑叶　　　图8-28　淮枝　　　图8-29　水晶球　　　图8-30　妃子笑

图8-37　桂七芒　　　　图8-38　台农1号　　　　图8-39　青皮芒　　　　图8-40　金煌芒

图8-41　凯特芒　　　　图8-42　红象牙芒　　　　图8-43　玉文芒6号　　　　图8-44　贵妃

图8-45　金穗芒　　　　图8-46　爱文　　　　图8-47　金兴　　　　图8-48　腰芒

图8-65　无刺卡因　　　　图8-66　巴厘　　　　图8-67　神湾　　　　图8-68　剥粒凤梨

图8-69　香水凤梨　　　　图8-70　甜蜜蜜凤梨　　　　图8-71　牛奶凤梨　　　　图8-72　粤脆

园林苗木繁育丛书

果树繁育与养护管理大全

GUOSHU FANYU YU YANGHU
GUANLI DAQUAN

霍书新 主编

化学工业出版社

·北京·

本书共分八章，对果树苗木繁育方法和栽培管理技术进行了详细讲解，包括果树苗圃的建立、实生苗的培育、嫁接苗的培育、自根苗的培育，以及果园土肥水管理技术和果树整形修剪技术，重点介绍常见果树苗木的繁殖方法和栽培管理技术，以期为果农提供操作指南。书中各种嫁接方法的操作步骤和常用树形的整形过程以图解展示，浅显易懂、易于掌握。

图书在版编目（CIP）数据

果树繁育与养护管理大全/霍书新主编. —北京：化学工业出版社，2015.5（2022.7重印）
（园林苗木繁育丛书）
ISBN 978-7-122-23583-1

Ⅰ.①果… Ⅱ.①霍… Ⅲ.①果树园艺 Ⅳ.①S66

中国版本图书馆 CIP 数据核字（2015）第 070197 号

责任编辑：李　丽　　　　　　　　文字编辑：王新辉
责任校对：边　涛　　　　　　　　装帧设计：刘丽华

出版发行：化学工业出版社（北京市东城区青年湖南街 13 号　邮政编码 100011）
印　　　装：北京虎彩文化传播有限公司
850mm×1168mm　1/32　印张 14¼　彩插 8　字数 382 千字
2022 年 7 月北京第 1 版第 8 次印刷

购书咨询：010-64518888
售后服务：010-64518899
网　　址：http://www.cip.com.cn
凡购买本书，如有缺损质量问题，本社销售中心负责调换。

前言

　　随着社会的发展，消费者对果实品质的要求越来越高，果树生产向着标准化、产业化发展，果树苗木生产也随之发生变化，传统的小规模苗木生产和经营方式很难保证果树苗木的质量和果树生产发展的需求。因此，发展专业化苗圃，规模生产和经营，应用新技术、新方法培育高质量果树苗木，是目前果树生产的基础，是果树苗木发展的方向。

　　本书对果树苗木繁育方法和栽培管理技术进行详细讲解，包括果树苗圃的建立、实生苗的培育、嫁接苗的培育、自根苗的培育，以及果园土肥水管理技术和果树整形修剪技术；重点介绍各种果树苗木的繁殖方法和栽培管理技术，以期为果树苗圃工作者和果树生产者提供操作指南。本书图文并茂、形象直观、浅显易懂。

　　书中图片大部分由笔者自己绘制和拍照，少量来自网络和参考书，对提供资料和协助本书写作的同志，在此表示诚挚的谢意。

　　由于编写时间仓促，书中不足之处在所难免，恳请读者批评指正。

编者

2015 年 3 月

目录

绪论

第一章 果树苗圃的建立

第二章　实生苗的培育

第三章　嫁接苗的培育

第四章 自根苗的培育

第五章　苗木的养护管理与出圃

第六章　果园建立与管理

第七章　北方果树繁育技术

第八章　南方果树繁育技术

附录

参考文献

绪

论

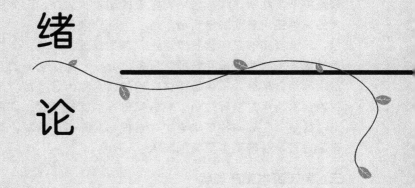

一、果树育苗的意义和任务

果树育苗是与其他农作物不同的一项特殊繁殖技术。品种纯正、砧木适宜的优质苗木是果树早果、丰产、优质、高效的先决条件。

果树育苗的任务是培育一定数量、适应当地自然条件、丰产、优质的果苗，以供果树发展的需要。为了保证苗木的质量，各地区适当建立各种类型的专业苗圃，培养无检疫对象而且品种纯正的健壮苗木。

二、果树种苗的繁殖方法

果树种类繁多，有草本、木本，有落叶果树、常绿果树。不同种类果树生长发育不同，繁殖方法也不同，繁殖方法可归纳为有性繁殖和无性繁殖。

有性繁殖即由种子播种培育成苗木的方法，这种苗木也称为实生苗。其特点是有强大的根系，可塑性、适应性、抗逆性强。果树繁殖中常常利用这种方法培育嫁接的砧木；另外，部分后代变异不大的树种还用它作栽培用苗。

无性繁殖法又叫营养繁殖法，包括扦插、压条、分株、组织培养与嫁接等方法。采用扦插、压条、分株、组织培养的方法繁殖的苗木称为自根苗，采用嫁接法繁殖的苗木称为嫁接苗。无性繁殖得到的苗木特点是变异性小，能保持母株的优良特性，许多果树采用无性繁殖。在果树种苗培育中，要根据实际生产情况，选择合适的育苗方式，获得更多更好的苗木。

三、果树苗木生产现状

果树种苗是果树生产的物质基础，苗木的生产能力和状况在一定程度上决定了果树生产的进程和发展方向，必须有足够数量的优质苗木才能保证果树产业的顺利发展。

近年来新的育苗技术不断涌现，弥补传统露地育苗的不足，使得育苗工作突破时间、空间的限制。组培工厂生产基地的建设，组培繁育技术及先进的生物技术在苗木繁育中的应用，保护地育苗、容器育苗、无土栽培育苗、全自动温室育苗等现代育苗技术的应用，以及全自动喷雾嫩枝扦插育苗技术的发展，大大提高了苗木培育的水平和数量，丰富了苗木的种类，提高了苗木的整齐度和质量。

四、果树生产发展

（一）向规模化、集约化发展

1. 果树生产规模逐渐扩大

规模经营是影响生产效率、成本和标准化的制约因素。发达国家逐渐向大农场集中，经营规模不断扩大。户均经营面积，美国＞200公顷（1公顷＝15亩），日本2～3公顷，波兰4～5公顷，我国＜0.5公顷。我国通过土地流转，也逐渐向经营大户集中，多者在70～100公顷。扩大生产规模是未来果树生产的发展方向。

2. 集约化栽培

随着果树生产规模的扩大，集约化栽培势在必行。集约化栽培要求降低成本，减少用工，提高机械化水平，实现最小的成本获得最大的投资回报。集约栽培可节约土地，提高土地、光能利用率，达到早丰、优质的目的。果树生产随之发生以下变化。

① 选用矮砧、矮中砧或短枝型品种，合理密植。

② 简化树形，采用纺锤形、V字形、主干形等，改善光照条件。

③ 采用轻剪长放修剪法，缓和树势，促进早果、早丰产。

④ 果园自动化灌溉、施肥，水肥一体化，节约劳动力。

（二）果品质量和安全性要求越来越高

随着世界经济发展和人民生活水平的提高，对果品质量和安全性要求越来越高，在果树生产过程中，由于化肥、农药、生长调节剂等的不合理应用，以及工业"三废"和城镇生活垃圾的大量排放，对果品卫生和生态环境造成严重威胁，已引起消费者的普遍关注。因此，无公害、绿色、有机果品成为消费的新潮流。

五、果树种苗培育的市场前景

1. 矮化密植苗木的需求

传统的大冠稀植已不能满足果树生产的发展，矮化密植是当前果树栽培改革中的一项重要措施。矮化密植主要途径是选用矮砧、矮中砧或短枝型品种，由于矮化砧木抗性、适应性较弱，矮化中间砧苗和短枝型种苗前景广阔。

2. 无病毒苗木的需求

无病毒苗木能提高产量，改进品质，经济效益高，现在世界各国都在争相发展。无病毒苗的繁殖，在美国基本上都是私营的苗木公司经营。但是，他们必须接受政府的监督。育苗公司必须向政府申请注册，由科研单位或大学的试验站提供无病的母本树或接穗，而且嫁接成苗之后，还必须经过国家检疫机关进行检验，确认其品种纯正、生长良好、无病毒或其他严重病虫害时，才能出圃销售。果树无病毒苗木的培育是我国实现果树生产现代化的重要措施之一。

3. 新育苗方式结合容器育苗

传统果树苗圃采用露地栽培、起苗、包装、运输等方式来生产、经营商品种苗，而新育苗方式如组培苗、无土栽培苗、设施苗圃的苗木与容器育苗结合，才能发挥最大优势。由于容器栽培可以终年随时移植，特别是高温、干旱季节移栽不会影响成活率，具有生产周期短、质量好、起运方便、移栽成活率高、便于管理等诸多优点，对我国苗木生产将会产生重大的影响。

随果树生产的发展，为种苗培育提供广阔的市场前景，要求苗圃工作者要努力做到科学合理地进行苗木的培育和繁殖工作，进一步开发利用苗圃资源，争取做到苗木种类多样性、地域特点明显、苗木特色突出，实现低成本、高产出的可持续苗木生产，以保证为果树生产提供品种丰富、品质优良而且适应性强的苗木。

第
一
章

果树苗圃的建立

第一节 苗圃地的选择和区划

育苗首先要建立苗圃。有了好的苗圃，才可能培育出健壮的苗木，适应生产发展的需要。

一、苗圃地选择

1. 地点

应设在苗木需求地区的中心，这样不仅可以减少苗木运输途中的费用和损失，而且苗木对当地环境条件的适应性强，栽植成活率高，生长发育良好。

2. 地势

应选择背风、向阳、稍有坡度的倾斜地。坡度大，应先修梯田，平地地下水位宜在 1～1.5m 以下，并且一年中水位升降变化不大，地下水位过高的低地，要做好排水工作。肥沃的平地，苗木易徒长，应控制肥水的供应，使枝梢生长充实。低洼的盆地不但易汇集空气形成霜冻，而且排水困难，易受涝害。

3. 土壤

一般以沙质壤土和轻黏壤土为宜。板栗、砂梨、柑橘等喜微酸性土壤，葡萄、枣、扁桃、杜梨则较耐盐碱，所以，应注意土壤改良工作。

4. 灌溉条件

要有较好的灌溉条件以保证苗木生长对水分的需要。

5. 病虫害

在病虫害严重的地区，尤其是对苗木危害较重的立枯病、根头癌肿病、地下害虫（如蛴螬、金针虫、线虫、根瘤蚜等），必须采取防治措施。

二、苗圃地区划

建立苗圃前首先要对当地苗圃的数量、位置、面积进行调查，根据当地的苗圃情况，设立不同类型的专业性苗圃。大型专业性苗圃建立，应结合当地气候、地形、土壤等资料进行全面规划。

（一）生产用地区划

1. 母本园

提供良种繁殖材料，如采集种子、插穗、接穗等。

2. 繁殖区

根据培育苗木的种类分为播种繁殖区、嫁接苗繁育区、自根苗繁殖区。播种的幼苗对不良环境条件的抵抗力较弱，需要精细管理，因此播种繁殖区应选全圃自然条件和经营条件最好的地段，要求地势平坦，接近水源，灌排方便，土质优良，背风向阳。培育无性繁殖的苗木要求土质深厚，地下水位较高，灌排方便。扦插繁殖应在最好的地方，要求有荫棚和小拱棚，有条件的应设喷灌、滴灌及自动间歇喷雾设备。

（二）辅助用地区划

辅助用地又称非生产用地，是指苗圃的管理区建筑用地和苗圃道路、排灌系统、防护林带、附属建筑等占用土地。一般辅助面积宜占苗圃总面积的 20% 左右。

1. 道路系统

苗圃的道路系统，是苗圃中不可缺少的重要设施。道路规划设计得合理与否，直接影响着运输和作业效率，甚至因为运输路线不好，而降低产品的质量。因此，在建园时必须充分重视。

苗圃的道路系统由主路、支路和小路三级组成。主路一般贯穿全园，与外界公路相连，一般宽 6～8m。支路一般结合大区划分进行设置，一般宽 3～4cm。大区内可根据需要分成若干小区，小区间可设置小路，路宽 1～2m。

2. 灌溉系统

灌溉系统是苗圃的重要工程设施，是保障苗木正常生长的重要条件。目前，灌水方法有地面灌溉、地下灌溉、喷灌和滴灌。

排水系统的规划布置，必须在调查研究，摸清地形、地质、排水路线、现有排水设施和排水规划的基础上进行。

3. 附属建筑

办公室、宿舍、农具室、种子贮藏室、化肥农药室、包装工棚等应选位置适中、交通方便的地点建筑，以尽量不占好地为宜。

第二节　育苗方式

一、露地育苗

露地育苗是指全过程在露地条件下进行和完成的育苗方式。我国目前仍广泛采用露地育苗方式，但这种方式只能在适宜苗木生长的环境条件下进行。

随着社会的发展，传统育苗方式在很大程度上已经不能满足市场对苗木种类、数量、质量的需要，各种新的育苗技术应运而生，它们克服了传统育苗方法在繁殖系数、栽培方法、病虫害控制等方面的不足，逐渐成为育苗方式中的主力，来满足社会对苗木的大量需求。

二、保护地育苗

所谓的保护地育苗，就是利用保护设施，如现代化全自控温室、供暖温室、日光温室、塑料大棚、小拱棚、荫棚等，把土地保护起来，创造适宜植物生长的环境条件进行育苗的方式（图1-1）。

露地扦插或播种育苗时，加盖小拱棚以提高地温，保持湿度。以组织培养方法繁殖苗木必须结合保护地育苗，组织培养瓶苗的炼苗和移栽需要温室、荫棚等保护地设施（图1-2）。育苗在保护地条件下可促进插穗生根，提高扦插成活率；可更好地发挥容器育苗和无土栽培育苗优势，保护地育苗设施在现代化种苗培育中必不可少。

三、无土栽培育苗

所谓的无土栽培，是指不用天然土壤，而用营养液或固体基质

图 1-1　大棚内樱桃砧木扦插育苗

图 1-2　设施内组培苗炼苗

加营养液栽培的方法。其中固体基质或营养液代替传统的土壤向植物体提供良好的水、肥、气、热等根际环境条件，使植物体完成整个生长过程。

无土栽培从实验室研究开始到现在，经历了 140 多年。在商品化应用的过程中，形成了各种各样的栽培方式，主要有固体基质栽培、水培和雾培。

1. 固体基质栽培

无土栽培基质主要是替代土壤固定植物，其次是最大限度地起到疏松通气、保持水分的作用（图 1-3 和图 1-4）。目前生产中很少用到单一基质栽培，广泛采用混合基质，所谓的混合基质，即两种或几种基质按照一定的比例混合而成。生产上常根据植物种类和基质的各自特性进行配制，常见的是 2～3 种单一基质进行混合。对混合基质的要求是，容重适宜，增加孔隙度，提高水分和空气含量。固体基质培养常常结合容器育苗和保护地育苗，发挥基质的优势，提高容器育苗效果。

2. 水培

所谓的水培，是指植物部分根系浸润在营养液中，而另一部分根系裸露在空气中的一类无土栽培方法。这种培养方式管理方便、性能稳定，便于机械化管理。

3. 雾培

雾培用在育苗上也叫气雾快繁，是基于基质快繁技术基础上的

图1-3 珍珠岩中扦插的桃树　　　图1-4 珍珠岩中扦插生根的葡萄

一种发展与提高，让离体材料在一个优化的气雾环境中直接生根，雾化空间又分为下切口内雾化与枝叶空间外雾化，内雾化为切口部位提供适宜的湿度环境及温度环境（图1-5），外雾化实现枝叶水分蒸腾的平衡及温度的调节（图1-6）。

图1-5 葡萄内雾化扦插　　　图1-6 大棚外雾化欧李扦插育苗

内雾化在为切口提供湿润雾环境的同时，还可以结合生根激素、营养液、活性物质的科学混配技术，为切口细胞活化及根原基的发育创造最适合的生理分化环境，对于生根发育有积极的调控及促进作用，可以非常方便地进行切口部位的消毒与杀菌，这是固体基质栽培所不可比拟的，是未来快繁技术发展的一个方向与主流。

四、容器育苗

容器育苗是指使用各种育苗容器装入栽培基质（营养土）培育苗木。这样培育出的苗木称为容器苗。

1. 容器育苗的优点

容器栽培可以终年随时移植，特别是高温、干旱季节移栽不会影响成活率，具有生产周期短、质量好、起运方便、移栽成活率高、便于管理等诸多优点。

2. 育苗容器的种类

果树育苗时间较短，常常1～3年出圃，较适合的容器有营养钵、种植袋和硬质塑料容器等（图1-7～图1-9）。

图 1-7　营养钵

图 1-8　种植袋

图 1-9　柑橘容器苗

种植袋又称植树袋、美植袋，由特种合成纤维非织布制造。用种植袋栽培各种苗木产品，成本低、效益高、坚固耐用、通透性强、保湿保肥、保温性好。

3. 营养土的选择

容器育苗时，营养土（基质）的选择与配制是关键。常用的原料有腐殖质、泥炭土、沙土、锯末、树皮、植物碎片及园土等。我国配制营养土的方法很多，受不同地区材料限制，故需要因地制宜，就地取材进行配制。

选择什么样的基质代替苗圃地土壤进行苗木的培育，是影响容器育苗成败与否的关键因素之一。用于容器育苗的基质要求含有丰富的有机质，肥料较全面，保水性、通气性好，重量轻，不易板结，无病虫害、杂草种子，pH 值适合果树生长。基质的主要材料应货源充足，可就地取材，以最大限度地降低基质生产成本。

『经验推广』

无土栽常用的混合基质有以下几种。

草炭：锯末 1：1；草炭：蛭石：锯末 1：1：1；草炭：蛭石：珍珠岩 1：1：1。

第三节　苗圃地档案制度

苗圃技术档案是育苗生产和科学试验的历史记录，是历史的真实凭证。从苗圃开始建立起，作为苗圃生产经营内容之一，就应建立苗圃技术档案。

一、建立苗圃技术档案的意义

苗圃技术档案通过不间断地记录、积累、整理、分析和总结苗圃地的使用情况、苗木的生长状况、育苗技术措施、物料使用情况及苗圃日常作业的劳动组织和用工等，能够及时、准确地掌握培育苗木的种类、数量和质量以及各种苗木的生长节律，为分析总结育苗技术经验，探索土地、劳力、机具和物料的合理使用以及建立健全计划管理、劳动组织，制订生产定额和实行科学管理提供依据。

二、苗圃技术档案的内容

1. 苗圃基本情况档案

记载苗圃地原来的地貌特征、位置。苗圃建成后的面积、地形图、土壤分布图、苗圃区划图等，按比例制留档案。

2. 苗圃土壤类型档案

记录苗圃地各区土壤肥力原始水平及土壤改良档案和土壤肥力变化档案。

3. 苗木种植档案

在每次育苗后画出栽植图，按树种、品种标明面积、数量；嫁接和扦插繁殖的品种要标明行号和株号，以利于苗木出圃时核查。母本园要绘制栽植图，以便采穗时查找。

4. 苗木繁殖管理档案

将苗木繁殖方法、时期、成活率和主要管理措施记入档案，以利于改进方法。同时记入主要病虫害及防治方法，以利制订周年管理历。

5. 苗木土壤轮作档案

将苗木轮作计划和实际执行情况以及轮作后的苗木生长情况都记入档案，以便以后调整安排轮作计划。

6. 苗木销售档案

将每次销售苗木种类、数量、去向都记入档案，以了解各种苗木销售的市场需求、栽植后情况和果树树种、品种流向分布，指导生产。

三、建立苗圃技术档案的要求

苗圃技术档案能提高生产，促进科学技术的发展和苗圃经营管理水平。要充分发挥苗圃技术档案的作用就必须做到以下几点。

① 要真正落实，长期坚持，不间断。

② 要设专职或兼职管理人员。

③ 观察记载要认真负责，实事求是，及时准确。

④ 每个生产周期结束后，有关人员必须对观察记载材料及时进行汇总整理，按照材料形成时间的先后或重要程度，连同总结等分类整理装订、登记造册，归档、长期妥善保管。最好将归档的材料输入计算机中贮存。

第二章

实生苗的培育

第一节　种子的采集和处理

一、实生苗的特点和利用

（一）实生苗的特点

（1）主根强大，根系发达，入土较深，对外界环境条件适应能力强。

（2）实生苗有明显的童期，进入结果期较迟，有很强的变异性和适应能力。

（3）大多数果树是异花授粉植物，故后代有明显的分离现象，不易保持母树的优良性状。

（二）实生苗的利用

实生苗是指播种种子所长成的苗木，是古老的果树繁殖方法。在果树生产中实生苗主要作为嫁接的砧木，也有部分树种用作果苗。因种子来源广、繁殖方法简便、便于大量繁殖、根系发达、适应性强等优点，至今仍为果树砧木的主要繁殖方法。利用实生繁殖变异性大的特点培育新品种，是果树育种的主要方法之一。

二、种子的采集

（一）种子采集要求

（1）选择优良母本树　培育实生苗，如核桃、板栗等更要注意选择丰产、稳产、品质优良的母株进行采种。实践证明，生长健壮的成年母株所产生的种子，充实饱满，其苗木对环境条件适应能力强，生长健壮，发育良好。

（2）适时采收　种子的成熟度是决定种子质量的主要因素之一。采收过早，种子未成熟，种胚发育不全，贮藏养分不足，生活力弱，发芽率低。

（3）选择果实　果实肥大、果形端正，则种子饱满，发芽率高。

（二）种子采集

1. 种子采收时期

采种期适宜与否对种子质量影响很大。鉴别果树种子形态是否成熟时，多根据果实颜色变为成熟色泽、果实变软、种皮颜色变深而有光泽、种子含水量减少、干物质增加而充实等确定。多数果树是在生理成熟后进入形态成熟，只有银杏等少数果树，是在形态成熟后还要经过较长的时间，种胚才发育完全。因此，采种用的果实必须充分成熟，不宜过早采收。

2. 取种方法

（1）堆沤方法　果实无利用价值的可用堆沤的方法，如山定子、山杏等。将果实堆积在背阴处使果肉软化；堆积期间要经常翻动，保持堆温在 25～30℃；果肉软化后揉碎，用清水洗净，取出种子。

（2）加工方法　果实可结合加工过程取种，注意要防止种子混杂或因高温、化学处理和机械损伤而降低种子生活力。

三、种子的贮藏

大多数种子从果实中取出后，需进行适当干燥，贮藏时才不致霉烂。贮藏中影响种子生理活动的主要条件是种子的含水量、温度、湿度和通气状况。

种子的干燥通常是放置于阴凉处，自然阴干，不宜暴晒。经过阴干后的种子，要进行分级，除去混杂物和破粒，使纯度达到95%以上。然后根据种子饱满程度或质量加以分级。种子经过精选分级后，可以出苗整齐，生长均匀，易实现全苗，便于抚育管理。

种子在层积处理（催芽）之前的时间，需要设法保持种子生活力。落叶果树种子大多数在充分阴干后干藏，如杜梨、山定子、海棠、桃、杏、核桃等。而板栗、甜樱桃、银杏和大多数常绿果树等种子本身含水量较高，干藏会失水不易萌发而死亡，采收后需要立即播种或湿藏。

四、种子休眠和层积处理

（一）种子休眠

种子的休眠是指有生活力的种子即使吸水并置于适宜的温度和通气条件下，也不能发芽的现象。

南方常绿果树和种子一般没有休眠期或休眠期很短，只要采种后稍加晾干，立即播种，在温度、湿度和通气良好的条件下，随时都能发芽。

北方落叶果树的种子，具有自然休眠的特性，即使给予适宜的发芽条件，也不能发芽。这对种子的贮藏是有利的，但对播种发芽带来了一些困难。为了解除休眠，保证种子的萌发，要进行处理，即种子的层积处理。

（二）种子层积处理

层积处理是将种子和沙分层堆积，在低温环境下，使种子解除休眠，保证种子萌发的方法，也叫沙藏。

1. 层积处理过程

层积处理过程见图 2-1。

2. 层积处理的条件

① 温度 2～7℃，一般埋在冻土层以下；沙的湿度以 40%～60% 为宜，即手握成团而不滴水，手一触即散。

② 沙藏前，除去种子内的杂质，进行漂洗，防治烂种；沙子需要洁净的河沙，不能带土，过筛。种、沙比例要适当，一般种、沙比为 1:3，种子以互不接触为准。

③ 在坑底铺一层 10～20cm 厚的石子或石砾，上面铺 10cm 的湿沙。可在被处理种子中立秫秸把，保持良好的通气条件。

④ 沙藏处理的后期，要注意经常检查种子，使其保持合适的温度、湿度和通气条件，并掌握种子的发芽情况。

五、种子生活力鉴定

新种子生活力高，播种后有较高的发芽力。陈种子则会丧失部

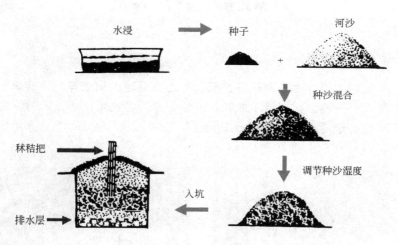

图 2-1　层积处理过程

分或全部生活力。为了正确确定种子质量和计划播种量，宜在层积处理或播种前进行种子生活力的鉴定。种子生活力鉴定是判断种子发芽力和发芽数量的一种方法。常用方法如下。

（1）目测法　凡种子饱满，大小均匀，千粒重大，纯净无杂，种胚和子叶均为白色，不透明，有弹性，手指按压不破碎，无发霉气味，一般生活力良好。

（2）染色法　失去生活力的种胚，即失去半透性作用，外面的高分子染粒可进去而染色。凡是种子全部着色或胚已经着色，表明已经失去生活力。只是子叶着色，则表明部分丧失生活力。具有生活力的种子则全不着色。常用的染色剂是 $0.1\% \sim 0.2\%$ 蓝胭脂红水溶液。染色前一天，先水浸种子数小时，剥去种皮，染色 3h 即见效果。

（3）发芽试验　把种子置于适宜的条件下（如恒温箱等）使其发芽，计算其发芽百分数。种子的发芽率越高，说明种子越饱满，整齐度越高，种胚发育越良好，种子生活力越高。

第二节 播 种

一、整地、做畦

播种前要对播种地施有机肥，再进行翻地、耙地等，使苗床土壤松软、平整。根据要求做畦，一般多雨地区或地下水位高时，宜用高畦，畦面高于步道 15～25cm（图 2-2），少雨干旱地区宜用低畦，畦面低于步道 10～15cm（图 2-3）。

图 2-2 高畦 　　　　　　　　　 图 2-3 低畦

二、播种时间

播种时间要根据各种果树的生长发育特性和当地环境条件以及栽培设施而定。

1. 春季播种

冬季严寒、干旱、风大、鸟鼠害严重的地区宜春播。一般中原一带在 3 月上旬至 4 月上旬、华南多在 2 月下旬至 3 月上旬播种。春播在土壤解冻后进行，在不受晚霜危害的前提下，尽量早播，可延长苗木的生长期，增加苗木的抗性。

2. 秋季播种

冬季较短且不甚寒冷和干旱，土质较好又无鸟、鼠害的地区宜秋播。秋播种子在土壤中通过后熟和休眠，第二年春季出苗早而整齐，苗木生长期长，幼苗生长健壮。冬季较长和土壤干旱的地区，应适当增加播种深度或进行畦面覆盖保墒。

3. 随采随播

许多常绿果树的种子含水量大、寿命短、不耐贮藏，应随采随播，如柑橘砧木用枳，7月中旬、下旬种子发芽率达90%，生产上常用嫩籽播种，出苗整齐，长势健壮。广东6~9月播种荔枝、龙眼和芒果，4~6月播种枇杷。

三、播种方法

1. 播种方法

播种方法有撒播、点播和条播，果树播种育苗常用条播和点播。

（1）条播 按一定的株行距开沟，沟深1~5cm，将种子均匀地撒到沟内，覆土，适合于小粒种子，如海棠、山定子、杜梨等。出苗密度适当，生长比较整齐。

（2）点播 按一定的行距开沟，将种子1~2粒按一定株距点到沟内，覆土，适合于大粒或超大粒种子，如山桃、核桃、银杏、核桃、板栗等。

2. 播种深度

播种深度应根据种子大小、土壤性质、气候条件而定。一般要求播种深度是种子最大直径的3~4倍。秋播比春播稍深。通常，山定子1cm，海棠、杜梨1.5~2cm，君迁子2~3cm，山桃、毛桃、山杏4~5cm，核桃、板栗5~6cm。

播种时，可在土壤中掺些细沙，覆盖在种子上，防止土壤板结，有利于出苗。播种后，采用地膜覆盖或覆草等，可防治土壤干裂，对种子萌发出土有利。

3. 播种量

播种量是指单位面积上（或单位长度上）播种种子的质量。播种量的大小要依据计划育苗的数量、每千克种子的粒数、种子发芽率、种子纯净度来确定。可用下列公式进行计算。

$$每公顷播种量(kg) = \frac{每公顷计划育苗数}{每千克种子的粒数 \times 种子发芽率 \times 种子净度}$$

在育苗过程中，影响出苗的因素很多，所以生产中实际播种量均高于计算播种量。常用种子的播种量见附表1。

四、播种苗的管理

播种后要充分注意温度和湿度的变化，山定子、海棠、杜梨等小粒种子在日均气温10～15℃出苗最好。

(1) 移栽和间苗　当小粒种子在出土之后，要分期分批去掉覆盖物，当幼苗长出3～4片真叶时，进行移栽和间苗，此时小苗正处于缓慢生长期。移栽过早，幼苗不易成活，过晚，易伤根，也影响成活率。

移栽和间苗前，首先应灌水，以防止伤根，而且移栽的时间宜在阴天或傍晚进行。仁果类小苗以10cm一棵为宜，大粒种子幼苗不宜移栽。

(2) 断根　对直根发达的树种（如核桃、杜梨等），在苗期断根，促进侧根发展。时期在3～4片真叶时，深度10～15cm，方法是用一铁锹在行间斜向下铲一下，注意断根后应立即灌水。

(3) 摘心　苗高长到30cm以上时进行，以加粗苗干。同时除去苗干基部发生的萌蘖枝，以便于以后的嫁接。

(4) 灌水　苗木出土之后，要及时灌水，以加速苗木的生长，要求小水漫灌。苗木进入生长期后，气温增高，耗水量增大，应增加灌水次数。

(5) 除覆盖物　地膜覆盖的在出苗后，要及时放风，当苗子顶到薄膜时全部放开，以免灼伤小苗。

(6) 松土与除草　松土除草可以减少土壤水分的蒸发，促进气体交换，给土壤微生物创造适宜的生活条件，提高土壤中有效养分的利用率，以免杂草与苗木竞争土壤水分、养分。

(7) 苗木追肥　苗木的不同生长发育时期，对营养元素的需要不同。生长初期需要氮肥和磷肥，速生期需要大量的氮、磷、钾肥和其他一些必需的微量元素。生长后期则以钾肥为主，磷肥为辅，忌施氮肥。追肥要掌握"由稀到浓，量少次多，适时适量，分期巧施"的技术要领。在整个苗木生长期内，一般可追肥2~6次，第1次在幼苗出土1个月左右开始，最后1次氮肥，要在苗木停止生长前1个月结束。

『经验推广』

播种关键技术：

选择优良的种子，播前用适宜的方法进行种子处理，掌握好播种量；播种时掌握好土壤墒情、播种深度；种子发芽出土前，可以对苗床进行覆盖或遮阴，以保持土壤湿度，调节土温。

第三章

嫁接苗的培育

第一节　嫁接成活原理

一、嫁接的概念

1. 嫁接

嫁接就是人们有目的地将一株树的枝条或芽子等器官，接到另一株带有根系的植物上，使这个枝条或者是芽子接受它的营养，成长发育成一株独立生长的植物。

例如，将苹果的枝条或芽子接到山定子或海棠的苗木上，使苹果的枝条或芽子接受山定子或海棠根吸收的营养，成长为一株苹果树，这种方法即为嫁接（图3-1）。

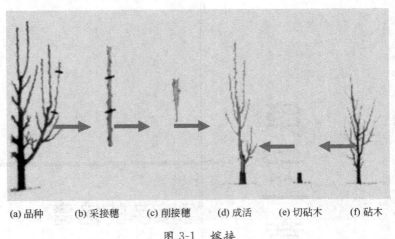

(a) 品种　　(b) 采接穗　　(c) 削接穗　　(d) 成活　　(e) 切砧木　　(f) 砧木

图 3-1　嫁接

2. 接穗

嫁接时用的枝条或芽子称为接穗，俗称码子（图3-2）。

3. 砧木

嫁接时带有根系承受接穗的植物就叫砧木（图3-2）。

4. 嫁接苗

用嫁接方法繁殖的苗木属无性繁殖或营养繁殖苗，简称嫁

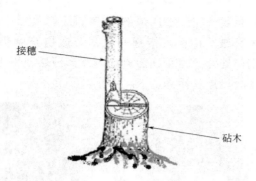

接穗

砧木

图 3-2　接穗和砧木

接苗。

5. 形成层

形成层是树皮与木质部之间一层很薄的细胞组织，这层细胞组织具有很高的生活能力，也是植物生长最活跃的部分（图 3-3）。形成层细胞不断地进行分裂，向外形成韧皮部，向内形成木质部，形成层的活动引起果树的加粗生长。

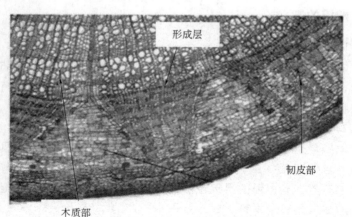

形成层

韧皮部

木质部

图 3-3　形成层

6. 愈伤组织

由伤口表面细胞分裂而形成的一团没有分化的细胞，由于它对伤口起保护和愈合作用，故叫愈伤组织（图3-4）。

在生长季节进行嫁接，接穗和砧木形成层细胞仍然不断地分裂，而且在伤口处能产生创伤激素，刺激形成层及附近的薄壁细胞加速分裂，生长出愈伤组织。

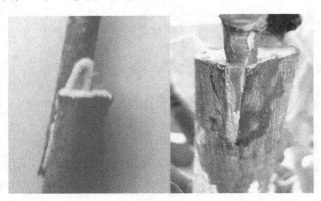

图3-4　嫁接口的愈伤组织

二、嫁接的意义

1. 保持和发展优良种性

嫁接后接穗生长发育和开花结果，虽然也不同程度地受砧木的影响，但与其他营养繁殖一样能保持母本遗传特性，继续保持母本优良特性。

2. 实现早期丰产

嫁接繁殖接穗采自成龄大树，阶段年龄成熟，比实生苗具有早实性，可缩短果树的营养生长期，提早结果（图3-5）。果树嫁接在矮化砧木上有更强的早果性。矮砧抑制地上部营养生长，促进花芽的形成和果实的发育，起到早果、丰产的作用。

3. 增强品种抗性和适应环境的能力

通常砧木具有抗寒、抗旱、抗病、耐盐碱、耐瘠薄等特性，利用砧木对接穗的生理影响，提高接穗品种的生理抗性。

在枫杨上嫁接核桃，提高耐湿性；柿子嫁接在君迁子上，能适

图 3-5　矮化砧木使苹果早丰产

应寒冷气候；梨嫁接在杜梨上可适应盐碱土壤。

4. 改变株形

接穗品种易受砧木影响，如选用矮化砧或特殊的砧木，可改变株形，调节生长势，使苗木矮化（图3-6）。

图 3-6　嫁接短枝型苹果植株矮化

5. 克服不易繁殖的缺陷、加速优良品种的繁殖

自然界有些品种不能进行有性繁殖，如单性结实、孤雌生殖等结实不育，或者是结实少甚至不结实，有些品种有性繁殖后代发生变异，而通过扦插等无性繁殖手段又难以成活，于是嫁接就成为其主要的、甚至是唯一的繁殖手段。

6. 提高观赏性

嫁接可提高观赏价值。把不同品种嫁接在同一植株上，可获得多姿、多色和延长花期的效果（图3-7、图3-8）。

图 3-7　嫁接不同品种
提高观赏效果

图 3-8　嫁接花芽提高观赏效果

7. 修补损伤

嫁接可对遭受损伤的树木进行修补，使病树、老树复壮。树木枝干遭受病虫危害和机械损伤，或树势衰弱的树木可通过嫁接进行换枝、补枝或换头，以恢复树势达到更新复壮（图3-9）。

三、嫁接亲和性

一般认为，嫁接以后砧木与接穗完全愈合而成为共生体，并能够长期正常生长和结果的砧、穗组合是亲和的组合，否则是不亲和的，这种嫁接能否愈合成活和正常生长结果的能力称为嫁接亲和性（力）。

1. 亲和类型

砧木和接穗亲和力强弱的表现形式是复杂多样的，通常可分为

图 3-9 桥接修补腐烂病疤

以下几种。

（1）亲和良好 指嫁接以后砧木与接穗完全愈合，并能够长期正常生长和结果。同种间亲合力最强，同属异种间嫁接，一般亲合良好。

（2）亲和力差 指接口愈合不好，有明显的瘤状物，或接口上下的生长势不一致，出现大、小脚现象。一般同科异属间亲和力差（图 3-10、图 3-11）。

（3）短期亲和 指嫁接数年后出现树体衰弱、死亡现象，接口整齐断裂。有些组合早期表现亲和，而后期则表现不亲和现象，说明其本质上是不亲和的。后期不亲和，往往给生产带来很大损失。

（4）不亲和 指接口、接穗迅速或逐渐干枯，有的虽暂时不干枯，但接穗不发芽，或发芽后生长势很弱，并逐渐黄化、死亡。

2. 嫁接不亲和的原因

嫁接不亲和的主要原因是砧木和接穗间亲缘关系的远近，在植物分类上，砧、穗间亲缘关系较近的，嫁接亲和性较强。

（1）同种间或同品种间亲和力最强，如核桃接核桃（同种）、毛桃接油桃（同种，油桃是毛桃的变种）。

（2）同属异种间亲和力次之，如山杏（杏属）接杏（杏属）、

图 3-10　小脚现象　　　　　　　　图 3-11　大脚现象

海棠（苹果属）接苹果（苹果属）、酸橙（柑橘属）接甜橙（柑橘属）等成活也较好。

（3）同科异属间亲和力小，有些植物可接成活，如水枸子（蔷薇科枸子属）接苹果（蔷薇科苹果属）、枫杨（胡桃科枫杨属）接核桃（胡桃科胡桃属）等。

（4）不同科间亲和力更弱，很难嫁接成活。

此外，砧、穗间内部组织结构的差异和生理特性的差异，以及遗传特性的差异都会影响嫁接的亲和性。

3. 克服不亲和的途径

实际上亲和与不亲和之间并没有明显的界限。例如，苹果的矮化砧木多数嫁接苹果品种后存在着"大脚"和"小脚"现象，应该是一种不亲和的表现，但是仍能正常生长结果，因此，在生产中被认为是亲和的组合。此外，一些早期被认为是不亲和的组合，随着嫁接技术和工具的改进，而表现亲和现象，说明其本质上是亲和的；有些组合早期表现亲和，而后期则表现不亲和现象，说明其本质上是不亲和的。这种后期不亲和，往往给生产带来很大损失。因此进行亲和性的早期预测及克服不亲和的技术具有重要意义。

生产上克服嫁接不亲和的措施主要是利用中间砧和改进嫁接技

术，如发现后期不亲和，补救措施是采用桥接、靠接等来改善树体生长状况。

四、嫁接愈合成活过程

嫁接成活的生理基础是植物的再生能力和分化能力。接口表面受伤细胞因受到切削伤口的刺激，分泌愈伤激素刺激细胞内原生质活泼生长，使接穗、砧木双方的形成层和薄壁组织细胞旺盛分裂，形成愈伤组织。愈伤组织不断增长，砧木、接穗两者愈伤组织的中间部分成为形成层，向内分化为木质部，向外分化为韧皮部，形成完整的疏导系统，砧木的根在土壤中吸收水和无机盐通过木质部向上运输给接穗，嫁接成活（图3-12～图3-14）。

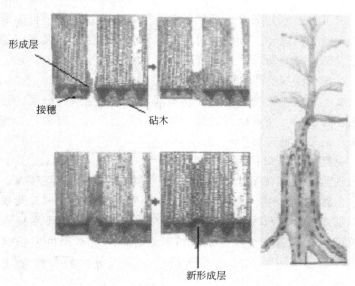

图 3-12　嫁接成活原理

1. 形成隔离层

嫁接时，砧、穗接触面上的破碎细胞与空气接触，其残壁和内含物被氧化，原生质遭到破坏，在伤口表面产生一层褐色的坏死组

图 3-13　愈伤组织填满空隙

图 3-14　嫁接成活

织，它可防止水分蒸发，保护伤口不受有害物质侵入。但隔离层太厚时，则影响愈合。故嫁接时削面平滑，嫁接后绑缚要紧，都是为了减少砧、穗间隙，防治隔离层太厚。

2. 愈伤组织的产生和结合

由于愈伤激素的作用，使伤口周围的细胞生长和分裂，形成层细胞加强活动，使隔离层破裂，形成愈伤组织，并充满砧、穗间的空隙，使砧、穗连接于一起。

观察嫁接伤口的变化，可以看到开始 2～3 天，由于切削表面的细胞被破坏或死亡，因而形成一层薄薄的浅褐色隔膜，有些丹宁含量高的植物，褐色隔膜更为明显。嫁接后 4～5 天褐色层才逐渐消失。7 天后就能产生少量的愈伤组织，10 天后接穗愈伤组织可达到最高数量。但是，如果此时砧木没有产生愈伤组织相接应，那么接穗所产生的愈伤组织就会因养分耗尽而逐步萎缩死亡。

砧木愈伤组织在嫁接 10 天后生长加快。由于根系（叶）能不断地供应养分，因此它的愈伤组织的数量要比接穗多得多。这时，双方的愈伤组织将接穗与砧木间的空隙填满。

3. 新形成层的产生

在嫁接后 2～3 周，新形成的愈伤组织边缘，与砧、穗两者形成相接触的薄壁细胞分化成新的形成层细胞，并不断分化，穿过愈伤组织，直到砧穗间形成层相连为止。

4. 形成层再分化

形成层进一步分化，向外形成韧皮部，砧、穗筛管相连，向内形成木质部，砧、穗导管相连，最后长成一完整植株（图 3-15）。

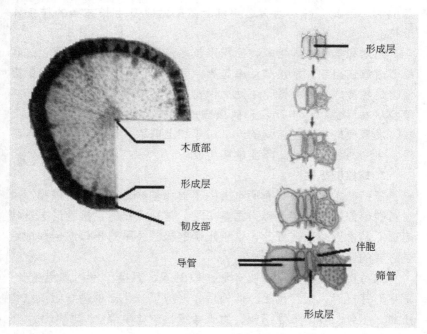

图 3-15　形成层的分化

五、影响嫁接成活的因素

1. 亲和力

亲和力是嫁接成功最基本的条件，不管是什么植物、采取哪一种嫁接方法、在什么样的条件下，砧、穗间必备一定的亲和力才能嫁接成活。亲和力越强，嫁接成活的概率越大，亲和力越弱，嫁接越不容易成活。在植物学分类上嫁接亲和力主要由亲缘关系决定，亲缘关系越近，其亲和力越强，亲缘关系越远，其亲和力越弱。

2. 砧木和接穗质量

由于愈合组织的形成和伤口愈合等都需要一定的养分，凡是砧木与接穗贮藏养分多的，特别是碳水化合物含量高的，嫁接较易成活。因此，嫁接时宜选用健壮的砧木以及生长充实的枝条作接穗。

砧木和接穗体内营养物质积累越多，形成层越易于分化，越容易形成愈伤组织，嫁接成活率越高，同时，砧木、接穗生活力的高低也是嫁接成活的关键，生活力保持越好，成活率越高。因此，接穗应从发育健壮、丰产、无病虫害的母树上选树冠外围、生长充实、发育良好、芽子饱满的一、二年枝上剪取。砧木要求生理年龄轻、生命力强的一、二年生的实生苗。

3. 嫁接的极性

任何砧木和接穗都有形态上的顶端和基端，愈伤组织最初产生在基端部分，这种特性称为垂直极性。常规嫁接时，接穗形态基端应插入砧木形态顶端部分，这种正确的极性关系对接口愈合和成活是必要的。

如桥接时接穗接反，能存活一段时间，但接穗不能加粗生长；丁字形芽接时，接芽倒接也能成活，形成层分化出的输导组织结构扭曲，水分、养分流通不畅，生长缓慢，树体早衰。

4. 伤流、树胶、单宁物质

有些植物，如葡萄、核桃等，春季根系开始活动后地上部有伤口的地方易产生伤流，既消耗了大量的营养物质，又窒息了切口处细胞的呼吸，影响了愈合组织的形成，故春季室外嫁接葡萄、核桃，会在很大程度上降低成活率。为此，可采用绿枝接或芽接。若一定在春季嫁接，可在嫁接前3~5天剪砧或进行砧基放流，以提高嫁接成活率。

有些树种，如桃、枣等在嫁接时，往往会因伤口流胶而窒息伤口细胞呼吸，妨碍愈伤组织的形成而降低成活率。柿、核桃树体内含丰富的单宁物质，其氧化形成不溶于水的单宁复合物，和细胞内的蛋白质接触而形成沉淀，使削面的隔离层增厚，也影响了嫁接成活率。为此，春季嫁接时，要求动作要快，减少切面在空气中暴露的时间，削面要平滑，绑缚要严，即可减轻或克服以上问题。

5. 温度

温度影响愈伤组织的形成。温度过高，蒸发量太大，切口易失水，处理不当，嫁接不易成活，温度太低，形成层活动差，愈合时间过长，嫁接不宜成活。通常愈伤组织生长适温是 $20\sim25℃$，低于 $15℃$ 或高于 $35℃$ 愈伤组织形成慢甚至停止生长。但不同植物在形成愈伤组织时需要的适温是不同的，苹果适温为 $22℃$ 左右，梅为 $20℃$，核桃为 $22\sim27℃$。

6. 湿度

由于愈伤组织的薄壁细胞存在和增殖均需要一定的湿度条件，接穗也只在较高的湿度条件下才能保持生活力。所以接口保湿和接穗保湿也是提高嫁接成活的一个关键因素。生产上常用的保湿措施有塑料布条包扎、蜡封接穗和埋土等（图 3-16）。

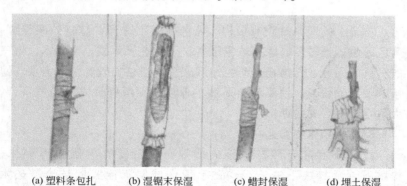

(a) 塑料条包扎 　　 (b) 湿锯末保湿 　　 (c) 蜡封保湿 　　 (d) 埋土保湿

图 3-16 接穗和接口保湿的方法

7. 光照

光照是影响愈合组织形成快慢的一个因素，一般黑暗条件下，能促进愈伤组织生长，黑暗中愈伤组织生长速度比在强光下快 3 倍左右。在黑暗条件下，嫁接削面上长出的愈伤组织多、嫩，伤口容易愈合，而光照则抑制愈伤组织的发育，愈伤组织产生得少而硬。故对伤口难以愈合的树种，可用黑塑料布包扎接口（图 3-17）。

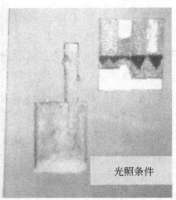

图 3-17　光照对嫁接成活的影响

市场上的塑料薄膜有多种，黑色薄膜不透光，嫁接效果最好；蓝色薄膜透光较差，嫁接效果较好；无色透光薄膜，比透水、透气的材料效果好，但市场上无色薄膜较多，价格便宜，购买方便，嫁接时使用最普遍。注意塑料薄膜的厚度，太厚弹性差，包扎不严，太薄包扎时容易拉断。

8. 嫁接技术的优劣

嫁接技术直接影响嫁接的成败，其主要影响因素有砧木、接穗削面粗糙或不清洁，使砧、穗形成层不能紧密结合；砧木和接穗的形成层未对齐，愈合困难或愈合时间长；操作速度太慢，接穗削面在空气中暴露时间太长，风干、氧化影响愈伤组织产生；塑料薄膜条绑扎不严、解除过早或过迟，以及剪砧不当等。概括地说，保证嫁接成活的操作技术关键是平、净、快、紧、齐。

『经验推广』

嫁接关键技术：

平：削面要平滑，不能呈凹凸面，不能呈锯齿。

净：砧木和接穗的削面要干净。

快：速度快，以免削面风干、氧化。

紧：绑扎要紧，减薄隔离层。

齐：形成层对齐。

第二节　嫁接的准备

一、嫁接用具

常用的嫁接工具有嫁接刀、剪枝剪、劈接刀、双刃刀等（图 3-18）。

二、砧木选择

不同气候、土壤类型，对砧木有适应范围的要求；不同的砧木对气候、土壤等环境条件的适应能力也不同。生产上应根据当地的生态环境条件，选择适宜的砧木，才能充分发挥植物的潜能，提高产量和品质。

（1）有良好的亲和力。

（2）风土适应性、抗性强，根系发达，生长健壮。

（3）有利于接穗品种的生长和结果。

（4）具有特殊的需要，矮化、集约化。

（5）砧木材料丰富，易于繁殖。

（6）芽接的砧木不宜过粗，否则不宜愈合。

三、接穗的采集和贮藏

1. 接穗选择

采集接穗有三个环节，即树、枝、段。树选择优良纯正的、无病虫害的，具有早果性、丰产性，品质好的母本树；枝选择树冠外围生长充实的发育枝；段选取枝条中下部的枝段。

(a) 嫁接刀（常用于各种芽接）

(b) 剪枝剪（常用于各种枝接）

(c) 劈接刀（劈接时切削砧木）

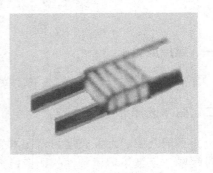

(d) 双刃刀（用于方块形芽接）

(e) 塑料薄膜（剪成 2～3cm 的条，嫁接时用作接口的绑扎材料

(f) 塑料胶带（用作绿枝嫁接绑扎材料，使用较方便）

图 3-18   嫁接工具

2. 接穗采集时间

（1）枝接　在秋季落叶后，采集一年生的发育枝贮藏一冬，温度1～17℃，保持一定的湿度，可用窖藏法和沟藏等法。也可春季萌芽前采接穗。

（2）芽接　采集成熟的、木质化程度高的新梢，一般不用徒长枝，采后立即剪掉叶片，减少水分蒸发，注意保留一段叶柄，嫁接时检查成活用（图3-19）。

图 3-19　芽接接穗立即去掉叶片留叶柄

3. 接穗的贮藏方法

（1）窖藏法　接穗采集后，要按品种不同分别捆成小捆，挂上标签，写明品种，放入窖内，接穗堆放高度不应超过60cm。然后，在接穗上覆盖湿沙或湿锯末，并高出接穗10cm左右。贮后，随着气温的变化关闭或开启通风口或窖门。接穗贮藏后，应定期检查窖内的温、湿度，防止接穗失水、霉烂和后期发芽。一般前期窖内温度应保持在0℃左右，高于这个温度应在晴天无风的中午开窗通风，保持窖内适宜温、湿度，在贮藏后期要注意降温，此期温度应维持在10℃以下。整个贮藏期间要保持较高的相对湿度，一般湿度控制在90%左右［图3-20(a)］。

（2）沟藏法　土壤冻结前挖沟，沟深1m、宽1m，长度以接穗数量而定。沟底铺上10cm厚的湿沙，接穗采集后，要按品种不同分别捆成小捆，挂上标签，写明品种，分层摆放，每层之间埋湿沙 5cm 左右。前期注意浅埋土，让冷空气进入沟内，春季再深埋土，避免热空气进入，以保持低温 [图 3-20(b)]。沟藏的接穗，第二年嫁接前先取出用水浸泡，以补充枝条水分。

(3) 芽接接穗贮藏　芽接接穗可在阴凉处贮藏，或湿沙掩埋，或吊在井里，外运时用塑料布或湿麻袋包扎，保持不致抽干，但最好应随接随采 [图 3-20(c)(d)]。

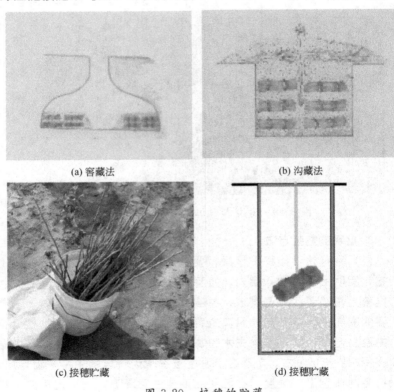

(a) 窖藏法　　　　　　　　　　(b) 沟藏法

(c) 接穗贮藏　　　　　　(d) 接穗贮藏

图 3-20　接穗的贮藏

四、接穗蜡封

嫁接前，把贮藏的作为接穗的枝条取出，去掉上端不成熟的和下端芽体不饱满的部分，按 10~15cm 长、3~4 芽剪成一段，第一个芽距顶端留 0.5~1cm 剪成平面，蜡封备用。

　　蜡封接穗可用双层熔蜡器，也常用一般的广口器具，如铝锅、大烧杯，先在容器中加水，再加工业石蜡，当温度升到 90~95℃时，石蜡熔化，蜡液浮在水面上，即可蘸蜡。温度控制在 95℃左右，温度过高，易烫伤芽子；温度太低，接穗上的蜡层太厚，容易剥落，也浪费石蜡。蘸蜡速度要快（不超过 1s），以免烫伤接穗芽子，接穗蘸完一头后，翻过来再蘸另一头，使整个接穗被蜡包住。蜡封后蜡层应无色透明，无气泡。若蜡层发白，说明太厚；温度

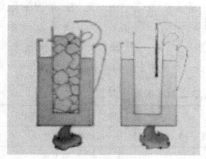

(a) 熔蜡器熔蜡
（外层放水，内层放蜡，加热熔蜡）

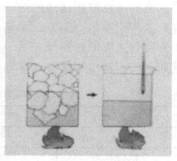

(b) 烧杯熔蜡
（先在容器中加水，再加工业石蜡，加热熔蜡）

(c) 铝锅熔蜡
（先在容器中加水，再加工业石蜡，加热熔蜡）

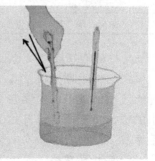

(d) 蘸蜡
（温度控制在 95℃左右，迅速蘸蜡，不超过 1s）

图 3-21　接穗蜡封

低，应等温度升上去后再蘸。此法操作简单，速度快，每天可封 1 万支左右，需石蜡 7.5kg。接穗蜡封后，用编织袋包装，注明品种、数量、日期，放于 1～5℃阴冷处贮藏待用，也可随封随用（图 3-21）。

第三节　嫁接方法

一、嫁接时期

园林植物嫁接成活的好坏与气温、土温、砧木、接穗的生理活性有着密切关系，因此，嫁接时期因植物种类、环境条件以及嫁接的方式方法不同而有所不同（表 3-1）。一般硬枝嫁接、根接在休眠期进行，芽接和绿枝嫁接在生长季节进行，具体时期如下。

表 3-1　不同嫁接方法适宜的嫁接时期

嫁接方法	适宜时期
芽接	6 月下旬～9 月上旬，砧木、接穗均离皮
带木质部芽接	3 月下旬～4 月上旬、中旬，砧木、接穗不离皮
枝接	3 月下旬～4 月上旬、中旬，砧木、接穗不离皮
插皮接	4 月下旬～5 月中旬，砧木、接穗均离皮
插皮舌接	

1. 休眠期嫁接

所谓休眠期嫁接，实际上是在春季休眠期已基本结束，树液已开始流动时进行。主要在 2 月中旬、下旬至 4 月上旬进行，此时砧木的根部及形成层已开始活动，而接穗的芽即将开始萌动，嫁接成活率高。

2. 生长期嫁接

生长期嫁接主要在 5～9 月进行，此时树液流动旺盛，枝条腋芽发育充实而饱满，新梢充实，贮藏养分多，增殖快，砧木树皮容易剥离。枝接中的插皮接和插皮舌接需要砧木离皮，5 月嫁接效果较好。

　　接穗与砧木的发育进程也影响嫁接成活，砧木萌芽早于接穗有利于嫁接成活，砧木萌芽晚于接穗不利于嫁接成活（图3-22）。

(a) 接穗发育早于　　　　(b) 接穗与砧木　　　　(c) 接穗发育晚于
砧木不易成活　　　　　同时发育易成活　　　　砧木最易成活

图 3-22　嫁接时期影响成活

二、嫁接方法分类

　　从自然条件下的"连理枝"，发展到今天，嫁接方法可以说是层出不穷，名目繁多。

　　1. 按嫁接的场所分

　　（1）室外嫁接　在田间进行。

　　（2）室内嫁接　微体嫁接于室内进行（图3-23），常规苗木嫁接也可通过掘起砧木于室内进行。

　　2. 按嫁接时期分

　　（1）生长期嫁接　又可分春、夏、秋三季。

　　（2）休眠期嫁接　主要指春季萌芽前的枝接。

　　3. 按嫁接位置分

　　（1）高接　是在干和枝的高处进行的嫁接，多用于品种更新。

　　（2）低接　是指在近地面处进行的嫁接，主要用于苗木繁殖。

　　4. 按嫁接所用材料（器官）分

　　按嫁接所用材料（器官）不同，嫁接又可分为枝接、芽接、根

图 3-23 核桃子苗嫁接

接、微体嫁接等。

三、枝接方法

所谓枝接，就是把带有数芽或一芽的枝条接到砧木上，也就是以植株的枝条作接穗进行的嫁接。通常在枝接的同时，多将砧木的上部剪掉或锯掉，这样就使得根系吸收的水分、养分等集中供应接穗，而使接穗上的芽子迅速萌发、生长。故枝接的树木一般生长旺盛，树冠容易成形。所以大树的高接换头、芽接的补接和砧木粗大时都常用枝接法。枝接方法很多，生产上常用的有以下几种。

1. 劈接

以前常用于较粗砧木的嫁接，现在也常用于苗圃地的小砧木嫁接。其优点是嫁接后结合牢固，可供嫁接时间长；缺点是伤口大，愈合慢。

其操作要点（图 3-24）如下。

（1）削穗　将蜡封后的接穗下端削成 2～3cm 长的双斜面，斜面里薄外厚呈楔形，削面上端留 2～3 个芽子。

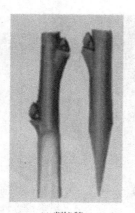
(a) 削接穗

(b) 劈砧木

(c) 插接穗

(d) 插入另一接穗

图 3-24　劈接操作步骤

　　(2) 劈砧木　于砧木枝干上的适当位置（注意躲过节、疤）用剪刀或锯将其切断，切口光滑。然后在砧木上垂直劈切，在苗圃地的小砧木嫁接时，用剪枝剪剪开砧木；在较粗砧木嫁接时用劈接刀劈开砧木。注意劈切要轻，以避免劈口过深降低夹力。劈口在断面上的位置根据砧木粗度而定，砧木较细时劈口近中间，砧木粗时劈口靠边缘（约 1/3 处）（图 3-25、图 3-26）。

　　(3) 插接穗　将接穗插入砧木切口，对齐一边形成层，注意接

注意露白

图 3-25　劈接用在细砧木上　　　图 3-26　劈接用在粗砧木上

穗的削面不要全部插入砧木的切口，应露出 0.2～0.3cm 的削面（嫁接上称为露白）。也可在砧木劈口两侧各插入一个接穗，或在砧木上劈两个劈口，插入四个接穗。

（4）绑扎　接穗插入砧木对准形成层后，立即用塑料薄膜带（宽 2～3cm），将砧木嫁接口由下向上缠绕绑缚紧密，绑扎时应小心，注意不要使接穗和砧木结合处有丝毫松动，并用塑料带包裹好整个接口及砧木的断面。

2. 切接

适用于砧木直径在 1～2cm 时嫁接，是春季苗圃常用嫁接方法。

其操作要点（图 3-27）如下。

（1）削穗　在接穗的下端（注意接穗的极性）——接芽背面一侧，用刀削成削面长 2～3cm、深达木质部 1/3 的平直光滑斜面，然后再在其下端相对的另一侧削成 45°、长约 1cm 的小斜面，略带木质部。

（2）切砧木　砧木距离地面 3～5cm 处截断，截面要光滑平整。选择砧木光滑无节、顺直的一侧，用刀稍带木质部向下垂直切下，切口深 2～2.5cm（应比接穗长削面短 0.3cm 左右），切口宽度应等于或稍大于接穗切面宽度。掌刀要稳，不要过猛，防止切口过深，影响愈合。

（3）插接穗　将削好接穗的长斜面对准砧木的大削面，轻轻插入砧木的切口，使接穗削面和砧木削面的形成层对齐，并紧密结合。如果接穗较砧木细，必须保证一边的形成层与砧木形成层对

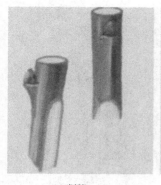

(a) 削穗   (b) 切砧木及插接穗

图 3-27 切接操作步骤

准、靠近（图 3-28）。注意露白。

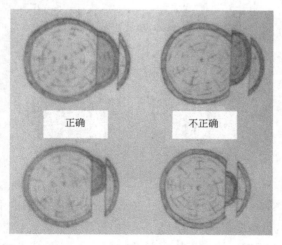

正确   不正确

图 3-28 切接形成层对齐方法

（4）绑扎 用塑料薄膜条将嫁接口由下向上缠绕绑缚紧密。

3. 腹接

腹接是一种不用切断砧木的嫁接方法，成活率高。育苗和更换品种时砧木可剪断，插枝补空时可不剪断砧木。

其操作要点（图 3-29）如下。

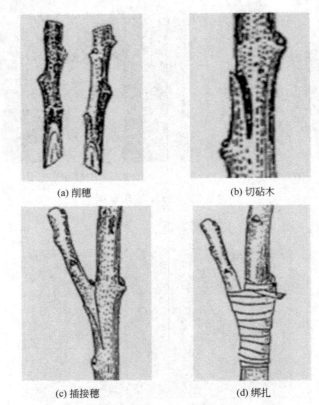

(a) 削穗   (b) 切砧木

(c) 插接穗   (d) 绑扎

图 3-29   腹接操作步骤

（1）削穗   在接穗基部削一长 2~3cm 的长削面，再在其对面削长 1~1.5cm 的短削面。

（2）切砧木   选择砧木皮光滑无节处，向下斜切一刀，刀口与砧木成一定角度，刀口不要过砧木直径的 1/2，深达砧木直径的 2/5~1/3 处即可。

（3）插接穗   将削好接穗的长斜面向里插入砧木的切口，对齐形成层。

（4）绑扎   用塑料薄膜条将嫁接口由下向上缠绕绑扎严密。

4. 皮下腹接

皮下腹接适用于大砧木，与腹接一样不用切断砧木，常用于插枝补空，增加内膛枝条。

其操作要点（图 3-30）如下。

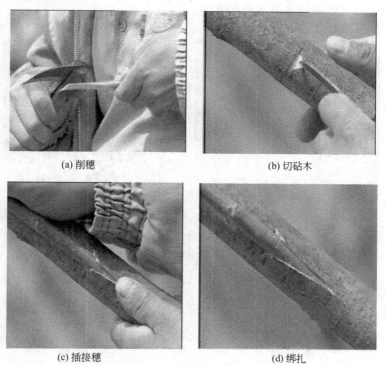

(a) 削穗　　　　　　　　　　　　　　(b) 切砧木

(c) 插接穗　　　　　　　　　　　　　(d) 绑扎

图 3-30　皮下腹接操作步骤

（1）削穗　在接穗基部削一长约 3cm 的削面，再在其对面削长 1.0～1.5cm 的短削面。

（2）切砧木　选择砧木皮光滑无节处，切一 V 形切口，再在 V 形尖端纵切一刀，刀口深达木质部，切断韧皮部，不伤木质部。

（3）插接穗　用刀挑开竖切口的上端，将削好的接穗的长斜面向里，向下插入砧木的切口。

（4）绑扎　不剪断砧木，用塑料薄膜绑扎严密。

5. 插皮接

插皮接也叫皮下接，是枝接中应用广泛的一种方法，而且操作简便迅速，成活率较高。此法须在砧木芽萌动、皮层可以剥离时进行。适于砧木较粗、接穗较细的嫁接，也常用于嫁接难成活的树种，注意嫁接成活后及时绑支柱。

其操作要点（图 3-31）如下。

(a) 削穗   (b) 切砧木

(c) 插接穗   (d) 注意露白

(e) 成活

图 3-31 插皮接操作步骤

（1）削穗　在接穗基部削一长约 3cm 的单削面。

（2）切砧木　在砧木皮光滑无节处剪断砧木，选迎风面将皮层向下切一竖口，长约 1.5cm，深达木质部。

（3）插接穗　挑开竖切口的上端，将削好接穗的削面向里，向下插入，使接穗在砧木的皮层与木质部之间，插紧为止，注意露白。

（4）绑扎　用塑料薄膜绑扎。

6. 插皮舌接

插皮舌接也叫皮下接，是枝接中成活率较高的一种接法。此法须在砧木芽萌动、皮层可以剥离时进行。优点是形成层接触面大，愈合容易，生长快，常用于较难嫁接成活的树种。

其操作要点（图 3-32）如下。

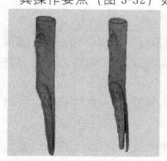 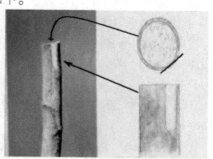

(a) 削穗　　　　　　　　(b) 切砧木

(c) 插接穗

图 3-32　插皮舌接操作步骤

（1）削穗　在接穗基部削一长 3～5cm 的单斜面。

（2）切砧木　在砧木皮光滑无节处剪短砧木，用刀削去老皮，露出嫩皮，削面长约 5cm，宽 2～3cm。

（3）插接穗　用手捏住接穗削面下端的皮层，使皮层与木质部分离，将接穗木质部插入砧木的木质部与皮层之间，使接穗的皮层紧贴砧木皮层上削好的嫩皮部分。

（4）绑扎　用塑料薄膜条将嫁接口由下向上缠绕绑缚紧密。

7. 舌接

舌接也叫双舌接、对接，用于砧木、接穗粗度大体相当，而又难以嫁接成活的树种，如葡萄、核桃、板栗等，因为砧木和接穗形成层的接触面相当大，所以成活率极高。

其操作要点（图 3-33）如下。

（1）削穗　在接穗基部削一长约 3cm 的单斜面，再在接穗斜面上向上纵切一刀，劈口长 1cm，劈口在距斜面尖端 1/3 处（直径的 1/3 处）。

（2）切砧木　砧木的切削与接穗基本相同，斜面相对应，斜度基本一致。

（3）插接穗　将砧木与接穗斜削面相对，削面上纵切口插合在一起，使砧木和接穗的舌状部位相互交插接牢，对齐形成层。

（4）绑扎　用塑料薄膜条将嫁接口由下向上缠绕绑缚紧密。

『经验推广』

插皮接成活率较高，要求砧木离皮时嫁接，常用于嫁接成活率较低的果树种类，如核桃、板栗、枣等。

四、芽接方法

用芽作为接穗进行嫁接的方法称为芽接，在生长季形成层活动旺盛、树皮易剥离时进行。芽接具有繁殖系数高、接穗和砧木结合

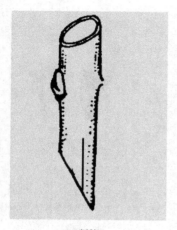

(a) 削穗

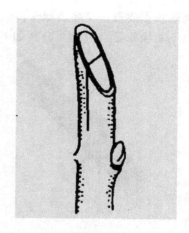

(b) 切砧木

(c) 插接穗

图 3-33　舌接操作步骤

紧密、成苗率高、方法简单容易掌握等特点，是目前应用较为广泛的嫁接方法。

1. "T"字形芽接

"T"字形芽接也称"丁"字形芽接，是最为常用的芽接方法。砧木的切口像一个"T"字，故名"T"字形芽接。由于芽接的芽片形状像盾形，又名盾状芽接。

其操作要点（图 3-34）如下。

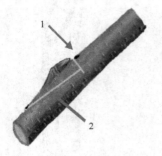

(a) 削芽片　　　　　　　　　　　　　(b) 取芽片

(c) 切砧木　　　　　　　　　　　　　(d) 插芽片

图 3-34　"T" 字形芽接操作步骤

（1）削芽片　在芽上方约 1cm 横切一刀，宽度为接穗粗度的 1/2，深达木质部。在芽下约 2cm 处，斜向由浅至深向上削进木质部 1/3，至横切处为止。

（2）取芽片　用两指捏住芽片，左右摇晃，轻轻将芽片掰起。

（3）切砧木　在距离地面 10cm 的光滑无节处用芽接刀割一 "T" 字形接口，横切刀宽约 1cm，纵切刀约长 1.5cm。

（4）插芽片　用刀尖轻轻撬开皮层，将盾形芽片慢慢插入，至芽的上部与砧木的横切口平齐为止，两者紧贴。

（5）绑扎　用塑料薄膜条将嫁接口由下向上缠绕紧密，注意露出叶柄和接芽。

2. 嵌芽接

嵌芽接是带木质芽接的一种，可在春季或秋季应用，砧木离皮与否均可进行，用途广、效率高、操作方便。

其操作要点（图 3-35）如下。

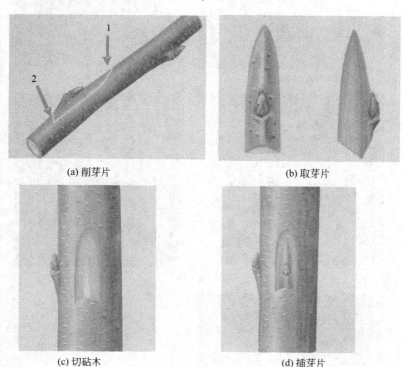

(a) 削芽片　　　　　　　　　　　　(b) 取芽片

(c) 切砧木　　　　　　　　　　　　(d) 插芽片

图 3-35　嵌芽接操作步骤

（1）削芽片　首先从接芽上方约 1.5cm 处，向下方斜切一刀，长度超过芽下方约 1.5cm，再在芽下方向下斜切一刀，与枝条约成 45°，切下芽片。

（2）取芽片　用两指捏住芽片，轻轻将芽片取下。

（3）切砧木　在砧木的光滑无节处用与接穗切削相同的方法，切一与接穗形状相似的切口。

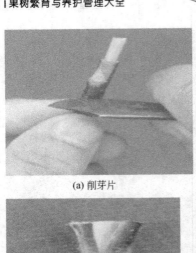

(a) 削芽片

(b) 取芽片

(c) 切砧木

(d) 插芽片

(e) 绑扎

图 3-36　套芽接操作步骤

（4）插芽片　将芽片插入切口，两者紧贴，对齐一侧的形成层。

（5）绑扎　用塑料薄膜条将嫁接口由下向上缠绕绑缚紧密。

3. 套芽接

套芽接又称哨接，此法适用于接穗与砧木粗度相近的情况，当砧、穗粗度不相匹配时，可用相近似的管状芽接法。

其操作要点（图3-36）如下。

（1）削芽片　在芽上方转圈横切一刀，切断韧皮部，剥去皮层，再在芽下方转圈横切一刀，深达木质部，切断韧皮部。

（2）取芽片　用手捏住待取芽轻轻转动，取下哨状芽片。

（3）切砧木　剪断砧木，再将砧木韧皮部呈条状剥离，长度稍大于芽片长。

（4）插芽片　将哨状芽片套在砧木上，使砧木上端稍微露白。

（5）绑扎　用砧木条状皮层包被芽片，并用塑料条绑缚，露出

(a) 削芽片

(b) 切砧木

(c) 插芽片

图 3-37　方块形芽接操作步骤

接芽。

4. 方块形芽接

接芽片削成方块状，同时砧木切开与接芽片相同大小的方形切口，适用于比较粗的接穗和砧木，常用在核桃育苗上。

其操作要点（图3-37）如下。

（1）削芽片　在接穗的芽上下横切两刀，再在芽两侧纵切两刀。

（2）取芽片　用刀轻轻撬起芽片，取下方形芽片。

（3）切砧木　在砧木上切一方形刀口，长、宽与接穗完全相同，取下刀口处的皮层。

（4）插芽片　将切下的芽片插入砧木的方形切口中，注意上下方向。

（5）绑扎。

『经验推广』

芽接方法中的"T"字形芽接操作简便，应用最广，但要求砧木和接穗离皮。一般在6月下旬至8月上旬离皮较好。砧木和接穗不离皮时，可用嵌芽接。

五、特殊嫁接方法

1. 高接

当需要更换品种时，常在大砧木上多头高接（图3-38）。多头高接嫁接头数由砧木大小来确定，一般3～5年生砧木可嫁接3～10个头，10年生砧木可嫁接20个头（图3-39）。嫁接方法可用插皮接、劈接、腹接等，也可在秋季进行多头芽接（图3-40），多头芽接要求为2～5年生砧木。

2. 桥接

一些大树树干遭受病害或机械损伤后，皮层损伤，影响养分输

图 3-38　高接成活

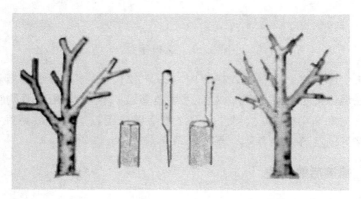

图 3-39　多头枝接

送能力，严重时会引起树体死亡，桥接是在伤口上下利用接穗搭接，可弥补养分输送能力（图 3-41）。

3. 根接

　　根接是以根部为砧木的一种嫁接方法，用作砧木的根可以是完整的根系，也可以是 1 个根段。根接一般在春季进行，可将嫁接用的根起出，移入室内嫁接。根接主要采取劈接，也可以采取切接、腹接和舌接。嫁接前，选直径为 0.5cm 以上的根，剪成 10cm 长的小段，接穗每段上要带 2～3 个饱满芽。若根比接穗粗，可把接穗削好插入根内，若根较细、接穗较粗时可采用倒接，即根和接穗的

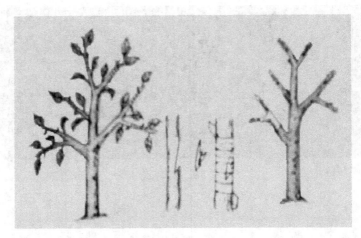

图 3-40 多头芽接

削法全部颠倒，将根插入接穗内（图 3-42）。根接接好后的苗子可放在温床上以促进愈合，2 周后栽植育苗。也可埋在贮藏沟中愈合，沟底铺 10cm 厚的湿沙，湿沙以手握成团，落地即散为好；将嫁接好的苗移入储存沟，用湿沙填满盖严。

六、嫁接后的管理

（一）解除绑扎物

目前嫁接多用塑料条绑扎，优点是有弹性、绑得紧、保湿效果好；缺点是塑料条不会腐烂，长时间不解绑会造成树体枝干"环缢"，抑制养分的向下运输，故影响了加粗生长。

解除绑扎物的时间要根据嫁接方法和伤口愈合情况来定，解绑过早不利于伤口的愈合，过晚则会影响接穗的加粗生长。枝接的解绑时间一般在成活后 20～30 天，芽接在成活后 10 天左右进行。如芽接较晚，当年不剪砧，就不解绑，第二年春季剪砧时，再解绑，冬季塑料条对接芽有保护作用。解绑方法，即用刀将塑料条划开即可。

(a) 削接穗　接穗长度大于病斑伤口长度，　　(b) 切砧木　刮干净砧木伤口，在伤口
接穗两头削成单斜面，斜面在同一方向　　　　　　上、下开 T 字形接口

(c) 插接穗　将接穗插入砧木伤口　　　　(d) 固定接穗　接穗可用钉子固定
上、下的接口内，可用皮下腹接法　　　　　　　或用塑料条绑扎

图 3-41　桥接操作步骤

（二）检查成活

接后 2 周进行，枝接成活的接穗皮部青绿，芽子萌动，蜡层脱落。芽接的芽片上的叶柄一动即脱落，如不脱落即干枯于上面，就是嫁接未成活。

（三）补接

对于未接活的要及时补接，芽接如当年来不及补接，可于翌年春季枝接，枝接未成活的也可在当年夏季进行芽接。

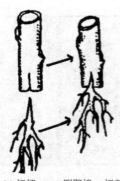
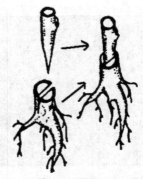

(a) 根接 —— 倒劈接　根部削成楔形，将接穗劈开，将根部插入接穗，再用塑料薄膜进行严密包扎

(b) 根接 —— 正劈接　接穗削成楔形，将根部劈开，然后将接穗插入根部，再用塑料薄膜进行严密包扎

(c) 根接 —— 倒腹接　将根系削成一大一小双斜面，将接穗向上打一斜剪口（同腹接砧木削法），然后将根系插入接穗，绑扎

(d) 根接成活苗

图 3-42　根接

（四）剪砧

越冬后已成活的半成苗，要在春季进行剪砧，以便集中养分供给接穗生长，剪砧在接芽的对侧、微向下倾斜、芽片上 0.3～0.5cm 处进行。

（五）除萌

由于剪砧的刺激，可从砧木基部发出大量的萌蘖，它会和接穗争夺养分，故要及时去除。

（六）摘心

苗木长到干高以上，对半质化的新梢进行摘心，以充实枝条和刺激副梢的产生，为将来的整形修剪和越冬创造条件。

（七）绑支柱

高接成活后，抽生的新梢一般过旺，还能抽生副梢，此时接口愈合组织尚不坚固，位置又高，很容易被风吹断。因此，新梢长到20～30cm时，解除绑缚物的同时进行立柱，将新梢和支柱用绳绑在一起。

（八）防寒

冬季寒冷多风地区，也可于秋季将苗木挖起，放在假植沟或窖内越冬。接后未发芽的芽接苗在封冻前进行防寒，培土以超过接芽6～10cm为宜，春季解冻后及时扒掉，以免影响接芽的萌发（图3-43、图3-44）。

图 3-43　嫁接苗在假植沟内越冬

图 3-44 嫁接成活苗越冬

（九）肥水管理

对于干旱土壤，接前要充分满足水分要求，以利嫁接成活。嫁接前要秋施有机肥，成活后，要根据新梢生长情况，适当追施化肥，切忌氮肥过剩，造成枝条贪长，而影响越冬。

第四章

自根苗的培育

第一节　扦插繁殖

一、扦插繁殖的概念

扦插繁殖即取植株营养器官的一部分，插入疏松润湿的基质（土壤、河沙、蛭石等）中，利用其再生能力，使之生根抽枝，成为新植株。按取用器官的不同，又有枝插、根插、芽插和叶插之分。果树扦插繁殖用枝插较多，又分为硬枝扦插和绿枝扦插，硬枝扦插是利用充分木质化的一二年生枝条进行扦插；绿枝扦插是利用半木质化的新梢在生长季进行的带叶扦插。

二、扦插成活的条件

1. 植物自身的遗传性

不同的植物，由于遗传性的差异，形态结构、生长发育规律及对外界环境适应性的不同，扦插过程中生根发芽的难易程度存在很大的差异。有些植物扦插很容易生根，如葡萄、猕猴桃、榛子以及南方果树的柑橘类、油橄榄等，但有些植物扦插却很难生根，如苹果、海棠、核桃、板栗等。一般来说，在其他条件一致的情况下，灌木比乔木容易生根；灌木中匍匐形比直立形容易生根；乔木中阔叶树比针叶树容易生根。

2. 插穗的生理年龄

插穗的生理年龄包括两个方面，一是采取插穗的母树年龄；二是插穗的年龄。通常植物生理年龄越大，其生活力越低，再生能力越差，生根能力越差。同时，生理年龄过大，则插穗体内抑制生长的物质增多，也会影响扦插的成活率。所以多从幼龄母株上采取插穗，一般选用 1～3 年生实生苗上的枝条作插穗较好。如油橄榄 1 年生树的枝条作插穗，生根率可达 100％；枣树用根蘖苗枝条作插穗比成龄大树枝条成活率大大提高。

而插穗多采用 1～2 年生或当年生枝条，绿枝扦插用当年生枝条再生能力最强，这是因为嫩枝内源生长素含量高，细胞分生能力旺盛，有利于不定根的形成。因此，采用半木质化的嫩枝作接穗，在现代间歇喷雾的条件下，使大批难以生根的树种扦插成活（图4-1、图4-2）。

图 4-1　桃绿枝扦插成活　　　　　图 4-2　榛子绿枝扦插成活

『经验推广』

　　获得幼龄化插穗的方法：
　　①利用年龄较低的实生苗和根蘖苗建立资源圃，作为插穗采集的来源；②每年从母树的地面附近重剪平茬，这样基部会长出许多萌条，用萌条作插穗，具有幼龄期易生根的特性；③用扦插成活苗木上的枝条作为接穗，再次扦插可以提高生根成活率。

3. 插穗的部位

插穗在枝条上的部位与扦插成活有关。试验证明，硬枝扦插时，同一质量枝条上剪取的插穗，从基部到梢部，生根能力逐渐降低。采取母株树冠外围的枝条作插穗，容易生根。植株主轴上的枝条生长健壮，贮藏的有机营养多，扦插容易生根。绿枝扦插时，要求插穗半木质化，因此，夏季扦插时，枝条成熟较差，枝条基部和中部达到半木质化，作插穗成活率较高；秋季扦插时，枝条成熟较好，枝条上部达到半木质化，作插穗成活率较高；而基部此时木质化程度高，作插穗成活率反而降低。

4. 插穗的发育状况

当插穗发育阶段和枝龄相同时，插穗的发育状况与成活率关系很大。插穗发育充实、养分贮存丰富，能供应扦插后生根及初期生长的主要营养物质，特别是碳水化合物含量的多少与扦插成活有密切关系。为了保持插穗含有较高的碳水化合物和适量的氮素营养，生产上常通过对植物施用适量氮肥，以及使植物生长在充足的阳光下而获得良好的营养状态。在采取插穗时，应选取朝阳面的外围枝和针叶树主轴上的枝条。对难生根的树种进行环剥或绞缢，都能使枝条处理部位以上积累较多的碳水化合物和生长素，有利于扦插生根。一般木本植物的休眠枝组织充实，扦插成活率高。因此，大多数木本植物多在秋末冬初、营养状况好的情况下采条，经贮藏后翌春再扦插。

5. 插穗的极性

插穗的极性是指，插穗总是极性上端发芽，极性下端发根（图4-3）。枝条的极性是距离茎基部近的为下端，远离茎基部的为上端。根插穗的极性则是距离茎基部近的为上端，而远离茎基部的为下端。扦插时注意插穗的极性，不要插反。

6. 水分

水分是影响扦插成活最重要的外界环境因素之一。包括三个方面，即扦插基质的含水量、空气湿度及插穗本身含水量的多少。扦插基质是调节插穗体内水分收支平衡使插穗不致枯萎的必要条件，空气湿度大，可减少插穗和扦插基质水分的消耗，减少蒸发和蒸腾。通常扦插基质的含水量为田间最大含水量的50%～60%，空气相对湿度保持在80%～90%为宜。插穗本身含水量对扦插成活也是至关重要的，接穗采集时间过长、保存不当，失水过多，限制了插穗的生理活动，影响插穗的成活。因此，生产上扦插前都用清

(a) 正插下端长根　　　　　(b) 倒插上端长根

图 4-3　茎、根极性

水浸泡插穗，维持插穗活力，以浸泡 24h 为宜。

　　水分对绿枝扦插更为重要。绿枝扦插时，插穗生根前叶片蒸腾会引起插穗失水而死。绿枝扦插在夏、秋季进行，温度高，蒸腾加剧，如果灌水较多，基质含水量较高，会引起插穗腐烂。插穗生根前，扦插环境的空气相对湿度最好保持在 90% 以上，这是绿枝扦插成活的重要条件。为提高空气湿度，生产上常采用遮阳的方法，减少水分蒸发，或在塑料薄膜罩内扦插，最好采用间歇喷雾技术，能大大提高绿枝扦插的成活率。

　　间歇喷雾设备：扦插育苗间歇喷雾控制仪适用于露天、温室、大棚等环境下不间断工作，是通过计算机对插穗生根环境进行调控，不但能使叶片保持湿润，而且可有效地控制温度的变化，为插穗生根提供良好的环境条件。可节约水资源，节省劳动力，大大提高育苗成活率，有些品种成活率可达到 90% 左右。该设备为时间控制和温度保护控制。时间在 0～9999s 任意可调，当设定好时间后在不断电的情况下一直保持工作，而且可以无限制地调整时间。温度保护控制方面有温度探头，当温度高于 28℃ 时可喷水降温，当温度降到 25℃ 时就回到原始设定的状态，始终保持适合植物生长的温、湿度范围（图 4-4、图 4-5）。

7. 温度

　　温度对扦插生根快慢起决定作用。一般木本植物扦插愈伤组织

图 4-4　露地扦插的喷雾设施

图 4-5　设施内喷雾设施

和不定根的形成与气温的关系，8～10℃，有少量愈伤组织生长；10～15℃，愈伤组织产生较快，并开始生根；15～25℃，最适合生根，生根率最高；28℃以上，生根率迅速下降；36℃以上，扦插难以成活。硬枝扦插在春季进行，地温较低，加温是促进生根有利的措施（图 4-6）。

图 4-6　覆地膜提高地温
　　　　促进插穗生根

图 4-7　葡萄设施内绿枝
　　　　扦插加遮阳

8. 光照

　　扦插后适宜遮阴，可以减少水分蒸发和插穗水分蒸腾，使插穗保持水分平衡。但遮阴过度，又会影响土壤温度。嫩枝扦插，并有适当的光照，有利于嫩枝继续进行光合作用，制造养分，促进生根，但仍要避免强光直射，一般接受 40%～50% 的光照为佳。因此，插床上要设遮阴网，以根据需要调节光照（图 4-7）。

9. 扦插基质

扦插基质要通气良好，如果基质内氧气含量低，通气不良，就会造成插穗腐烂，难以生根。扦插常用的基质有土壤、沙土、沙、珍珠岩、蛭石、草炭、泥炭、苔藓、炉渣、水或营养液（水插）、雾（雾插）等。一般对于易生根的植物，常采用保水性和透气性较好的壤土或沙壤土。对于一些扦插较难生根的植物，则在土壤中可加入蛭石、珍珠岩、草炭等（图4-8～图4-11）。

图 4-8　硬枝扦插以土壤为基质

图 4-9　绿枝扦插以珍珠岩为基质

图 4-10　雾插设施（下喷雾）

图 4-11　雾插生根

三、促进插穗生根的措施

（一）物理处理

1. 机械方式处理

扦插的前 1 个月，在准备作插穗的枝条基部进行环剥、刻伤、绞缢等措施，控制枝条上部制造的有机物和生长素向下运输而停留在枝条内，使扦插后生根及初期生长的主要营养物质和激素充实，并且加强呼吸作用，提高过氧化氢酶活性，从而促进细胞分裂及根原体的形成，促进扦插成活。

（1）环状剥皮　在枝条的某一部位剥去一圈皮层，宽 1～1.5cm。环剥的时间是在采插条前 15～20 天，对欲作插条的枝梢环剥。待环剥口长出愈伤组织而未完全愈合时，剪下枝条进行扦插。

（2）刻伤　有些植物茎的解剖结构存在厚壁组织，特别是大龄或大型插穗，经过刻伤后，再进行生根激素处理，可有效促进生根。在插条基部，刻划 3～6 道纵伤口，深达韧皮部。刻伤后扦插，不仅使葡萄在节部和茎部断口周围发根，而且在通常不发根的节间也发出不定根。

（3）绞缢　用不易腐蚀的细铜丝或铅丝在枝条的基部紧缚，勒进树皮内，随时间的延长，枝条处理部位的上方逐渐膨大，然后切取枝条扦插。

（4）剥去老皮　对枝条木栓组织比较发达的果树，如葡萄中难发根的品种，扦插前先将其表皮木栓层剥去，能够加强枝条的吸水能力，对发根具有良好的作用。

2. 黄化处理

生根阻碍物质的形成与光照密切相关，经过遮光或黄化处理，能抑制生根阻碍物质的形成，增强植物生长素的促进作用，还能减轻枝条的木质化，保持组织的生命力，从而提高插穗的生根能力。进行硬枝扦插前，用黑布、黑色塑料薄膜或土等遮盖插穗一段时间，使其处于暗环境条件，插穗因缺光而黄化，促进插穗生根。绿枝扦插黄化处理较复杂，如在地面附近的枝条，可用覆土压伏的方法，当枝条上的芽子萌发后，逐渐覆土，等新梢半木质化后，剪下作插穗。大树上的枝条，可用黑色塑料布包缠新梢基部，宽约5cm，新梢其余部分裸露，1个月后切取枝条扦插。

3. 加温处理

硬枝扦插在春季进行，地温较低，不利于生根；而环境温度达10℃以上，插穗就会萌芽，芽的萌发生长会消耗插穗内的营养，影响插穗生根。在扦插时，插条基质温度保持在20~28℃，气温8~10℃以下，使根原体迅速分生，延缓芽的萌发，对于成活率的提高是至关重要的。生产上常用的加温处理方法如下。

（1）火炕催根 插穗捆成捆，要求插条下端要整齐一致。火炕上铺河沙，扦插前15天将插穗捆放于火炕的河沙上（正放），插穗捆间填河沙填沙的深度是插条的1/2~2/3，喷水，保持河沙湿度16%~17%，烧火加温，温度在20~25℃，温度上升到25℃时停火，堵烟口及灶口，如果温度超过30℃，则应喷水降温。

（2）温床催根 地面挖坑，用鲜马粪和玉米秸混合填入坑底，踏实，将插穗捆放入（正放），捆间填沙埋没插穗，然后浇水。利用马粪秸秆腐熟发酵的温度促进插穗生根。

（3）冰底冷床 地面挖坑，坑底放冰块，先将插条倒置于冰底冷床内，用木屑埋好，喷水保湿。使其插穗极性顶端处于5℃以下，抑制发芽；插条的极性下端向上，在上面铺地膜，利用日光照射，膜下高温促进生根。一般经过20多天的处理即可发根。

（4）电热温床 温床电热丝和电褥子等，在小量育苗时也是常用的催根温床。

（二）化学药剂处理

1. 生长素处理

药剂的作用是加强插条的呼吸作用，提高酶的活性，促进分生细胞的分裂。药剂的种类很多，常用于促进生根的药剂是植物生长调节剂，其中有IBA（吲哚丁酸）、NAA（萘乙酸）、IAA（吲哚乙酸）、生根粉等。处理方法如下。

促进生根的药剂可用酒精作溶剂，配成液体，将插穗于药剂中浸泡处理，处理的时间与药剂浓度有关，低浓度长时间浸泡，高浓度短时间浸泡，浓度再高则可以将插穗在药剂中速蘸 3～5s。硬枝扦插时所用的浓度一般为 5～100mg/L，浸渍 12～24h，绿枝扦插常用 5～25mg/L，浸渍 12～24h。将生长调节剂配成高浓度的溶液，短时间浸渍方便迅速，对于不易生根的树种有较好的作用。福建试用 500～1000mg/L IBA 溶液处理荔枝插条 2h，生根率达 100％。多数绿枝扦插采用低浓度长时间浸泡效果较好，因为绿枝表皮光滑，附着在基部的药剂容易在扦插时被擦掉，在间歇喷雾时也易被水冲掉。

不同树种、不同药剂浓度处理时间相差较多，如树莓中的美国黑莓用 400mg/L 的 ABT 生根粉浸泡基部 30s 后扦插，生根率达 95％。葡萄硬枝扦插用 100mg/L 的 NAA 处理 24h，而枣树绿枝扦插用 1000mg/L 的 IBA 处理 10s，用 100mg/L 的 IBA 处理 2h。

药剂配制方法是，1mg 药剂加少许酒精溶解，加入 1L 水，即为 1mg/L 的溶液，同理 500mg 药剂加少许酒精溶解，加入 1L 水，即为 500mg/L 的溶液。

2. 其他化学药剂的处理

除了用生长素处理插穗外，还可以用 B 族维生素、蔗糖、精氨酸、硝酸银、尿素、高锰酸钾、硫酸亚铁、硼酸等。用 0.1％～0.5％高锰酸钾溶液浸渍插条基部数小时至一昼夜，除了可以活化细胞，增强插条基部的呼吸作用，使插条内部养分转化为可给状态外，并可消毒灭菌，抑制有害微生物的繁殖，促进根系生长。

『经验推广』

促进硬枝扦插成活最有效的方法：

激素处理：用吲哚丁酸、萘乙酸、生根粉溶液浸泡插穗基部；加温处理：将激素处理后的插穗放在电热温床上催根。

四、扦插时期

1. 春季扦插

春季扦插主要利用已度过自然休眠的 1 年生枝进行扦插。插穗经过一段时期的休眠，体内的抑制物已经转化，营养物质积累多，细胞液浓度高，只要给予适宜的温度、水分、空气等外界条件就可以生根发芽。落叶树种宜早春进行，芽刚萌动前进行扦插，过晚则温度较高，树液开始流动，芽开始膨大，枝条内的贮藏营养已消耗在芽的生长上，扦插后不易生根。常绿树扦插可晚些，因为它需要的温度高。这个时期主要进行硬枝扦插和根插。

2. 夏季扦插

夏季扦插是选用半木质化处于生长期的新梢带叶扦插。嫩枝的再生能力较已全木质化的枝条强，且嫩枝体内薄壁细胞组织多，转变为分生组织的能力强，可溶性糖、氨基酸含量高，酶活性强，幼叶和新芽或顶端生长点生长素含量高，有利于生根。插穗要随采随插。这个时期主要进行嫩枝扦插、叶插。

3. 秋季扦插

秋季扦插插穗采用的是已停止生长的当年生木质化枝条。扦插要在休眠期前进行，此时枝条的营养液还未回流，碳水化合物含量高，芽体饱满，易形成愈伤组织和发生不定根。

4. 冬季扦插

南方的常绿树种冬季可在苗圃进行扦插，北方落叶树种通常在室内进行。

五、扦插的方法

（一）插穗的采集与制作

1. 插穗的采集

通常采集插穗的母株年龄不同，插穗的成活率存在差异。生理年龄越小的母株，插穗成活率越高。因此，应该选择树龄较年轻的幼龄母树，采集母株树冠外围的 1～2 年生枝、当年生枝或 1 年生萌芽条，要求枝条发育健壮、芽体饱满、生长旺盛、无病虫害等（图 4-12）。

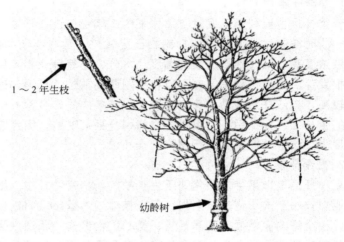

1～2 年生枝

幼龄树

图 4-12　插穗的采集

2. 插穗的剪截与处理

枝条剪截成插穗的长度要考虑植物种类、培育苗木的大小、枝条的粗细、土壤条件等。绿枝扦插的插穗长度为 5～25cm，下部剪口大多剪成马耳形单斜面的切口，剪去插条下部叶片，仅留顶部 1～3 片叶，如果叶片大，则每片叶只留 1/2。硬枝扦插的插穗一般剪成 10～20cm 长的小段，北方干旱地区可稍长，南方湿润地区可稍短。接穗上剪口离顶芽 0.5～1cm 平剪，以保护顶芽不致失水干枯；下切口一般靠节部，每穗一般应保留 2～3 个或更多的芽，下部剪口多剪成楔形斜面切口或节下平口（图 4-13）。

剪切后的插穗需根据各种树种的生物学特性进行扦插前处理，以提高其生根率和成活率。

（二）扦插的种类和方法

扦插繁殖由于采取植物营养器官的部位不同，可分为枝插（硬枝扦插和绿枝扦插）、根插、叶插三大类。

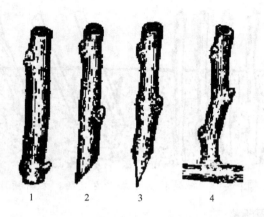

图 4-13 插穗下切口形状

1—平切口；2—单斜面切口；3—双斜面切口；4—踵状切口

1. 硬枝扦插

硬枝扦插是利用充分木质化的 1～2 年生枝条进行扦插。扦插可在春季或秋季进行，以春季为多。采穗时间一般在秋季落叶后或春季树液流动前，结合休眠期修剪进行。剪好的插穗一般剪成长 50cm 的段，50～100 枝一捆，分层埋于湿沙，进行低温贮藏，贮藏温度为 1～5℃。

硬枝扦插有直插和斜插，应根据插穗长度及土壤条件采取相应的扦插方式。一般生根容易、插穗短、基质疏松的采用直插；生根较难、插穗长、基质黏重的用斜插。

扦插深度要适当，过深地温低，氧气供应不足，不利于插穗生根；过浅则蒸腾量大，插穗容易干枯。扦插的具体深度因树种和环境条件不同而异，容易生根的树种、环境条件较好的圃地，扦插深度可浅一些；相反，生根困难的树种、土壤条件干旱，扦插可以深一些。一般落叶树种，扦插以地上部露出 2～3 个芽为宜，在干旱地区插穗可全部插入土中，插穗上端与地面平（图 4-14）。常绿树种，扦插深度为插穗长度的 1/3～1/2 为宜。

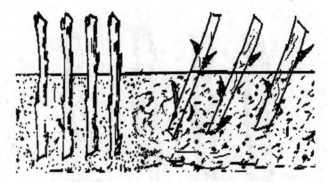

图 4-14　硬枝扦插方法（左直插，右斜插）

『经验推广』

促进绿枝扦插成活最有效的方法：

激素处理：用吲哚丁酸、萘乙酸、生根粉溶液浸泡插穗基部；用自动迷雾设备：有效调节扦插环境的温度、湿度。

2. 绿枝扦插

绿枝扦插又称为嫩枝扦插，一般是用半木质化的新梢作插穗进行扦插。多在 6～9 月进行，插穗应选择健壮、组织尚未老熟变硬的枝条，过于柔嫩易腐烂，过老则生根缓慢。插穗长 5～25cm，插穗下部的叶片全部剪除，上端留 2～3 片叶，过大的叶片需减半或为叶片的 1/3。扦插时应先开沟、浇水，将插穗按一定的株行距摆放到沟内，或插入已扎好的孔内。插穗插入基质的深度，以插穗长度的 1/3～1/2 为宜。

绿枝扦插比硬枝扦插更易生根，条件适宜的条件下，20～30天即可成苗。绿枝扦插对土壤湿度和空气湿度要求严格，多用弥雾扦插繁殖，使插条周围保持较高的湿度（大于 90%），叶片被有一层水膜，叶温比对照低 5.5～8.5℃，室内气温平均 21℃左右，以降低蒸腾作用，增强光合作用，减少呼吸作用，从而使难发根的插条保持较长时间的生活力，以利发根生长（图4-15）。

绿枝扦插在温室内一年四季都可以进行，当然，易于发根的插条也可在生长季进行露地扦插。露地扦插则在生长旺盛的夏、秋季进行，要利用一些遮阴设施（图4-16），注意插后要勤灌水，待生根后，逐渐去除遮阴物。大面积的露地扦插以雨季进行效果最好。

图4-15 大棚内迷雾条件下扦插

图4-16 露地荫棚下扦插

3. 根插

（1）根插方法 根插是利用一些植物的根能形成不定芽、不定根的特性，用根作为扦插材料来繁育苗木。根插可在露地进行，也可在温室内进行。采根的母株最好为幼龄植株或生长健壮的1～2年生幼苗。木本植物插根一般直径要大于3cm，过细则贮藏营养少，成苗率低，不宜采用。插根根段长10～20cm，草本植物根较细，但要大于5mm，长度5～10cm。根段上口剪平，下口斜剪。插根前，先在苗床上开深为5～6cm的沟，将插穗斜插或平埋在沟内，注意根段的极性。根插一般在春季进行，尤其是北方地区。

（2）根插注意事项 一是根穗的粗细与具体的植物种类有关，有的选用粗根作插穗，扦插效果要好一些，有的则粗细无太大的差别；二是根穗截取的部位很重要，一般靠近根颈处的根段作插穗相对要好一些；三是根的方向，由于植物的极性，插穗不能上下颠倒，否则不利于其生根；四是应特别注意床面湿度，根穗不适于燥热的环境条件，必须重现床面湿润，维持苗床和空气相对湿度；五是及时抹芽，对根穗上端萌发的过多芽蘖，要及时留优去劣，以保证扦插苗能形成良好的株形。

4. 叶插

利用叶脉和叶柄能长出不定根、不定芽的再生机能的特性，以叶片为插穗来繁殖新的个体，称为叶插。叶插属于无性繁殖的一种，果树生产中应用较少。

六、扦插苗的管理

（一）水分管理

水分是插穗生根的重要条件之一。自扦插起，到接穗上部发芽、展叶、抽条，下部生根，在此时期，其所需水分除了插穗本身原有的水分外，就是依靠插穗下切口和插穗的皮层从基质中吸收的水分。嫩枝扦插和针叶树扦插虽然叶子能制造养分，但叶子也在蒸腾水分，因而水分的供需矛盾也很严重。这个时期生根的关键就是水分，所以要求插壤内必须有一定量的水分，发现水分不足要及时灌溉。还可以扦插后再用地膜覆盖，或搭荫棚，能提高地温，降低水分蒸发，是保证扦插成活的有效措施。

（二）温度

木本植物生根的最适温度是 $15\sim25℃$，早春扦插地温低，达不到温度要求，可以用地热线加温苗床补温；夏季和秋季扦插，地温、气温都较高，可以遮阴或喷雾降低温度；冬季扦插必须在温室内进行。

（三）施肥管理

扦插生根阶段通常不需要施肥，扦插生根展叶后，必须依靠新根从土壤中吸收水和无机盐来供应根系和地上部分的生长，必须对扦插苗追肥。扦插后每隔 $5\sim7$ 天可用 $0.1\%\sim0.3\%$ 的氮、磷、钾复合肥喷洒叶面，或将稀释后的液肥随灌水追肥。但进入休眠期前要及时控肥，防止幼苗贪青徒长，影响越冬。

（四）中耕除草

为防灌水后土壤板结，影响根系的呼吸，每次大水灌溉后要及时中耕除草。

（五）越冬防寒

当年不能出圃的苗木，在冬季地区露地越冬时，要进行防寒处理，可采取覆草、埋土或设防风障、搭暖棚等措施。

七、扦插繁殖技术的发展

植物组织培养繁殖也叫试管繁殖。植物非试管快繁技术是一种全新的扦插育苗技术，是现代计算机智能控制技术与扦插繁殖有机结合的高新农业技术。运用植物生长模拟计算机为植物创造最为适宜的温、光、气、热、营养、激素环境，使植物的生理潜能得到最大发挥，植物的生根基因尽快表达，从而实现植物的快速生根。另外，植物非试管快繁技术是一项实用技术，目前已从科研院所及企业走向农家，走向苗圃，是普通大众用得起、会使用的高新农业技术。它的推广应用将会带来一次全新的育苗革命。植物非试管快繁的特点简介如下。

1. 投资省，设施简单

植物非试管快繁技术是目前投资最省的工厂化育苗新技术，投入数万元即可建一个年产 100 万～1000 万株苗的工厂化育苗基地。与传统育苗相比，可节省大量的遮阳设施，如小拱棚、遮阳网、喷雾设备等。植物非试管快繁技术的适应性广，智能系统对不同的环境能进行智能控制，所以可在温室、大棚进行，也可在大田进行，可用基质繁殖，也可水繁殖和气繁殖（图 4-17）。

2. 育实用性强，易学易操作

通过 1～2 天的技术培训，即可操作与生产。平均每人每天可处理 5000～10000 株繁殖材料。操作简单，只取植物的一叶一芽，通过药物处理，插入苗床，启动植物生长模拟计算机的智能系统即可，一般植物通过几天至几十天（因植物品种而异）的培育即可生根移栽（图 4-18）。

3. 育苗效率高

一般植物每平方米每批可繁殖 400～1000 株（图 4-19），每亩即可产 40 万～60 万株，周年生产可年产 10～30 批，亩产即达 400

图 4-17 塑料大棚内非试管 　　图 4-18 苗床扦插繁殖材料
　　　　　快繁苗床

万～2000 万株。运用植物快繁的模拟计算机，可对环境进行智能控制，不受季节限制，全年可繁殖。

图 4-19 快繁苗床扦插密度

4. 增殖速度快

运用营养补充及多代循环技术可使一叶一芽的植物离体材料快速增殖（图 4-20），通过几代循环，年扩繁增殖至几十万或上百万株，一般植物 20～60 天完成一代，每代增殖倍数可达 2～15 倍，年可快繁 4～15 代，快繁速度近似组织培养，但育苗成本是组织培养的 1/10～1/50。

5. 智能化程度高

育苗过程数字化、智能化、自动化，植物的环境参数通过智能

图 4-20　佛手一芽一叶快繁生根状

植物，能感知环境的湿度、温度、光照、二氧化碳、基质湿度、营养 EC 值等，并把各项环境因子数字化，通过计算机的运行计算，把人为设定的最佳参数与环境参数进行比较运算，然后作出执行信号，指挥苗床设施如弥雾、加温、补光、增气等反应，使整个育苗过程实现智能化、自动化，节省大量的管理用工。

6. 遗传基因稳定

植物非试管快繁属无性繁殖，也可称植物克隆，在基因遗传上属稳定型，可广泛用于各种植物。

7. 适用范围广

适用于花卉、果树、药材、蔬菜、绿化、林业等各类植物，特

图 4-21　枣快繁生根

图 4-22　李快繁生根

别是有些难以繁殖的品种、有些组培难以培育的品种，皆可用植物非试管快繁进行繁殖（图 4-21 和图 4-22）。植物非试管快繁技术就是对生物全息性及细胞全能性淋漓尽致的运用。

第二节　分株繁殖

一、分株繁殖的概念

分株繁殖就是将植物的萌蘖枝、根蘖、丛生枝、吸芽、匍匐枝等从母株上分割下来，另行栽植为独立新植株的方法。分株繁殖多用于丛生型或容易萌发根蘖的乔木、灌木或宿根类植物。分株繁殖成活率高，可在较短时间内获取大苗，但繁殖系数小，不容易大面积生产，苗木规格不整齐。

二、分株时间

分株的时间依植物种类而定，大多在休眠期进行，即春季发芽前或秋季落叶后进行。为了不影响开花，一般春季开花者多秋季分株；秋季开花者则多在春季分株。秋季分株应在植物地上部分进入休眠而根系仍未停止活动时进行；春季分株应在早春土壤解冻后至萌芽前进行。

三、分株繁殖方法

根据许多植物根部受伤或曝光后，易形成根蘖的生理特性，生产上常采取砍伤根部促其萌蘖的方法来增加繁殖系数，如枣树生产上采用断根育苗的方法。分株时需注意，分离的幼株必须带有完整的根系和 1～3 个茎干。幼株栽植的入土深度，应与根的原来入土深度保持一致，切忌将根颈部埋入土中；此外，对分株后留下的伤口，应尽可能进行清创和消毒处理，以利于愈合。

（一）根蘖分株

一些乔木类树种，常在根部长出不定芽，伸出地面后形成一些未脱离母株的小植株，即根蘖，如银杏、樱桃、枣等（图 4-23）。许多植物，根部也很容易发出根蘖或者从地下茎上产生萌蘖，尤其根部受伤后更容易产生根蘖。

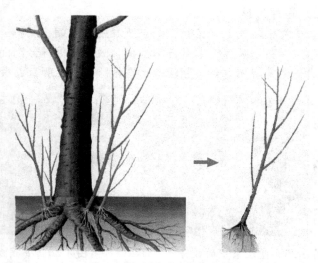

图 4-23　樱桃根蘖苗分株

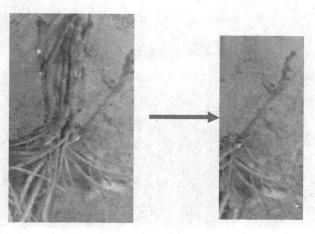

图 4-24　茎蘖分株

（二）茎蘖分株

一些丛生型的灌木类，在茎的基部都能长出许多茎芽，并形成不脱离母株的小植株，即茎蘖，如树莓、榛子等（图4-24）。

（三）吸芽分株

某些植物根际或地上茎叶腋间自然发生的短缩、肥厚呈莲座状的短枝称为吸芽。吸芽下部可自然生根，故可自母株分离而另行栽植培育成新植株。如香蕉、菠萝等常在根际处着生吸芽；菠萝的地

图 4-25　整理采下的吸芽

图 4-26　香蕉吸芽

图 4-27　草莓匍匐茎分株

上茎叶腋间能抽生吸芽等（图 4-25、图 4-26）。

（四）匍匐茎分株

匍匐茎是植物直立茎从靠近地面处生出的枝条向水平方向延伸，其顶端具有变成下一代茎的芽，或在其中部的节处长出根而着生在地面形成的幼小植株。可在生长季节将幼小植株剪下种植，如草莓（图 4-27）。

第三节 压条繁殖

一、压条繁殖的概念

压条繁殖是无性繁殖的一种，是将母株上的枝条或茎蔓埋压土中，或在树上将欲压的枝条基部适当处理后包埋于生根介质中，使之生根后再从母株割离成为独立、完整的新植株。压条繁殖多用于茎节和节间容易自然生根而扦插又不易生根的木本植物。特点是在不脱离母株条件下促其生根，成活率高，成形容易；但操作麻烦，繁殖量小。

压条繁殖是一种不离母株的繁殖方法，所以可进行压条的时期也比较长，在整个生长期中皆可进行。但不同的植物种类，压条的时间不同。通常，常绿树种多在梅雨季节初期，落叶树种多在 4 月下旬，气温回暖、稳定后进行，可以延续到 7～8 月。

二、压条繁殖的主要方法

（一）地面压条

1. 直立压条法（垂直压条、壅土压条）

适用于丛生性强、枝条较坚硬而不易弯曲的树种，如榛子、苹果的矮化砧等。将其枝条的下部进行环状剥皮或刻伤等机械处理，然后在母株周围培土，将整个株丛的下半部分埋入土中，并保持土堆湿润。待其充分生根后到来年早春萌芽以前，刨开土堆，将枝条自基部剪离母株，分株移栽（图 4-28～图 4-30）。

萌芽前，每株留 2cm 短截，促使发出萌蘖。当新梢长达 15～20cm 时第一次培土；当新梢长达 40cm 时第二次培土，培土总高度约为 30cm。培土前应灌水，培土后注意保持土堆内湿润。培土后 20 天左右开始生根。入冬前先扒开土堆，自每根萌蘖基部，靠近母株处留 2cm 短桩剪截，未生根的萌蘖亦应同时短截，促进翌年发枝（图 4-28）。

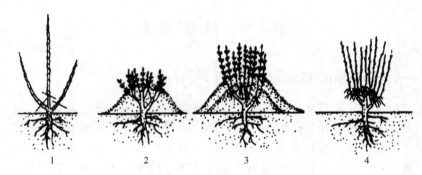

图 4-28　直立压条

1—短截促萌；2—第一次培土；3—第二次培土；4—去土可见根系

图 4-29　直立压条壅土的方法

图 4-30　直立压条生根状态

2. 曲枝压条法

多用于枝条柔软而细长的藤本植物或丛生灌木。曲枝压条法既可在春季萌发前进行（图 4-31），也可在生长季枝条半木质化时进行（图 4-32）。根据曲枝的方法又分为水平压条和先端压条。

（1）水平压条法（普通压条法） 春栽母株（1 年生苗），行距 1.5m，株距 30～50cm，倾斜栽植。将枝条压入土中 5cm 左右的浅沟中，固定。待新梢长至 15～20cm 时第一次培土，25～30cm 时第二次培土。培土部位去除叶片，枝条基部未压入土内的芽处于顶端优势的地位，及时抹除强旺萌蘖枝，如果培土后发现土壤干旱，应在两侧开沟灌水。秋季落叶后即可进行分株（图 4-31）。

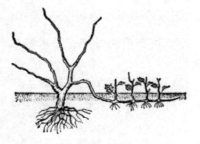

图 4-31 萌芽前 1 年生
枝水平压条

图 4-32 半木质化新梢
水平压条

（2）先端压条法 黑莓、黑树莓等，发生根蘖很少，枝条顶芽既能长梢，又能在梢基部生根。通常在夏季新梢尖端已不再延长，叶片小而卷曲时，即可压入土中。如太早则不形成顶芽而继续生长，压入太晚，则根系生长差。生根后即可剪离母体，形成一独立新株。

压条时选择基部近地面的 1～2 年生枝条，先在节下靠地面处用刀刻伤几道，或进行环状剥皮、绞缢，割断韧皮部，不伤害木质部；开深 10～15cm 的沟，长度依枝条的长度而定；将枝条下弯压入土中，用金属丝窝成 U 形将其向下卡住，以防反弹；然后覆土，把枝梢露在外面。此法多在早春或晚秋进行，春季压条，秋季切离；秋季压条，翌春切离栽植。生根割离母体需要大约一个生长季（图 4-33）。

（二）高枝压条法

高枝压条法又称为空中压条法、高压法。我国很早即已采用此

图 4-33　先端压条

1—萌芽前刻伤与曲枝；2—压入部位生根；3—落叶后分株

法繁殖果树苗木，如葡萄、荔枝等。此法具有成活率高、技术易掌握等优点；但繁殖系数低，对母株损伤大。

　　高压法在整个生长期都可进行，但以春季和雨季进行较好。广东省多用椰糠、锯木屑作高压基质。亦可用稻草与泥的混合物作填充材料，成本低，生根效果好。

　　高压法应选用充实的 2～3 年生枝条，在枝近基部进行环剥，剥皮宽度花灌木通常 1～2cm，乔木通常 3～5cm，注意皮层要剥除干净，并于剥皮处包以保湿生根材料（苔藓、草炭、泥炭、锯木屑等），用塑料薄膜或棕皮、油纸等包裹保湿。待枝条生根后自袋的

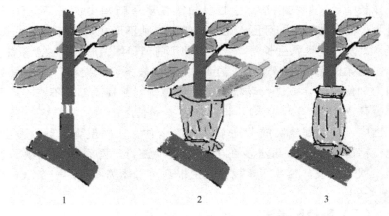

图 4-34　高枝压条法

1—枝条环剥；2—包裹基质；3—绑缚

下方剪离母体，去掉包扎物，带生根基质栽入容器中，放置在阴凉处养护，待大量萌发新梢后再见全光。注意在生根过程中要保持基质湿润，可以用针管进行注水（图4-34、图4-35）。

图 4-35　高空压条生根

『经验推广』

　　促进压条生根的措施：

　　① 机械处理：对需要压条的枝条进行环剥、环割、刻伤、绞缢等；

　　② 激素处理：用吲哚丁酸、吲哚乙酸、萘乙酸等涂抹枝条机械处理的部位。

第四节　组织培养育苗

一、植物组织培养概述

（一）植物组织培养概念

植物组织培养是指在无菌和人工控制的环境条件下，利用适当的培养基，对脱离母体的植物器官、组织、细胞及原生质体进行人工培养，使其再生形成细胞或完整植株的技术。

概念中的无菌指的是组织培养所用的培养器皿、器械、培养基、培养材料以及培养过程都处于没有真菌、细菌、病毒的状态；人工控制的环境条件是指组织培养的材料都生活在人工控制好的环境条件中，其光照、温度、湿度、气体条件都是人工设定的；而培养的植物材料已经与母体分离，处于相对分离的状态。

根据其培养所用材料（即外植体）的不同，把植物组织培养分为组织培养、器官培养、胚胎培养、细胞培养和原生质体培养，前两者在育苗生产上普遍采用，后三者目前主要应用于科研领域。

（二）植物组织培养主要特点

① 组织培养的整个操作过程都是在无菌状态下进行的。

② 组织培养中培养基的成分是完全确定的，不存在任何未知成分，其中包括大量元素、微量元素、有机元素、植物生长调节物质、植物生长促进物质、有害或悬浮物质的吸附物质等。

③ 外植体可以处于不同的水平下，但都可以再生形成完整的植株。

④ 组织培养可以连续继代进行，形成克隆体系，但会造成品质退化。

⑤ 植物材料处于完全异养状态，生长环境完全封闭。

⑥ 生长环境完全根据植物生物学特性人为设定。

二、组织培养实验室的构成以及主要的仪器设备

（一）组织培养实验室的构成

要在组织培养实验室内部完成所有的带菌和无菌操作，这些基本操作包括各种玻璃器皿等的洗涤、灭菌，培养基的配制、灭菌，以及接种等。通常组织培养实验室包括准备室、接种室、培养室以及温室等（图 4-36），细分还必须包括药品室、观察室、洗涤室等。

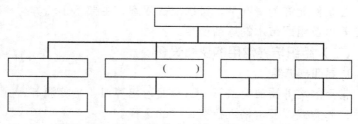

图 4-36　组织培养实验室的构成及功能

1. 准备室

主要在准备室完成一些基本操作，比如实验常用器具的洗涤、干燥、存放；培养基的配制和灭菌；常规生理生化分析等，以及常用的化学试剂、玻璃器皿、常用的仪器设备（冰箱、灭菌锅、各种天平、烘箱、干燥箱等）的准备。还要准备大的水槽用于器皿等的洗涤；还要准备蒸馏水制备设备，还有显微镜等观察设备。此外，准备室必须要有足够大的空间、足够大的工作台。

2. 接种室

主要用于植物材料的消毒、接种、转接等。其内部主要设备是超净工作台。接种室要根据使用频率进行不定期消毒，一般采用熏蒸法，即利用甲醛与高锰酸钾反应产生蒸气进行熏蒸，也可以安装紫外灯，接种前开半小时左右进行灭菌。注意进入接种室时务必更换工作服，避免带入杂菌，保持接种室的清洁。

3. 培养室

主要用于接种完成材料的无菌培养。培养室的温度、湿度都是

人为控制的。温度通过空调来调控，一般培养温度在 25℃ 左右，也和培养材料有关系，光周期可以通过定时器来控制，光照强度控制在 2500～6000lx，每天光照时间在 14h 左右。培养室的相对湿度控制在 70%～80%，过干时可以通过加湿器来增加湿度，过湿时则可以通过除湿器来降低湿度。此外，培养室还要放置培养架，每个一般由 4～5 层组成，每层高 40cm、宽 60cm、长 120cm 左右。

4. 温室

在条件允许的情况下，可以配备温室，主要用于培养材料前期的培养以及组配苗木的炼苗使用。

(二) 组织培养常用的仪器设备

1. 器皿器械类

常用的培养器皿有试管、三角瓶、培养皿、培养瓶等，根据培养目的和方式以及价格进行有目的的选择。

除了培养器皿，常用的器械还有接种用的镊子、剪刀、解剖针、解剖刀和酒精灯等；配制培养基用的移液管、移液枪、滴管、洗瓶、烧杯、量筒；还有牛皮纸、记号笔、电磁炉、pH 试纸、纱布、棉花、封口膜等。

2. 仪器设备类

有超净工作台、灭菌锅、培养架、冰箱、显微镜、天平等（图 4-37～图 4-39）。

三、培养基的种类和配制

(一) 培养基的组成

培养基是决定植物组织培养成败的关键因素之一。常见的培养基主要有两种，分别是固体培养基和液体培养基，两者的区别在于是否加入了凝固剂。培养基的构成要素包括以下几种。

(1) 水分 作为生命活动的物质基础存在。培养基的绝大部分物质为水分，实验研究中常用的水为蒸馏水，而最理想的水应该为纯水，即二次蒸馏的水。生产上，为了降低成本，可以用高质量的

图 4-37　超净工作台

图 4-38　立式高压蒸汽灭菌锅

图 4-39　培养架

自来水或软水来代替。

（2）无机盐类　植物在培养基中可以吸收的大量元素和微量元素都是来自于培养基中的无机盐。在培养基中，提供这些无机盐的主要有硝酸铵、硝酸钾、硫酸铵、氯化钙、硫酸镁、磷酸二氢钾、磷酸二氢钠等，不同的培养基配方中其含量各不相同。

（3）有机营养成分　包括糖类物质（主要提供碳源和能源，常见的有蔗糖、葡萄糖、麦芽糖、果糖）、维生素类物质（主要用于植物组织的生长和分化，常用的维生素有盐酸硫胺素、盐酸吡哆醇、烟酸、生物素等）、氨基酸类物质（常见的有甘氨酸、丝氨酸、谷氨酰胺、天冬酰胺等，有助于外植体的生长以及不定芽、不定胚的分化促进）。

（4）植物生长调节物质　植物生长调节物质在培养基中的用量很小，但是其作用很大。它不仅可以促进植物组织的脱分化和形成愈伤组织，还可以诱导不定芽、不定胚的形成。最常用的有生长素和细胞分裂素，有时也会用到赤霉素和脱落酸。

（5）天然有机添加物质　香蕉汁、椰子汁、土豆泥等天然有机添加物质，有时会产生良好的效果。但是这些物质的重复性差，还有这些物质还会因高压灭菌而变性，从而失去效果。

（6）pH值　培养基的pH值也是影响植物组织培养成功的因素之一。pH值的高低应根据所培养的植物种类来确定，pH值过高或过低，培养基会变硬或变软。生产商或实验中，常用氢氧化钠或盐酸进行调节。

（7）凝固剂　要进行固体培养，则需在培养基中加入凝固剂。常见的有琼脂和卡拉胶，浓度一般为7～10g/L。前者生产中常用，后者透明度高，但价格贵。

（8）其他添加物　有时为了减少外植体的褐变，需要向培养基中加入一些防褐变物质，如活性炭、维生素C等。还可以添加一些抗生素，以此来抑制杂菌的生长。

（二）培养基的种类

培养基是决定植物组织培养成败的关键因素之一。培养基有许多种类，根据不同的植物和培养部位及不同的培养目的需选用不同的培养基。目前国际上流行的培养基有几十种，常用的培养基及特点如下。

（1）MS培养基　特点是无机盐和离子浓度较高，为较稳定的平衡溶液。其养分的含量和比例较合适，可满足植物的营养和生理需要。其硝酸盐含量较其他培养基高，广泛用于植物器官、花药、细胞和原生质体培养，效果良好。有些培养基是由它演变而来的。

（2）White培养基特点是无机盐含量较低，适于生根培养。

（3）B5 培养基　特点是含有浓度较低的铵，这可能对不少培养物的生长有抑制作用。从实践得知有些植物在 B5 培养基上生长更适宜，如双子叶植物，特别是木本植物。

（4）N6 培养基　特点是成分较简单，KNO_3 和（NH_4）$_2SO_4$含量高。在国内已广泛应用于小麦、水稻及其他植物的花药培养和其他组织培养。

培养基的营养成分提供一般是先配制母液备用，现在有配好的各种培养基干粉（表 4-1），一般现成培养基干粉中加了营养成分和琼脂，也有没加琼脂的。配制培养基前，根据需要购买（图 4-40、图 4-41）。

表 4-1　培养基种类

产品名称	规格/g	价格/元	产品说明及用途
MS 培养基	250	60	用于植物组织培养
B5 培养基	250	60	用于植物组织培养
N6 培养基	250	60	用于植物组织培养
White 培养基	250	60	用于植物组织培养
NS 培养基	250	60	用于植物组织培养
NB 培养基	250	60	用于植物组织培养
WPM 培养基	250	60	用于植物组织培养

（三）培养基的配制步骤

一般来讲，任何一种培养基的配制步骤都是大致相同的，配1L MS 培养基的具体操作如下。

（1）取一大烧杯或铝锅，放入约 900ml 的水，加热，然后加入 MS 培养基干粉 40mg（具体用量根据培养基瓶上说明进行），并不断搅拌，使其溶解。

（2）将加热熔解好的培养基溶液倒入带刻度的大烧杯中，加入培养所需的植物生长调节物质，定容到 1L。

（3）用 NaOH 溶液（或 HCl）调整 pH 值。

（4）分装到培养容器中（培养瓶）。

（5）高压蒸汽灭菌锅灭菌 20min（温度为 121℃，压力为

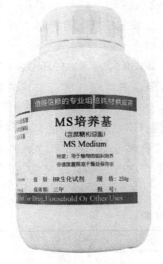

图 4-40　MS 培养基

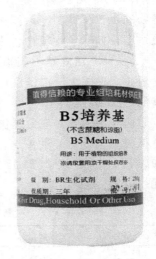

图 4-41　B5 培养基

107kPa），出锅晾凉备用。

四、组织培养的途径

（一）启动培养

这个阶段的任务是选取母株和外植体进行无菌培养，以及外植体的启动生长，利于离体材料在适宜培养环境中以某种器官发生类型进行增殖。该阶段是植物组织培养能否成功的重要一步。母株要选择性状稳定、生长健壮、无病虫害的成年植株；选择外植体时可以采用茎段、茎尖、顶芽、腋芽、叶片、叶柄等（图 4-42）。

外植体确定以后，进行灭菌。可以选择次氯酸钠（1%）、氯化汞（0.1%～0.2%）灭菌，时间控制在 10～15min，清水冲洗 3～5 次，然后接种。

（二）增殖培养

对启动培养形成的无菌材料进行增殖，不断分化产生新的丛生苗（图 4-43）、不定芽及胚状体。每种植物采用哪种方式进行

图 4-42 试管苗初代培养

快繁，既取决于培养目的，也取决于材料自身的可能性，可以是通过器官发生、通过不定芽发生、通过胚状体发生，也可以通过原球茎发生。增殖培养时选用的培养基和启动培养有区别，基本培养基同启动培养相同，而细胞分裂素的浓度水平则高于启动培养。

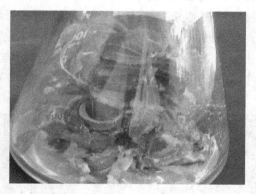

图 4-43 试管苗增殖培养

（三）生根培养

增殖培育阶段的芽苗有时没有根，这就需要将单个的芽苗转移到生根培养基或适宜的环境中诱导生根（图 4-44）。这个阶段的任务是为移栽作苗木准备，此时基本培养基相同，但需降低无机盐浓度，减少或去除细胞分裂素，调整生长素的浓度。

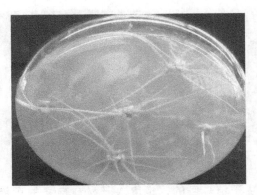

图 4-44　试管苗生根培养

（四）移栽驯化

移栽驯化的目的是使试管苗从异养到自养的转变，有一个逐渐适应的过程。移栽之前要进行炼苗，逐渐地使试管苗适应外界环境条件，接着打开瓶口，再有一个适应的过程。炼苗结束后，取出试管苗，首先洗去小植株根部附着的培养基，避免微生物的繁殖污染，造成小苗死亡，然后将小苗移栽到育苗容器中（图4-45）。容器内基质要选择保湿透气的材料，如蛭石、珍珠岩、粗沙等。

图 4-45　试管苗的移栽驯化

五、组织培养的应用领域

植物组织培养研究领域的形成，首先丰富了生物学科的基础理论，还在实际生产中表现出了巨大的经济价值，显示了植物组织培养的无穷魅力。

（一）植物离体快速繁殖

该技术是植物组织培养在生产上应用最广泛、产生的经济效益最大的一项技术。利用离体快繁技术进行苗木繁殖，繁殖系数大，速度快，可以全年不间断生产，利用该技术可以实现一个单株苗木1年繁殖到百万株。尤其对于不能用种子繁殖的一些名优植物，传统繁殖方法繁殖系数低。对于那些脱毒苗、新引进品种、稀缺品种、优良单株等都可以通过离体繁殖方法进行，比常规方法快数万倍。比如一株葡萄，1年可以繁殖3万多株；一个草莓的顶芽，1年可以繁殖 10^8 个芽。

目前多种花卉、蔬菜、果树及林木采用此种方法繁殖，主要以观赏植物为主，国内进入工厂化生产的有香蕉、桉树、葡萄、苹果、草莓、非洲菊等。

（二）脱毒苗培育

对于无性繁殖植物，都会产生退化现象，是因为病毒在体内积累，影响其生长和产量，对生产造成极大的损失。病毒在植物体内并不是全部存在的，比如植物生长点附近的病毒浓度很低或没有，因此我们可以利用植物的这一特点进行无病毒苗木培育。取一定大小的茎尖进行组织培养，利用无性繁殖方法的特点，再生的完整植株就可以脱毒，获得脱毒苗。利用脱毒苗种植的作物就不会或极少发生病毒危害，而且苗木长势好且一致。

（三）植物种质资源的离体保存

从20世纪60年代开始，人们利用细胞和组织培养再生植株的技术，进行了离体保存种质的研究。种质资源的离体保存是指对离体培养的小植株、器官、组织、细胞或原生质体等材料，采用限制、延缓或使其停止生长的处理措施使之保存下来，在需要时可以根据自身特性重新让它恢复生长，并再生植株的方法。可以采用冷冻保存或超低温保存等。

此外，植物组织培养技术还可以应用于育种、培育人工种子、生产人类需要的有机化合物等领域。

六、苹果无病毒苗木繁育规程

标准：GB 12943—91　苹果无病毒母本树和苗木检疫规程

NY 329—1997　苹果无病毒苗木

（一）概念

1. 苹果无病毒原种

苹果品种和砧木，经过脱毒处理、田间选拔、直接引进经检测后，确认不带已知病毒或指定病毒的原始植株。

2. 苹果无病毒苗木繁育体系

经国家或省（市、区）主管部门核准，由不同单位组成的完成苹果无病毒苗木生产的各层次、各环节任务的组织整体（图 4-46）。

（二）苹果无病毒苗木繁育体系

1. 检测机构

苹果病毒检测机构由国家主管部门组织技术监督部门进行计量认证，并由农业部确认。苹果病毒检测机构负责对苹果无病毒原种保存圃的病毒检测。

2. 原种培育和保存

（1）待脱毒材料　凡准备进行脱毒处理的品种和砧木均应是通过国家或省农作物品种审定委员会审定的品种和砧木。

选取经 3 年以上观察未发现过锈果病、绿皱果病和花叶病症状的结果树作为待脱毒材料母本树，从其上采集接穗作为待脱毒材料。

待脱毒材料母本树可直接通过病毒检测筛选确定为无病毒原种，病毒检测方法见 NY 329—1997。

（2）脱毒处理

① 热处理脱毒法：见 NY 329—1997 中的附录 A。

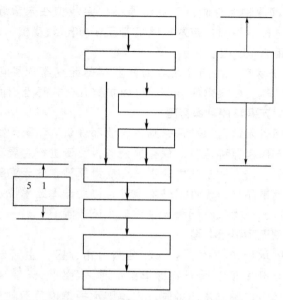

图 4-46　苹果无病毒苗木繁育体系示意图

　　② 茎尖培养脱毒法：见 NY 329—1997 中的附录 B。

　　③ 热处理结合茎尖培养脱毒法：见 NY 329—1997 中的附录 C。

　　(3) 脱毒材料的病毒检测　经脱毒处理获得的材料先通过血清学方法进行检测，显阳性反应的汰除，显阴性反应的再采用木本指示植物法进行检测。

　　血清学方法和木本指示植物法的具体操作步骤分别见 NY 329—1997 中的附录 A 和附录 B、附录 C。

　　(4) 无病毒原种的保存　苹果品种和砧木，经过脱毒处理和病毒检测后，确认无病毒后即可作为无病毒原种，保存在培育原种的单位，保存的方式有田间原种保存圃和组培保存，有条件的建立基因库保存。

　　无病毒原种树每 5 年应进行 1 次病毒检测，发现问题即汰除。检测机构要将病毒检测结果报告主管部门。

① 田间原种保存圃：无病毒原种树要栽植在未曾栽植过果树的地段，与普通果树或苗木的隔离带至少 50m。栽植密度行距 3m 以上，株距 2m 以上。

② 组培保存：由组织培养方法获得的无病毒原种可以保留在瓶内继代培养。如果需用接穗，可以扩繁几代，移至田间。

3. 苹果无病毒原种保存圃

国家和省无病毒原种保存圃由农业部确认。苹果无病毒原种保存圃承担无病毒原种培育、保存的任务，负责进行主要苹果品种和砧木的脱毒、培育和从国内外引进无病毒原种，向无病毒母本园提供无病毒苹果品种、无性系砧木原种，协助母本园单位建立无病毒品种采穗圃、砧木采种园和无性系砧木压条圃。

4. 苹果无病毒母本圃

母本园承担单位由农业部和各省（市、区）主管部门核准认定。无病毒母本园包括无病毒苹果品种采穗圃、无病毒砧木采种园、无病毒无性系砧木压条圃。母本园承担单位负责向育苗单位供应各种无病毒品种接穗、砧木种子和苗木。

母本园的繁殖材料由原种保存单位提供，并接受病毒检测机构的定期病毒检测，一旦发现问题立即更换。

5. 苹果无病毒苗木繁殖圃

苹果无病毒苗木繁育单位由省主管部门核准认定，并颁发苹果无病毒苗木生产许可证，同时还应有上级主管部门根据母本园提供接穗量确定的无病毒苗木准产数量证明。

繁殖圃种子、无性系砧木繁殖材料和接穗，都必须来自无病毒母本园，不允许从苗木上采接穗进行以苗繁苗。苹果无病毒苗木繁育单位负责无病毒实生砧、无性系砧木的繁殖和嫁接栽培品种，向生产单位供应苹果无病毒苗木。

（1）苗圃的建立

① 苗圃地选择：选择地势平坦，有灌溉条件，土壤肥沃，有机质含量丰富，酸度适中，距一般苹果、梨园或一般生产性苗圃 50m 以上，或 5 年没有种植过苹果、梨或育过苹果、梨苗，交通

方便的地方。

②　苗圃规划和建设：苗圃规划应从便于管理的角度出发，划分为若干小区。规划出实生苗播种区、无性系砧木繁殖区、成苗培养区以及休闲区等。并按规划设计出各级道路、排灌系统，并统筹安排，平整土地，改良土壤，以及增施有机肥。

（2）实生砧木培育　砧木种子必须采自无病毒砧木采种园或经病毒检测确认无病毒的种子。秋季或早春播种。播前每亩施有机肥 2500～3000kg、磷肥 100kg，深翻土地，平整做畦，施用杀菌剂和杀虫剂，进行土壤消毒。播种方法和田间管理与一般生产性苗圃相同。

（3）无性系砧木培育　无性系砧木繁殖材料，必须来自无病毒母本园。

①　直接从无病毒母本园引进无性系砧木自根苗，经过一年集中培育，秋季嫁接栽培品种。

②　从无病毒母本园采集无性系砧木种条，嫁接在无病毒的实生砧木上，准备培养中间砧木，然后再嫁接无毒品种接穗。

③　用组织培养方法快速繁殖无病毒无性系砧木。

（4）嫁接苗的培育

①　接穗的采集：接穗必须从无病毒苹果品种采穗圃采集，剪下的接穗立即剪去叶片，按株分扎成捆，并登记母本树的品种（品系）名称、采集时间。

②　嫁接：秋季采用芽接法，春季采用枝接法，接后要按品种、品系分别记载。补接时，必须保证与原来嫁接的母株相同，否则不予补接。

（三）苹果无病毒苗木繁育体系附录

1. 附录 A（热处理脱毒法）

A1　脱毒材料准备

于 4 月中旬，从待脱毒品种植株上剪取接穗，采用切接法嫁接在盆栽实生砧苗上，每品种 10～15 盆。嫁接成活后，按常规苗在室外进行管理。

A2 热处理

翌年 2 月上、中旬将待脱毒盆栽苗移入温室，从地面以上 20m 剪截留 3～5 个饱满芽。同时将盆栽砧木移入温室，使其萌动生长。待脱毒苗萌动长出幼叶后，移入恒温热处理箱内，将温度控制在 28～30℃。3～5 天后待盆栽苗长出 3～5 片新叶时，将温度调至 38℃±1℃，进行热处理并开始计时。

A3 嫩梢嫁接

热处理 28 天后，从抽发的新梢顶端，切取 1.0～1.5cm 的嫩梢，采用劈接或皮下嫁接法嫁接在预先准备好的盆栽实生砧木上，用塑料薄膜包扎，并套上白色透明塑料袋保温，放阴凉处，2 周后取下塑料袋，约 10 天后再移入温室内有阳光处，待长出 3～5 片新叶后移到室外锻炼 10～15 天，即可移入苗圃，按正常苗进行管理。

A4 病毒检测

于 6 月上旬采取脱毒苗新叶进行血清学检测，淘汰带毒苗。未检测出病毒的脱毒苗于 8 月中旬采用指示植物鉴定法进行复检，确认无病毒后作为无病毒原种母本树保存。

2. 附录 B（茎尖培养脱毒法）

B1 分离培养

从田间大树上切取 2～3cm 长的新梢顶尖，用 70% 酒精浸渍半分钟，用 0.1% 升汞灭菌 5min，无菌水冲洗 3～5 遍，在解剖镜下剥离幼叶和叶原基，切取 0.1～0.2mm 的茎尖，接种到分化培养基上，在 25℃±2℃、光照 1500～2000lx、光照 10h/天的条件下培养。每个月换一次培养基，3～4 个月后可分化出新芽。

B2 增殖培养

培养基、培养条件与初代培养相同，每隔 30～40 天转接一次。增殖试管苗可采用酶联免疫吸附法进行病毒初检，带毒样品汰除或进行热处理脱毒。

B3 诱导生根

从初检不带毒样品上切取长 1.5cm 的嫩梢插入生根培养基中，在 25℃ 下经 15～20 天即可长出新根。对生根率较低的品种可适当调整生长调节剂的浓度或加入间苯三酚或增加培养代数。

B4 移栽

栽前将组培生根苗置于强光下，闭瓶锻炼 2 天（加少量水）。以腐殖土、沙或蛭石为基质，洗净根部黏附的培养基后栽到基质中，浇透水，盖上塑料薄膜和报纸保温遮阴，10 天后逐渐通风透光，每周浇一次 1/4～1/8 MS 营养液促进生长。初春为移栽适期，温度保持在 15～25℃。

B5 移入苗圃

将移栽成活的组培苗移到室外炼苗 1～2 周。圃地开沟打垄，施入基肥，将苗带土移栽，灌足水。

B6 病毒检测

8 月份从移栽成活苗上剪取带 12～15 个饱满芽的枝条，按芽系编号，采用指示植物进行鉴定。检测后保存无病毒的芽系，将带病毒的芽系汰除或再次热处理。

3. 附录 C（热处理结合茎尖培养脱毒法）

C1 切取热处理过程中长出的新梢顶端 0.3～0.5mm 的茎尖进行组织培养。

C2 先进行微茎尖组织培养，分化成丛状苗，经过继代扩繁后，先在 25℃±3℃ 的培养室内培养 4～5 天，再在 38℃±1℃ 的光照培养箱中培养 4～6 周后，切取 3mm 左右的茎尖进行培养。

C3 对分化的每个芽丛分别编号，经培养成苗，准备病毒检测。

第五章

苗木的养护管理与出圃

第一节　苗木的养护管理

一、苗圃的土壤管理

对于苗圃地的土壤，主要是通过多种综合性的措施来提高土壤肥力，改善土壤的理化性质，保证苗木健康生长所需养分、水分等的有效供给。

苗圃土壤类型相对复杂，不同的植物种类对于土壤的需求是不一样的，但对于良好土壤的需求则是相同的，即能完好地协调土壤的水、肥、气、热。一般的肥沃土壤应该是土壤养分相对均衡，既有大量元素，又有微量元素，且各自的含量适宜植物的生长；既含有机物质，也含大量的无机物质；既有速效肥料，也有缓效肥料。同时要求苗圃地土壤物理性质要好，即土壤水分含量适宜、空气含量适宜。目前一般的苗圃地土壤都达不到这样的要求，这就需要在实际生产中对苗圃地土壤进行改良。

（一）客土

苗圃地土壤不适合苗木生长时，可以给它换土，即"客土栽培"。但这种土壤改良方法不适合大面积的苗木种植，一般偏沙土壤可以结合整地、深翻掺一些黏土，偏黏土壤可以掺一些沙土。或在树木的栽植穴中换土。

（二）中耕除草

在生长期间对苗圃地土壤中耕除草，可以切断土壤毛细管，减少土壤水分蒸发，提高土壤肥力；还可以恢复土壤的疏松度，改善土壤通气状况。尤其是在土壤灌水之后，要及时中耕。此外，中耕还可以在早春提高地温，有利于苗木根系生长。同时，中耕还可以清除杂草，减少杂草对水分、养分的竞争。

（三）深翻

在未栽植苗木之前，结合整地、施肥对土壤进行深翻。通过深翻能改善土壤的水分和通气状况，促进土壤微生物的活动，使土壤当中的难溶性物质转化为可溶性养分，有利于苗圃植物根系的吸收，从而提高土壤肥力。

（四）增施有机肥

增施有机肥对土壤有很好的改良效果。常用的有机肥料有厩肥、堆肥、饼肥、人粪尿、绿肥、鱼肥等，这些有机肥料都需要腐熟才能使用。有机肥对土壤的改良作用明显，一方面因为有机肥所含营养元素全面，能有效供给苗木生长所需的各种养分；另一方面还可以增加土壤的腐殖质，提高土壤的保水保肥能力。

（五）调节土壤 pH 值

大多数植物适宜中性至微酸性的土壤，然而在我国碱性土壤居多，尤其是北方地区。这样的碱性土壤，酸碱度调节是十分必要的工作。土壤酸化是指对偏碱的土壤进行处理，使土壤 pH 降低，常用有机肥料、生理酸性肥料、硫黄等，通过这些物质在土壤中的转化，产生酸性物质。有数据表明，每亩施用 30kg 硫黄粉，可使土壤 pH 降低 1.5 左右。土壤碱化时常用的方法是往土壤中施加石灰、草木灰等物质，但以石灰应用比较普遍。

二、苗圃的水分管理

苗圃水分管理是根据各类苗木对水分要求，通过多种技术和手段，来满足苗木对水分的合理需求，保障水分的有效供给，达到满足植物健康生长的目的，同时节约水资源。

（一）灌溉方式

1. 沟灌

一般应用于高床和高垄作业，水从沟内渗入床内或垄中。此法水分由沟内浸润到土壤中，床面不易板结，灌溉后土壤仍有良好的通气性能，但是渠道占地多，灌溉定额不易控制，耗水量大，灌溉效率较低。

2. 畦灌

畦灌是低床育苗和大田育苗常用的灌溉方法，又叫漫灌。水不能淹没幼苗叶片，以免影响苗木呼吸和光合作用。灌溉时容易破坏土壤结构，易使土壤板结，水渠占地较多，灌溉效率低，需要的劳力多，而且不易控制灌水量，但是较沟灌省水。

3. 喷灌

喷灌是喷洒灌溉的简称。该法便于控制灌溉量，并能防止因灌水过多使土壤产生次生盐渍化，减少渠道占地面积，能提高土地利

用率，土壤不板结，并能防止水土流失；而且工作效率高，节省劳力，是效果较好、应用较广的一种灌溉方法。但是灌溉需要的基本建设投资较高，受风速限制较多，在3～4级以上的风力影响下，喷灌不均，因喷水量偏小，所需时间会很长（图5-1）。还有一种称为微喷的方法，喷头在树下喷水，对高大的树体土壤灌溉效果好。

图 5-1　喷灌

4. 滴灌

滴灌是将灌水主管道埋在地下，水从管道上升到土壤表面，管上有滴孔，水缓慢滴入土壤中，节水效果好，是最理想的灌溉方法（图5-2）。

图 5-2　滴灌

（二）苗圃不同季节的灌溉与排水

1. 春季苗圃的灌溉与排水

进入春季，气温开始回升，雨水增多，病虫害开始萌动，一些

苗木也开始萌芽，因此，应及时加强对苗圃的早春水分管理。

春季雨多和地势低洼的苗圃，一旦土壤含水量过高，不仅降低土温，且通透性差，严重影响苗木根系的生长，严重时还会造成苗木烂根死苗，影响苗木回暖复苏。因此，进入春季，应在雨前做好苗圃地四周的清沟工作；没有排水沟的要增开排水沟，已有的还可适当加深，做到雨后苗圃无积水；尤其是对一些耐旱苗木，更应注意水多时要立即排水，防止地下水位的危害；要对苗圃地进行一次浅中耕松土，并结合中耕撒施一些草木灰，能起到吸湿增温的作用，促进苗木生长发育。

北方春季雨少，多干旱，不及时补充水分会影响苗木萌芽生长，因此，北方苗圃多在萌芽前根据土壤墒情进行灌溉。

2. 夏季苗圃的灌溉与排水

夏季苗木速生期前期需要充足的水分，尤其是幼果期不能缺水，在天气干旱时要及时灌溉。每次灌溉要灌透、灌匀。注意防止浇半截水。

夏季雨水较多，应注意及时排水防涝。植株受涝表现为失水萎蔫，叶及根部均发黄，严重时干枯死亡。

3. 秋季苗圃的灌溉与排水

秋季为促进苗木木质化，除特别干旱外，应停止灌溉，此时水分过多易引起立枯病和根腐病。因此，在雨季到来时要注意开沟排水。

4. 冬季苗圃的灌溉与排水

冬季到来前苗圃地要及时浇冻水，冻水要浇大浇透，使苗木吸足水分，增加苗木自身的含水量，防止冬季大风干燥苗木失水过多，影响来年苗木发芽。

『 经验推广 』

水分管理遵循干湿交替的原则。植株根系的生长也需要一定的氧气，干湿交替既可以给苗木供应充足的水分，又可以供应足量氧气。

三、苗圃的营养管理

健壮苗木的生长，需要各种营养物质来补充。但在实际生产中，苗圃土壤当中有些营养元素含量不足，不能满足苗圃苗木的生长，因此苗圃施肥十分必要。

（一）常见有机肥料的种类和性质

苗圃常用的肥料很多，可分为有机肥料和无机肥料。有机肥料如堆肥、厩肥、绿肥、饼肥、泥炭、腐殖质、人粪尿等，含有多种元素，又称为完全肥料，可以长期缓慢供给植物营养。

1. 人粪尿

人粪尿含有各种植物营养元素、丰富的有机质和微生物，是重要的肥源之一，需腐熟以后使用，腐熟的时间大概在半个月左右，一般用作基肥。

牲畜粪尿同样含有各种植物营养元素、丰富的有机质和微生物，其中的氮不能被植物体直接利用，分解释放速度慢。需要经过长时间的腐熟之后才能使用，大量使用后一般都有良好效果。

2. 饼肥、堆肥

饼肥、堆肥含有丰富的植物营养元素，其中饼肥有机质含量可以达到87%，氮、磷、钾含量也相对很高。但是绝大部分不能被苗木直接吸收利用，一定要经过微生物的分解后才能发挥作用。堆肥是农作物秸秆、落叶、草皮等材料混合堆积，经过一系列转化过程制造的有机肥料。我国各地的很多苗圃都使用堆肥作基肥，可以供给苗木生长所需的各种养分。大量施用还可以增加土壤有机质、改良土壤。

3. 泥炭、腐殖质

泥炭有机质含量在40%～70%，含氮量在1%～2.5%，氮、钾含量均不高，pH值在6左右，并且都含有一定量的铁元素。森林腐殖质是森林地表面的枯落物层，有分解的和未分解的枯枝落叶未定形有机物，pH值与泥炭相同，也是酸性肥料。其中的养分不能被苗木立即利用，通常用作堆肥的原材料，经过发酵腐熟后作为基肥，大量施入可以改良土壤的物理性质。

4. 绿肥

绿肥是绿色植物的茎叶等沤制而成或直接将其翻入地下作为肥料。绿肥所含营养元素全面，种类很多，如黄花苜蓿、大豆、蚕豆、紫穗槐、胡枝子等，它们的营养元素含量因植物种类而异。

（二）常见无机肥料的种类和性质

1. 氮肥

在氮肥中常见的是硫酸铵、氯化铵、碳酸氢铵、硝酸铵和尿素等。它们含氮量各异，都属于速效性肥料。一般都只用作追肥，在苗木生长季节进行根外施肥效果较好。

2. 磷肥

常见的有过磷酸钙、磷矿粉和钙镁磷肥，前者是速效肥料，后两者是缓效肥料，一般都在基肥时混合施用。

3. 钾肥

常见的有硫酸钾和氯化钾，含钾量分别是50％左右和45％左右，都是生理酸性肥料，适用于碱性或中性土壤，作基肥、追肥均可，但以在春天结合整地作基肥效果最好。

（三）苗圃的施肥时间和方法

1. 基肥施肥时期和方法

基肥也叫底肥，是在播种或移植前施用，常用有机肥。它主要是供给植物整个生长期中所需要的养分，为植物生长发育创造良好的土壤条件，也有改良土壤、培肥地力的作用。基肥主要施入方法是土壤施肥。

2. 追肥施肥时期和方法

追肥是指在植物生长中加施的肥料。追肥的作用主要是供应植物某个时期对养分的大量需要，或者补充基肥的不足，常用无机肥。生产上一般是以基肥为主追肥为辅。

确定追肥施肥时期的依据是，树体的需肥时期；土壤养分变化规律；肥料的性质。植物种类不同，需肥时期不同，一般苗木追肥时期主要有，萌芽前；新梢迅速生长期；果实膨大期。追肥施入方法有土壤施肥、灌溉式施肥、叶面喷肥。

3. 施肥注意事项

（1）看天施肥　温度较低时，苗木吸收养分较少，尤其对氮、磷的吸收更受限制；而温度高时苗木吸收养分就多，因此，在夏季雨后，追施速效氮肥效果显著。在南方高温多雨季节，应薄肥勤施，避免养分流失。

（2）看地施肥　土壤类型和状况对选择何种肥料及施用量起决定作用。沙性土壤质地疏松，通气性较好，温度较高，湿度较低，宜施半腐熟的猪、牛粪等，并宜深施，以延长肥效；同时采用薄肥勤施。黏性土质地紧密，通气性较差，温度低而湿度大，宜选用马、羊、蚕粪等，并可腐熟后浅施，以便及时生效；适当增加施肥量，而减少施肥次数。酸性土含有较多有害苗木生长的活性铝离子等，因此，除用石灰调节酸度外，应多施碱性肥料，如过磷酸钙、钙镁磷肥等。

（3）看苗施肥　根据苗木生长特征施肥，不同树种对养分要求不尽相同，多数以氮为主。而豆科苗木有固氮根瘤菌，应增施磷肥，以促使根瘤菌的生长。北方地区在秋季苗木生长后期，要控制氮肥的使用，以免苗木徒长，新梢遭受冻害。幼苗期需肥量小，以磷肥为主；速生期需大量肥料，以氮肥为主。为防止苗木秋后受冻害，应多施钾肥。

『经验推广』

　　苗木追肥施用：

　　萌芽前和新梢迅速生长期以氮肥为主，促进芽萌发和新梢生长；生长后期注意控制氮肥施入，增施磷、钾肥，可促进新梢及时停长，增加树体贮藏养分。

四、苗圃的化学除草

　　杂草生长在苗圃与苗木争肥水、争光照，同时杂草也为许多病虫害提供了中间寄主，或者成为害虫产卵生存的地方。在相同的水肥条件下，杂草危害对苗木的质量有着极为显著的影响。因此清除苗圃杂草，是实现苗木良好生长的关键。

（一）除草方法的概况

化学除草作为苗圃管理的一项重要内容，经历了很大的波动。起先人们认为，化学除草很好，可以代替人工除草；但由于对除草剂的认识不够，陆续发生了一些事故，除草剂开始被限制使用。直到 20 世纪 80 年代后，人们逐渐又认识到了化学除草的优越性。

1. 人工除草

人工除草是农业上最传统的一种除草方式，目前仍然广泛使用。人工除草适应性强，适合各种圃地，而且不会出现特别明显的错误，但是效率低，劳动强度大，除草效果也差，会伤害苗木根系。

2. 机械除草

机械除草是使用各种类型的农机来进行中耕除草，除草的同时还可以中耕土壤。在免耕法、少耕法还没有实行的时候，机械除草的存在具有非常积极的意义，它可以代替部分笨重的体力劳动，可以提高工作效率。机械除草的缺点是株间不能锄到，而株间的杂草对苗木的影响却是很大的。同时机械除草受环境的影响太大，土壤过干或过湿，机械除草都不适用。

3. 化学除草

随着我国农药研究的发展，除草剂的剂型越来越多，除草剂的使用成本也越来越低，适宜使用它的苗木也逐渐增多，化学除草将成为苗圃除草的主要手段。但是苗圃植物种类繁多，规格多样，在使用化学除草时，需要经过仔细试验才能进行。

（二）化学除草的发展趋势

（1）新型除草剂层出不穷，这些除草剂都是高效低毒、低残留的。

（2）混合制剂产品急剧增加。

（3）除草剂剂型多样化，使用技术多样化。除了常见的粉剂、粒剂、乳油和可湿性粉剂外，还发展了微粒剂、泡沫喷雾剂、胶悬剂等，且喷洒技术不断提高。

（4）解毒剂、保护剂和增效剂迅速发展。

（5）提高药效、降低药量、合理安全用药等研究得到重视。

（三）常用的除草剂

当前世界上生产和使用的除草剂多达 400 多种，国内生产的近 40 种，而应用于苗圃的还不足 20 种，当前常用除草剂见表 5-1。

表 5-1　当前常用除草剂

名称	性状	除草对象	施用方法	备注
除草醚	选择性触杀型	稗草、马唐、马齿苋、灰灰菜等	土壤处理	1 年生杂草能被杀死
			茎叶处理	
二甲四氯	内吸传导性	莎草科杂草及其他阔叶杂草	土壤处理	对双子叶苗木很敏感
			茎叶处理	
氟乐灵	选择性	广谱性好，可以杀死禾本科杂草及阔叶杂草	土壤处理	芽出土前有效，对成株无效
敌稗	选择性触杀型	是稗草的特效药，可以杀死多种禾本科和双子叶杂草	茎叶处理	对苗木幼苗有害
百草枯	灭生性	对 1 年生杂草的效果较好	茎叶处理	对铁、铝等金属有很强的腐蚀性
西马津	内吸型	广谱性好，可以杀死 1 年生阔叶杂草和部分禾本科杂草	土壤处理	喷药时要尽量避免接触果树枝叶
			茎叶处理	
草甘膦	灭生性内吸型	稗草、狗尾草、马唐、苍耳、猪殃殃等 1 年生杂草	茎叶处理	无残留

（四）除草剂的使用方法

按照除草剂的使用说明配制好溶液或毒土之后，可以选择在杂草种子萌动和刚刚出芽时进行化学除草，一般 1 年进行 2 次即可。常见的处理方法有以下两种。

1. 茎叶处理

茎叶处理一般采用喷雾法，就是把除草剂直接喷到杂草茎叶上的施药方法，适合该方法的除草剂有茅草枯、五氯酚钠等。要注意除草剂接触到杂草的同时，也会接触到苗木，要求尽量用选择性除草剂，充分利用杂草和苗木的位差、时差区别，合理控制施药量。

2. 土壤处理

土壤处理是采用喷雾法或拌土施用，是使药剂和土壤直接接触，借以杀死杂草的方法。适合该方法的除草剂有除草醚、除草剂一号、西马津、扑草净等。此方法的主要特点是对药剂的选择不是特别严格，主要优点是长效性，即在土壤当中逐渐、缓慢释放，多种苗木都可采用。

第二节 苗 木 出 圃

一、苗木出圃前的准备

苗木出圃是育苗工作的重要环节，直接影响苗木的质量、栽植成活率及幼树的生长。出圃前准备工作主要包括以下几种。

（1）对苗木的种类、品种、各级苗木数量等进行核对和调查。

（2）根据调查结果和订购苗木情况，制订出圃计划及苗木出圃操作规程。

（3）与购苗和运输单位联系，及时分级、包装、装运，缩短运输时间，保证苗木质量。

二、起苗

起苗就是把已达出圃规格的苗木从苗圃地挖起来。这一操作是育苗工作的重要生产环节之一，其操作的好坏直接影响苗木的质量和移植成活率、苗圃的经济效益。

1. 起苗时间

起苗时间主要由苗木的生长特性决定，适宜的起苗时间是苗木休眠期，不适宜的时间起苗会降低苗木成活率。落叶树种多在秋季落叶或春季萌芽前起苗。常绿树种的起苗，北方大多在春季春梢萌发前进行，秋季在新梢充分成熟后进行。容器苗起苗不受季节限制。

2. 起苗方法

起苗前几天应核实苗木品种、砧木类型、来源、苗龄等。若育苗地干旱，应在起苗前2～3天灌水，使土壤湿润，以减少起苗时损伤根系，保证质量。起苗时应控制好掘苗深度及范围，必须特别注意苗根的质量和数量，保证苗木有足够的根系，可蘸泥浆护根。对主根强、根系再生能力弱的常绿果树，必须带土起苗，并包扎土球，减少根系损伤。

三、苗木分级

起苗后，应根据苗木的大小、质量指标进行分级，分级时应根据苗木规格要求进行，不合格的苗木应留圃继续培养。

对出圃苗木的基本要求是，品种纯正、砧木正确，地上部枝条健壮、充实，具有一定的高度，芽体饱满，根系发达，须根多，断根少，无严重的病虫害和机械损伤，嫁接苗的接合部位愈合良好。参考附表2部分果树苗木出圃规格标准。

四、苗木的包装、运输与贮藏

（一）苗木包装

1. 苗木包装的意义

为了防止苗木根系在运输期间大量失水，同时也避免碰伤树体，不使苗木在运输过程中降低质量，所以苗木运输时要包装，包装整齐的苗木也便于搬运和装卸。

2. 苗木包装

苗木运输前，可用稻草、草帘、蒲包、麻袋和草绳等包裹绑牢。分别以20株、50株或100株为一捆，包内外要附有苗木标签，注明苗木产地、树种、品种、数量、等级，以便识别。为保证苗木质量，需附果树苗木质量检验证书（见附表3）。

（1）手工包装　若长距离运输，苗木需细致包装。包装时先将湿润物放在包装材料上，然后将苗木根对根放在湿润物上，并在根间加些湿润物，如苔藓等，防止苗木过度失水。苗木应摆放适当的重量，便于搬运，一般不超过25kg，将苗木卷成捆，用绳子捆住，但不宜太紧，最后在外面要附标签（图5-3、图5-4）。

图5-3　裸根苗长途运输的包装

图5-4　裸根苗蘸保湿剂后包装运输

　　若短距离运输，苗木可散装在筐篓内，首先在筐底放一层湿润物，再将苗木根对根分层放在湿润物上，并在根间稍放些湿润物，苗木装满后，最后再放一层湿润物即可。也可在车上放一层湿润物，在上面将苗木分层放置。

　　(2) 机械包装　现代化的苗圃都具有一个温度低、相对湿度较高的苗木包装车间。在传输带上去除废苗，将合格苗计数包装，在包装外系固定的标签，注明树种、苗龄、数量、等级、苗圃名称、出圃日期等。

（二）苗木的运输

苗木运输需有专人押运，运输途中押运人员要和司机配合好，尽量保证行车平稳，运苗提倡迅速及时，短途运苗不应停车休息，要一直运至施工现场。长途运苗应经常检查包内的湿度和温度，以免湿度和温度不符合植物运输要求。如包内温度高，要将包打开，适当通风，并更换湿润物以免发热，若发现湿度不够，要适当加水。中途停车时应停于有遮阴的场所，遇到刹车绳松散、苫布不严、树梢拖地等情况应及时停车处理。到达目的地后，应及时卸车，按码放顺序，先装后卸，不能随意抽取，要注意做到轻拿轻放，不能及时栽植的则要及时假植。

装车不宜过高过重，压得不宜太紧，以免压伤树枝和树根；树梢不准拖地，必要时用绳子固定，绳子与树身接触部分，要用蒲包垫好，以防伤损树皮。卡车后箱板上应铺垫草袋、蒲包等物，以免擦伤树皮，碰坏树根。装裸根乔木应树根朝前，树梢向后，顺序排码。长途运苗最好用苫布将树根盖严捆好，这样可以减少树根失水。

（三）苗木的假植与贮藏

1. 苗木的假植

将苗木的根系用湿土进行暂时的埋植处理称为假植。假植的目的主要是将不能马上栽植的苗木暂时埋植起来，防止根系失水或干燥，保证苗木质量。根据假植时间的长短分为临时性假植和越冬假植。在起苗后或栽植前进行的临时栽植，叫临时假植；当秋季起苗后，要通过假植越冬时，叫越冬假植或长期假植。

假植时，选一排水良好、背风背阴地挖一条假植沟，沟的规格因苗木的大小而异。播种苗一般深、宽各为 30～40cm，迎风面的沟壁作成 45°的倾斜，短期假植时可将苗木在斜壁上成束排列，长期假植时可将苗木单株排列，然后把苗木的根系和茎的下部用湿土覆盖、踩紧，使根系和土壤紧密连接。一般情况下，用挖出的下一个假植沟的土，将前一假植沟的苗木根部埋严，同时挖好下一个假植沟（图5-5），以此类推。假植沟土壤干燥时，假植后应适当灌水，但切勿过足。在严寒地区，为了防寒，最好用草类、秸秆等将苗木的地上部分加以覆盖。但也要注意通气，可以竖通气草把，防止热量在假植沟内聚集，导致根系呼吸不通畅，造成根系腐烂等现象。

图 5-5　苗木假植

　　假植时还有一些问题需要工作人员注意，苗木入沟假植时，不能带有树叶，以免发热苗木霉烂；一条假植沟最好假植同一树种、同一规格的苗木；同一条假植沟的苗木，每排数目要一致，以便统计数量；假植完毕，假植沟要编号，并插标牌，注明苗木品种、规格、数量等；假植期间要定期检查，土壤要保持湿润。早春气温回升，沟内温度也随之升高，苗木不能及时运走栽植时，应采取遮阴降温措施，推迟栽植期。

2. 苗木的贮藏

　　为了更好地保证苗木质量，推迟苗木的萌发期，以达到延长栽植时间的目的，可采用低温贮藏苗木的方法。关键是要控制好贮藏的温度、湿度和通气条件。温度控制在 1～5℃，最高不要超过 5℃，在此温度下，苗木处于全眠状态，而腐烂菌不易繁殖，南方树种可以稍高一点，不超过 10℃，低温能够抑制苗木的呼吸作用，但温度过低会使苗木受冻；相对湿度以 85％～100％为宜，湿度高可以减少苗木失水，室内要注意经常通风。一般常采用冷库、地下室和低温窖等进行贮藏（图 5-6）。对于用假植沟假植容易发生腐烂的树种，如核桃等采用低温贮藏的方法。目前，为了保证全年的苗木供应，可利用冷库进行苗木贮藏，将苗木放在湿度大、温度低又不见光的条件下，可保存半年的时间，这是将来苗木供应的趋势，所以大型苗圃配备专门的恒温库或冷藏库就成为必然趋势。

图 5-6　苗木低温窖藏

第六章

果园建立与管理

第一节 果园建立

一、果园的土地规划

应优先保证生产用地，一般果园生产用地占 80%～85%，防护林占 5%～10%，道路占 4%，绿肥基地占 3%，办公生产生活用房屋、苗圃、蓄水池等占 4%。

(一) 果园生产用地规划

1. 划分果园小区的依据

(1) 同一小区内气候及土壤条件应当基本一致。

(2) 在山地和丘陵地，要有利于防止水土流失，有利于发挥水土保持工程的效益。

(3) 有利于防止果园风害。

(4) 有利于果园的运输及机械化管理。

2. 果园小区的面积

因地制宜，大小适当。过大管理不便，过小不利于机械化操作。

3. 小区的形状和位置

多采用长方形，长边与短边比例为 (2～5)∶1。

(二) 果园道路系统的规划

大中型果园的主路宽 6～8m，外接公路，内连支路；支路宽 4～6m，连接主路和小区；小路宽 1～3m，设在小区内果树行间，与支路相连。

小型果园可不设主路和小路，只设支路；陡坡地果园运输较困难，道路坡度大于 10°时支路成之字形。

(三) 辅助建筑物的规划

办公室、包装厂、配药厂、果品贮藏库、休息室及工具库等辅助设施占地 4%。

果园规划要充分利用株行间，利用行间种植绿肥、牧草，养殖家畜、家禽。

二、树种、品种选择和授粉树配置

（一）树种、品种的选择依据

（1）优良品种，有独特的经济性状。

（2）适宜当地气候和土壤条件，优质丰产。

（3）适应市场需要，适销对路，经济效益高。

树种、品种选择应先考虑市场目标、气候和土壤条件，再考虑经济效益。对于一个果园适合的才是最好的，在当地不适合生长、生存有问题，就谈不上经济效益。

（二）树种的配置

果园地理环境条件越复杂，树种配置越困难。首先选择与当地环境条件相适宜的树种，再考虑不同树种的生长特性，选择不同的地块。一般同一小区内最好种植一种树种，便于管理。

（1）仁果类选择肥水条件好的地块，而核桃、枣、杏可种植在瘠薄的地块。

（2）梨需水多，种在山下，而枣耐旱，可种植在山上。

（3）桃喜光，可种在阳坡。

（4）盐碱地可种植耐盐碱的葡萄。

（三）授粉树品种的选择和配置

1. 授粉树应具备的条件

（1）与主栽品种同时开花，且能产生大量发芽率高的花粉。

（2）与主栽品种同时进入结果期，且年年开花，经济寿命相近。

（3）与主栽品种授粉亲和力强，能生产经济价值高的果实。

（4）能与主栽品种相互授粉。

（5）当授粉品种与主栽品种不能互相授粉时，必须另选第二授粉品种。

2. 授粉品种的配置

（1）大中型果园授粉树常用行列式栽植，即授粉树按树行方向成行栽植。梯田地果园可按等高梯田行向成行配置。两行授粉树间隔行数，仁果类隔 4～8 行，核果类隔 3～7 行；生态最适区可远些，风大、低温地区相隔近些（图 6-1）。

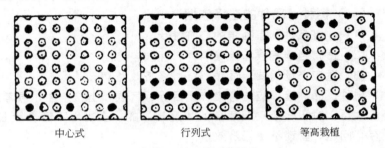

中心式　　　　　　行列式　　　　　　等高栽植

● 授粉品种；◎ 主栽品种

图 6-1　授粉树配置方法

（2）授粉品种的配置要考虑传粉方式，蜜蜂传粉要求距离为 50～60m，雌雄异株的，雄株花粉量大，且不产生果实，可少量配置（可用中心式）或作防护林（图 6-1）。授粉品种与主栽品种经济价值相同，且授粉结实率高，授粉品种与主栽品种可等量配置；若授粉品种经济价值较低，可在保持充分授粉的前提下低量配置。

三、果树栽植及栽后管理

（一）栽植时期

因当地的气候条件和树种而异。北方落叶果树多在落叶后至萌芽前栽植，冬季较温暖的地区，秋栽利于伤口愈合、根系生长。冬季寒冷地区宜春栽，秋栽易抽条。

南方果树可春季或秋季栽植，如柑橘春季 1～3 月栽植，秋季 9～10 月栽植。南方果树也可夏剪栽植，柑橘在春梢成熟时，树体内养分积累较多，气温较高，有利于根系生长。栽植时适当带土，少伤根，充分灌水，不但成活率高，且缓苗期短，加速幼树生长。香蕉以 3～4 月春季栽植为主，秋季栽植为次；而有明显旱季和雨季的西南地区，以 5～6 月雨季栽植，成活率较高。

（二）栽植密度

栽植密度增加，单位面积株数增加，果园覆盖率增加，单位面积产量增加。但超过一定密度，导致果园树冠郁闭，光照不良，产量、品质降低。

栽植密度应考虑树种，品种和砧木的特性，地势和土壤，气候条件，栽培技术等因素确定。

不同树种、品种和砧木的生长发育特性不同，树高和冠幅差异大，栽植密度应不同。土壤深厚、肥力较高、果树生长势较强、树体高大，栽植株行距宜大些；反之宜小。不利的气候条件限制果树的生长发育、限制树冠的扩大，栽植距离应适当加密，有利于形成抵御不良环境的果树群体。相反，较好的环境条件下果树生长好，栽植距离应加大。整形修剪和栽植方式对树冠发育的影响较大，如葡萄篱架栽植株行距较小，棚架栽植株行距较大；苹果树形不同，株行距大小不同，一般疏散分层形＞自由纺锤形＞主干形（表6-1）。

表 6-1　主要果树常用栽植密度

果树种类	株距×行距/m	栽植密度/（株/亩）	备注
苹果	(4~6)×(6~8)	14~27	乔化砧
	(2~3)×(3~5)	44~111	半矮化砧
	(1.5~2)×(3.5~4)	83~150	矮化砧
梨	(3~6)×(5~8)	27~44	乔化砧
桃	(2~4)×(4~6)	27~83	乔化砧
葡萄	(1.5~2)×(2.5~3.5)	111~296	篱架
	(1.5~2)×(4~6)	83~148	棚架
猕猴桃	(2~3)×(4~5)	56	
核桃	(5~6)×(5~8)	14~19	
板栗	(4~6)×(6~8)	14~27	
榛子	(2~3)×(4~6)	66~156	
果桑	(1~2)×(2~3)	111~333	
枣	(2~4)×(6~8)	14~55	

果树种类	株距×行距/m	栽植密度/(株/亩)	备注
柿	(3~6)×(5~8)	14~44	
石榴	(2~3)×(3~4)	56~111	
杏	(4~6)×(6~7)	16~22	
李	(3~4)×(5~6)	27~44	
草莓	(0.15~0.25)×(0.2~0.4)	6000~15000	
柑橘	(1.5~4)×(3~6)	33~110	
香蕉	2×(2~2.5)	130~165	
菠萝	—	3000~5000	
番木瓜	(1.5~2)×(2~2.5)	133~220	
荔枝	(3~6)×(5~8)	14~44	
芒果	(3~5)×(5~6)	22~44	

(三) 栽植前的准备

1. 定点挖穴

(1) 定点 可用仪器或皮尺定点，先确定树木栽植的边行位置，再根据勾股定理确定各行的第一株。再用皮尺、测绳按设计规定的株距，每隔 10 株钉一木桩，每株树的位置可用镐刨一小坑，放入白灰，作标记。

(2) 挖穴 挖穴最好提前 3~5 个月，春栽前 1 年秋挖，秋栽夏挖，定植穴要求 1 米见方，株距小于 2m 的宜挖定植沟。挖穴时注意表土、心土分开放于穴两侧。

2. 回填、施底肥

最好先将栽植沟或栽植穴于栽植前 3~5 天回填好，将挖出的心土与较粗的有机物混匀填至 3/4 处，再用表土掺和腐熟的有机肥将穴填平，然后浇水沉实。

一般底肥以有机肥为主，株施有机肥 50kg，加 2~3kg 的过磷酸钙或饼肥,再加 0.5kg 的磷酸二铵。

3. 苗木准备

包括核对、登记、挂牌、分级、浸泡及假植。栽前修剪根系,生根困难的树种,可在定植前使用生根粉或泥浆蘸根等方法(图6-2),以促进根系快速恢复生长。

图 6-2 苗木根系蘸生根粉   图 6-3 标准栽植

(四)果树栽植方法

在浇水沉实后的大穴或沟中挖出 40~50 厘米见方的小栽植坑,中央呈微微隆起的馒头状,其上再放果苗,使根系伸展开,接着一边培土一边向上轻提果苗并上下晃动,以使土壤与根系充分接触,最终培土至果苗基部在苗圃中原来留下的土印处为宜,然后轻轻踏实,立即浇一次透水。栽植时为使苗木株行距准确,可拉线绳找准苗木栽植位置(图6-3)。

(五)栽植后的管理

(1)栽后及时灌水,最好灌水后用农膜覆盖,地膜面积最好在每株 $1m^2$ 以上。四周培土压实封严,保水增温,促进树芽早发旺长。

(2)根据果树品种及树形的要求定干。

(3)冬季注意幼树防寒。

(4)根据树种、品种特性及时施肥、修剪。

『经验推广』

　　提高栽植成活率的措施：
　　　①保证苗木质量；②栽前苗木浸水、蘸泥浆；③注意栽植深度；④栽植时要踏实，使根系与土壤密接；⑤灌水后及时覆盖地膜。

第二节　果园土肥水管理

一、果园土壤管理

（一）果园土壤改良

1. 土壤深翻熟化

　　土壤深翻可改善土壤的理化性状，促进根系生长，提高产量。果园深翻一般在秋季果实采收后结合秋施基肥进行，有利于根系恢复，对树体损伤小。深翻深度以深于果树主要根系分布层为度，山地土层薄或土质较黏重时，深翻深度宜深一些，平地沙质土壤，且土层深厚，深翻可适当浅些。深翻的方法有深翻扩穴、隔行深翻、全园深翻（图 6-4、图 6-5）。

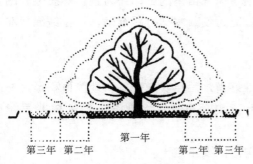

图 6-4　深翻扩穴

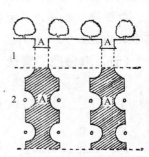

图 6-5　果园隔行深翻

1—断面图；2—平面图；A—深翻处

2. 培土（压土）掺沙

培土方法是把土块均匀分布全园，经晾晒打碎，通过耕作把所培的土与原来的土壤逐步混合起来。土质黏重的应培含沙质较多的肥土，沙质土壤可培塘泥、河泥等较黏重的土壤。培土有增厚土层、保护根系、增加养分、改良土壤结构等作用。北方寒冷地区一般在晚秋初冬进行，可起保温防冻、积雪保墒的作用。一般培土厚度为 5～10cm，沙压黏或黏压沙时要薄一些。

3. 增施有机肥

有机肥又称完全肥料或迟效性肥料，多作基肥使用。有机肥料不仅能供给植物所需的营养元素和某些生理活性物质，还能增加土壤的腐殖质；可增加土壤孔隙度，改良黏土的结构，提高土壤保肥保水能力，缓冲土壤的酸碱度，从而改善土壤的水、肥、气、热状况。

（二）土壤管理制度

1. 清耕法

（1）定义　果园行间不种作物，经常进行耕作，使土壤保持疏松和无杂草状态。一般秋季深耕，春季多次中耕（图 6-6）。

（2）优缺点　短期内可显著增加土壤有机态氮素，并起到除草、保肥、保水作用。长期清耕，土壤有机质迅速减少，土壤结构破坏，影响果树生长发育。

2. 免耕法

（1）定义　又叫最少耕作法，主要是用除草剂防除杂草，土壤不进行耕作（图 6-7）。

图 6-6　清耕法　　　　图 6-7　免耕法

(2) 优缺点 保持土壤自然结构，节省劳力，降低成本。免耕法土壤表面形成硬壳，但不向深层发展，深层结构完好，土壤保水力较好。

3. 生草法

(1) 定义 果园生草就是在果园种植多年生豆科植物、禾本科植物或牧草，并定期刈割，覆盖地面，使其自然分解腐烂或结合畜牧养殖，起到改土增肥的作用 (图 6-8)。

(2) 优缺点 明显增加土壤有机质，增加土壤无机营养元素；改善果园气候状况和土壤温度，保持土壤水分；为生产优质果品提供保证，是实现果品绿色化极重要的技术之一，节约劳动力。

4. 覆盖法

(1) 定义 在树冠下或稍远处覆以杂草秸秆、沙砾、淤泥或地膜等。果园以覆草最为普遍，厚度 5～10cm，覆后逐年腐烂减少，要不断补充新草 (图 6-9、图 6-10)。

图 6-8 生草法

图 6-9 覆盖法

(2) 优缺点 防止水土流失，抑制杂草生长，减少蒸发，防止返碱，积雪保墒，缩小地温昼夜与季节变化幅度，增加有效态养分和有机质含量，并能防止磷、钾和镁等被土壤固定，对团粒形成有显著效果，因而有利于果树的吸收和生长。但此法易招致虫害和鼠害，使果树根系变浅。

图 6-10 果园树下覆膜

二、果树施肥技术

（一）施肥时期

1. 基肥

基肥 以有机肥为主，是长时期供给果树多种养分的基础肥料。果树基肥以秋施为好，此时正值根系生长高峰，伤根容易愈合，切断一些小细根，起到根系修剪的作用，可促发新根。秋季早施基肥，可提高树体贮藏养分，有利于来年春季萌芽、开花和新梢早期生长。

2. 追肥

追肥又叫补肥，基肥发挥肥效平稳缓慢，果树需肥急迫时期必须及时补充肥料，才能满足果树生长发育的需要。

追肥次数和时期与气候、土质、树龄等有关。高温多雨地区或沙质土，肥料易流失，追肥宜少量多次；反之，追肥次数可适当减少。一般成年结果树每年追肥 2～4 次。

（1）花前追肥 以氮肥为主，可促进萌芽、开花整齐，提高坐果率，促进营养生长。对老树、弱树和结果过多的树此期应加大追肥；基肥较充足的可用花后再追肥。

（2）花后追肥 在落花后坐果期施用，是果树需肥较多的时期。此期追肥以氮肥为主，可促进新梢和幼果生长，扩大叶面积，提高光合效能，减少生理落果。花前和花后追肥相互补充，花前追肥量大，花后也可不追肥。

（3）果实膨大期和花芽分化期追肥　此期正值花芽分化和果实膨大，追肥以氮、磷、钾适当配合，可提高光合效能，有利于果实肥大和花芽分化，保证当年产量，又为来年打下基础。

（4）果实生长后期追肥　此期追肥主要解决大量结果造成的树体营养亏缺问题，以氮、磷、钾肥适当配合，常与基肥同时施用。

（二）施肥量

果树是多年生植物，影响施肥的因素很多，需要考虑果树需肥情况、土壤供肥情况、产量、肥料利用率等确定施肥量。果树的树种、品种、树龄、砧木、产量不同，生长发育情况不同，需肥情况不同，施肥也应该有所增减。

在果树年周期中营养生长的同时进行开花、结果与花芽分化。为使果树连年获得高产，果树施肥需严格注意营养生长与生殖生长的动态平衡，因果园具体情况制订施肥方案。一般结果树产量高，施肥量增加，如产1kg苹果需要1kg有机肥，丰产园片，产1kg苹果需2kg有机肥。土壤瘠薄，树势弱，需增加施肥量。施肥量的确定还应考虑肥料种类，不同肥料肥效和利用率不同（表6-2、表6-3）。

表 6-2　肥料利用率

肥料种类	速效氮肥	磷肥	钾肥	腐熟农家肥
利用率/%	30～60	10～15	40～70	<10

表 6-3　有机肥折合圈肥数量　　　　　　单位：kg

肥料种类	折合圈肥量	肥料种类	折合圈肥量
人粪	1.70	玉米秸	1.00
人粪尿	1.00	麦秸	0.83
马粪	0.90	棉籽饼	5.70
牛粪	0.98	芝麻饼	9.70
羊粪	1.03	花生饼	10.50
鸡粪	2.40	菜籽饼	8.30

（三）施肥方法

1. 环状沟施

在树冠外缘挖宽 30～50cm、深 50～60cm 的环状沟，将表土与有机肥掺和填入沟下部，上边覆心土。适于土层薄、土质差和肥力低的幼龄果园（图 6-11）。

2. 放射状沟施

在树冠半径 1/2 之处，以树干为中心，向外挖 4～8 条放射状沟，里浅外深，里窄外宽，深度为 15～60cm。适于初盛果期大树（图 6-12）。

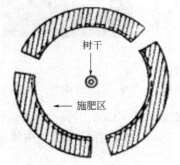

图 6-11　环状沟施

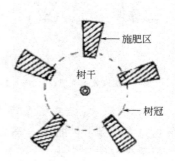

图 6-12　放射状沟施

3. 条状沟施

在果园行、株间或隔行开沟施肥，也可结合果园深翻进行。沟宽和沟深为 40～60cm。适于密植果园（图 6-13）。

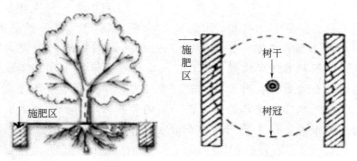

图 6-13　条状沟施

4. 穴贮肥水 （图 6-14）

（1）挖穴放入草把　在树冠投影边缘向内 50cm 处挖深 40cm、直径 30cm 的贮养穴（以树干为中心按要求均匀分布挖穴）；依树冠大小确定贮养穴数量，冠径 3.5～4m，挖 4 个穴，冠径 6m，挖 6～8 个穴。

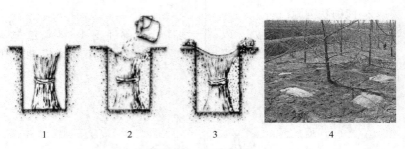

图 6-14　穴贮肥水

1—挖穴放入草把；2—灌入肥水、填土；3—覆膜；4—穴的位置

用玉米秸、麦秸或稻草等捆成直径 15～25cm、长 30～35cm 的草把，草把要扎紧捆牢，然后放在 5%～10% 的尿素溶液中浸泡透，将草把立于穴中央。

（2）施肥、填土　穴内草把周围用混加有机肥的土填埋踩实（每穴 5kg 土杂肥，混加 150g 过磷酸钙、50～100g 尿素或复合肥），并适量浇水。

（3）覆膜及管理　每穴覆盖地膜，地膜边缘用土压严。一般在花后（5 月中、上旬）、新梢停止生长期（6 月中旬）和采果后三个时期，每穴追肥 50～100g 尿素或复合肥，将肥料放于草把顶端，随即浇水 3.5kg 左右；进入雨季，即可将地膜撤除，使穴内贮存雨水；一般贮养穴可维持 2～3 年，草把应每年换 1 次，发现地膜损坏后应及时更换，再次挖穴时改换位置，逐渐实现全园改良。

穴贮肥水技术简单易行，贮养穴内草把吸收养分、水分，缓慢供给果树根系，是个养分、水分的贮藏库，具有节肥、节水的特点，一般可节肥 30%，节水 70%～90%；在土层较薄、无灌溉条件的山丘地应用效果尤为显著，是干旱果园重要的抗旱、保水技术。

5. 叶面喷肥（根外追肥）

叶面喷肥简单易行，用肥量小，发挥作用快，且不受养分分配中心的影响，可及时满足果树的需要，并可避免某些元素在土壤中的固定作用。

叶面喷肥最适温为 18～25℃，湿度较大些效果好。喷布时间夏季最好在上午 10 点以前和下午 4 点以后，以免温度高，溶液很快浓缩，影响吸收，也容易发生药害。表 6-4 为叶面喷肥浓度。

表 6-4　叶面喷肥浓度

肥料种类	喷施浓度/%	肥料种类	喷施浓度/%
尿素	0.3～0.5	柠檬酸钾	0.05～0.1
硫酸铵	0.3	硫酸亚铁	0.05～0.1
硝酸铵	0.3	硫酸锌	0.05～0.1
过磷酸钙	0.5～1.0	硫酸锰	0.05～0.1
草木灰	1.0～3.0	硫酸铜	0.01～0.02
硫酸钾	0.5	硫酸镁	0.05～0.1
磷酸二氢钾	0.2～0.3	硼酸、硼砂	0.05～0.1

6. 水肥一体化

水肥一体化就是通过灌溉系统来施肥，是借助压力系统（或地形自然落差），将可溶性固体或液体肥料配兑成的肥液与灌溉水一起，通过可控管道系统供水、供肥。水肥相融后，通过管道均匀、定时、定量，按比例直接提供给作物。包括淋施、浇施、喷施、管道施用等（图 6-15～图 6-17）。

优点：肥效发挥快，养分利用率得到提高，可以避免肥料的挥发损失，既节约肥料，又有利于环境保护。

三、果园灌溉技术

（一）果树需水特点

不同树种需水量不同，柑橘、苹果、梨、葡萄需水量较大；

图 6-15　果园水肥一体化　　　图 6-16　追肥枪追肥（简易水肥一体化）

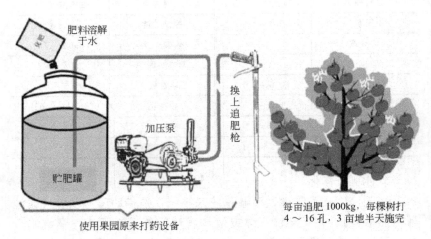

图 6-17　简易水肥一体化示意图

桃、柿、杨梅、枇杷需水量中等；枣、杏、栗银杏需水量较小。

　　同一树种不同物候期需水量不同。果树年生长前半期水分供应充足，以利生长与结果；后半期要控制水分，保证枝条及时停长，使果树及时进入休眠。环境条件和栽培管理措施不同，果树需水量也不同。因此，果园灌溉必须从实际出发，因果树及气候而异。

（二）灌水时期

　　正确灌水时期，不能等到果树已从形态上显露出缺水状态（如果实皱缩、叶片卷曲等）时才进行灌溉，而是要在果树未受到缺水影响以前进行，否则，果树生长和结果将会受影响。果园灌水时期要根据果树一年中各物候期生理活动对水分的要求、气候特点和土壤水分的变化情况而定。一般果树灌水分以下几个主要时期。

1. 萌芽前后至花期

早春萌芽前后气候干旱，而果树萌芽、开花坐果需水量较大，应及时灌水。此时灌水，能促进新梢生长，提高坐果率，并促进幼果发育。

2. 新梢急速生长和幼果期

此时新梢迅速生长，叶面积大量形成，幼果发育，是需水的高峰，如水分缺乏，常引起新梢生长不足、落果严重，影响果实发育和花芽分化。

3. 果实迅速膨大期

此期降水少的地区，应当注意灌水，可以增大果个和提高产量。果实发育后期注意控制灌水，否则会影响果实品质。

4. 采果后

结合秋施基肥进行灌溉，有利于有机肥分解，促进果树吸收，增加树体贮藏养分，增强树体越冬能力。

（三）灌水量

最适宜的灌水量，应在一次灌溉中，使果树根系分布范围内的土壤湿度达到最有利于果树生长发育的程度。只浸润土壤表层或上层根系分布的土壤，不能达到灌溉目的，且由于多次补充灌溉，容易引起土壤板结，土温降低，因此，必须一次灌透。深厚的土壤，需一次浸润土层 1m 以上。浅薄土壤，经过改良，亦应浸润 0.8～1m。

（四）灌水方法

1. 传统灌溉方法

（1）漫灌　田间不修沟、畦，水流在地面以漫流方式进行的灌溉，此种方式浪费水，在干旱的情况下还容易引起次生盐碱化（图 6-18）。

（2）分区灌溉　把果园划分成许多长方形或正方形的小区，通常 1 棵树为 1 个单独的小区进行灌溉。缺点是土壤表面易板结，破坏土壤结构，费劳力且妨碍机械化操作（图 6-19）。

图 6-18　漫灌　　　　　　　　图 6-19　分区灌溉

（3）盘灌　以树干为圆心，在树冠投影以内以土埂围成圆盘，圆盘与灌溉沟相通，灌溉水流入树盘内进行的灌溉。特点是减少水分蒸发，用水较经济，但水分浸润面积小，离树干较远的根系不能得到水分供应。同时此法也破坏土壤结构，土壤表面板结。

（4）穴灌　在树冠投影边缘向内挖穴，水灌入穴内。穴以树干为中心均匀分布；穴的数量依树冠大小而定，一般挖 8～12 个穴，直径 30cm 左右。

（5）沟灌　首先要在果树行间开挖灌水沟，灌溉水由输水沟或毛渠进入灌水沟后，在流动的过程中，主要借土壤毛细管作用从沟底和沟壁向周围渗透而湿润土壤（图 6-20）。

沟灌是我国地面灌溉中普遍应用的一种较好的灌水方法。优点是土壤浸润较均匀，水分蒸发量与流失量较小，防止土壤结构破坏，土壤通气良好。

（6）起垄沟灌　开沟与起垄配合进行，在果树树冠外围投影下方顺着行间方向，在树行两侧各挖 1 条深、宽各 20cm 左右的灌水沟，将开沟取的土覆盖树盘，同时在树盘起垄，垄高 10～20cm，新栽园 20～30cm，树下高，行间低，垄宽 1～1.2m，处理时间可以结合秋施基肥进行。垄上覆草或者用黑色地膜覆盖。灌溉水顺着小沟进行灌溉，每次只灌果树一面的小沟。这种灌溉方法与大水漫灌相比，每次至少节水75％以上（图6-21）。

图6-20 沟灌

图6-21 起垄沟灌

2. 节水灌溉方法

（1）喷灌 用专门的管道系统和设备将有压水送至灌溉地段，灌溉水喷射到空中形成细小水滴洒到田间的一种灌溉方法。特点是不产生深层渗漏和地表径流，节水、节省劳力，不破坏土壤结构，可调节果园小气候，改善果实品质。果树适宜的方法是微喷，在树下进行喷灌（图6-22）。

（2）滴灌 用专门的管道系统和设备将低压水送到灌溉地段，并缓慢地滴到果树根部土壤中的一种灌溉方法。特点是节省劳力，不破坏土壤结构，比喷灌更节水，有利于果树生长和结果，适合大多数果树（图6-23）。

图6-22 果园微喷灌溉

图6-23 果园滴灌

第三节　果树整形修剪基础

一、枝芽种类

果树枝条和芽子有很多种，枝、芽的分类方法也有多种，与整形修剪相关的有以下几种。

（一）芽的种类

1. 按性质分

（1）叶芽　萌发后只形成枝叶。

（2）纯花芽　萌发后只形成花，如碧桃的花芽。

（3）混合花芽　萌发后既形成枝叶也形成花，如海棠的花芽。

2. 按位置分

（1）顶芽　着生在枝条顶端。

（2）侧芽　着生在枝条的叶腋间。

3. 按萌发特点分

（1）活动芽　形成后当年或次年萌发。

（2）潜伏芽　经多年潜伏后萌发。

（二）枝条的种类

1. 按性质分

（1）营养枝　着生叶芽，只长叶不能开花结果。

（2）结果枝　着生花芽，开花结果。

2. 按生长年龄分

（1）新梢　芽萌发后形成的带叶片的枝条。

（2）1年生枝　生长年限只有1年。落叶树木的新梢落叶后为1年生枝。

（3）2年生枝　生长年限有2年。1年生枝上的芽萌发成枝后，原来的1年生枝就成2年生枝。

（4）多年生枝　生长年限有2年以上。

3. 按枝条长度分

（1）长枝　长度在 50～100cm。

（2）中枝　长度在 15～50cm。

（3）短枝　长度在 5～15cm。

（4）叶丛枝　枝条很短，叶片轮状丛生。

树种不同枝条的长短也有较大的差异，枝条长度的分类也就有差异，一般长枝是指树冠外围 1 年生的健壮营养枝。

4. 按树体结构分（图 6-24）

（1）主干　从根颈以上到着生第一主枝的部分。

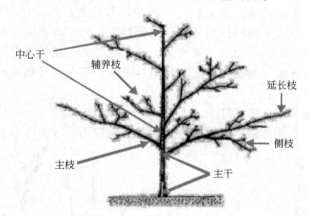

图 6-24　树体结构和枝干名称

（2）中心干　由主干分生主枝处直立生长的部分。换句话说，就是主干以上到树顶之间的主干延长部分。

（3）主枝　从中心干上分生出来的永久性大枝，上面分生出侧枝。主枝在中心干上着生的位置有差别时，自下而上依次称为第一主枝、第二主枝、第三主枝。

（4）侧枝　着生于主枝上的主要分枝。

（5）骨干枝　树冠内比较粗大而起骨架作用的永久性大枝。包括主干、中心干、主枝、侧枝。

（6）延长枝　指处于各级骨干枝或者大、中结果枝组最先端的

1 年生枝，它决定骨干枝或者枝组的发展方向。

(7) 辅养枝 指在幼树整形期间，除骨干枝以外所保留枝条的总称。

二、枝芽特性

1. 芽的异质性

同一枝条上不同部位的芽在发育过程中，由于所处的的环境条件以及枝条内部营养状况的差异，造成芽的生长势以及其他特性的差别，称为芽的异质性。比如，位于枝条基部的芽子质量较差，而中上部的芽子饱满，质量好。芽的饱满程度是芽质量的一个标志，能明显影响抽生新梢的生长势。在修剪时，为了发出强壮的枝，常在饱满芽上短截。为了平衡树势，常在弱枝上利用饱满芽当头，能使枝由弱转强；而在强枝上利用弱芽当头，可避免枝条旺长，缓和树势（图 6-25）。

2. 萌芽率、成枝力

枝条上的芽能萌发枝叶的能力称为萌芽力。枝条上萌芽数多的

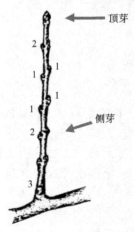

图 6-25　芽的异质性

1—饱满芽；2—半饱
满芽；3—瘪芽

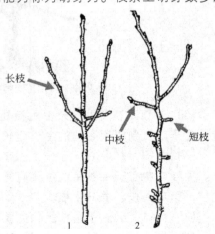

图 6-26　萌芽力与成枝力

1—萌芽力弱，成枝力强；
2—萌芽力强，成枝力弱

则萌芽力强，反之，则弱。一般以枝条上萌发的芽数占总芽数的百分率表示。

枝条上芽能抽生长枝的能力叫成枝力。抽生长枝多，则成枝力强，反之，则弱。一般以萌发的长枝占总萌发芽数的百分率表示。萌芽力和成枝力因树种、品种、树龄、树势而有同，同一树种不同品种的萌芽力强弱也有差别，同一品种随树龄的增长，萌芽力也会发生变化。一般萌芽力和成枝力均强的品种易于整形，但枝条容易过密，在修剪时宜多疏少截，防止光照不良。而对于萌芽力强而成枝力弱的品种，则易形成中、短枝，树冠内长枝较少，应注意适当短截，促其发枝（图6-26）。

3. 顶端优势（先端优势）

顶端优势就是同一枝上顶端抽生的枝梢生长势最强，向下依次递减的现象，这是枝条背地生长的极性表现。一般来说，乔木树种都有较强的顶端优势（图6-27、图6-28）。

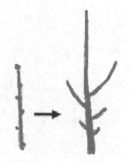

图 6-27　顶端优势

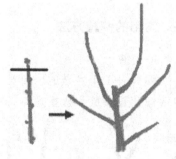

图 6-28　去掉顶端优势萌发长枝多

顶端优势与整形密切相关，如山楂，为培育高大的树冠，要保持其顶端优势，不短截主干；而桃树常培养成开心形，要控制顶端优势，所以整形时要短截主干，促进分枝生长。

4. 垂直优势

枝条和芽着生方位不同，生长势力表现差异很大，直立生长的枝条生长势旺，枝条长；而接近水平或下垂的枝条则生长短而弱；

在枝条弯曲部位的芽生长势超过顶端，这种因枝条着生方位不同而出现强弱变化的现象，称为垂直优势。在修剪上常用此特点，通过改变枝芽的生长方向来调节生长势（图6-29）。

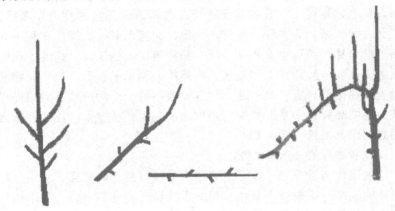

图 6-29 垂直优势

三、常用的修剪方法

1. 短截

即剪去1年生枝的一部分，根据修剪量的多少分为：轻短截、中短截、重短截和极重短截四类（图6-30）。

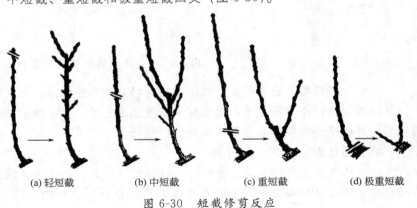

(a) 轻短截 (b) 中短截 (c) 重短截 (d) 极重短截

图 6-30 短截修剪反应

（1）轻短截　只剪去 1 年生枝梢顶端的一小部分（1/4～1/3）。如只剪截顶芽（破顶），或者是在秋梢上、春秋梢交界处留盲节剪截（截帽剪），因剪截轻，弱芽当头，故形成的中短梢多，单枝的生长量小，可缓和树势，促生中短枝，促进成花。

（2）中短截　在春梢中上部饱满芽处短截（1/2 左右）。由于采用好芽当头，其效果是截后形成的长枝多，生长势强，母枝加粗生长快，可促进枝条生长，加速扩大树冠。一般多用于延长枝头和培养骨干枝、大型枝组或复壮枝势。

（3）重短截　在春梢的中下部剪截（2/3）。虽然剪截较重，因芽质少差，发枝不旺，通常能发出 1～2 个长中枝，一般用于缩小枝体、培养枝组。

（4）极重短截　极重短截是只留枝条基部 2～3 芽的剪截。截后一般萌发 1～2 个细弱枝，发枝弱而少，对于生长中庸的树反应较好。常用于竞争枝的处理，也用于培养小型的结果枝组。

不同短截方式的修剪反应不同，修剪反应受剪口处芽子的充实饱满程度影响，还与树种、品种有关。不同程度的短截修剪后的反应如图 6-30 所示。

2. 回缩

回缩即剪去多年生枝的一部分。通常用于多年生枝的更新复壮或换头，于休眠期进行。

一般回缩修剪量大，刺激作用重，有更新复壮的作用，多用于枝组或骨干枝的更新以及控制树冠和辅养枝等。缩剪反应与缩剪程度、留枝强弱、伤口大小等有关，缩剪适度可以促进生长，更新复壮；缩剪不适，则可抑制生长，用于控制树冠或辅养枝等（图 6-31）。

3. 疏枝

将枝条由基部剪去称之为疏枝。疏剪可以改善树冠本身的

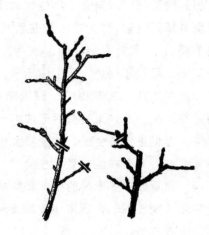

图 6-31　回缩

通风透光，对全树来说，起削弱生长的作用，减少树体总生长量；对伤口以上有抑制作用，削弱长势，对伤口以下的枝芽有促进生长作用，距伤口越近，作用越明显。疏除的枝条越粗，造成的伤口越大，这种作用越明显，所以，没有用的枝条越早疏除越好。

　　疏除对象一般是交叉枝、重叠枝、徒长枝、内膛枝、根蘖、病虫枝（图 6-32）。

『经验推广』

　　　　疏剪时应该注意的问题：
　　　　疏除多年生大枝往往会削弱树体的生长，所以，当需要疏除多个大枝时，要逐年控制，分期疏除；避免"对口伤"。

4. 长放

　　即对枝条不修剪，也叫缓放、甩放。长放是利用单枝生长势逐

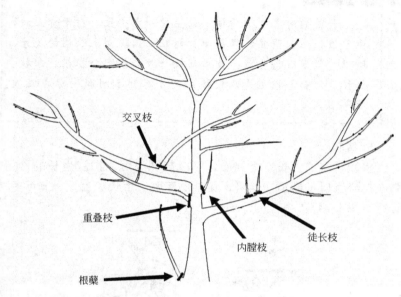

图 6-32　疏枝的对象

年减弱的特性，保留大量枝叶，避免修剪刺激而旺长，利于营养物质积累，形成花芽（图 6-33）。

图 6-33　长放的修剪反应

『经验推广』

　　　　长放的对象是中庸枝、斜生枝和水平枝，对于背上枝，由于极性生长明显，容易越放越旺，出现树上长树的现象，所以一般不进行长放。直立旺枝长放必须配合扭梢、拿枝、转枝、环剥等措施先改变枝向，才有利于削弱树势，促进花芽形成。

5. 摘心

　　摘除枝端的生长点为摘心，可以起到延缓、抑制生长的作用，强枝摘心可以抑制顶端优势，促进侧芽萌发生长。生长季节可多次进行（图 6-34）。

图 6-34　摘心
1—第一次摘心；2—第二次摘心

6. 抹芽、疏梢

　　抹芽即新梢长到 5～10cm 时，把多余的新梢、隐芽萌发的新梢及过密过弱的新梢从基部掰掉。新梢长到 10cm 以上后去掉为疏梢。没有用的新梢越早去掉越好（图 6-35、图 6-36）。

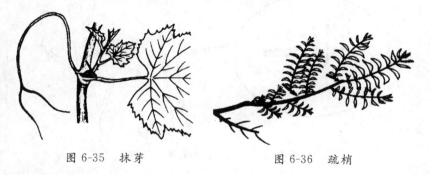

图 6-35　抹芽　　　　　　　图 6-36　疏梢

7. 环剥

环剥是将枝干的韧皮部剥去一环。环剥的作用是抑制剥口上的营养生长，促进剥口下发枝，同时促进剥口上成花（图 6-37）。

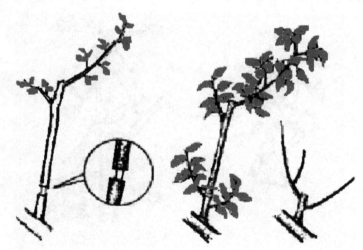

图 6-37　环剥的修剪反应

8. 刻伤和环剥

刻伤也叫目伤，春季发芽前，在枝条上某芽上方 1～3mm 刻伤韧皮部，造成半月形伤口，可促进芽萌发。环割是在芽上割一圈，伤韧皮部，不伤木质部，作用与刻伤相同（图 6-38）。

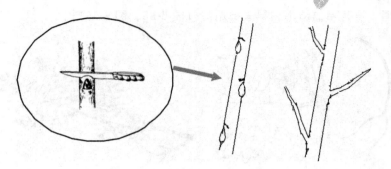

图 6-38　芽上刻伤促进芽萌发

9. 扭梢、拿枝、转枝

（1）扭梢　是将枝条扭转 180°，使向上生长的枝条转向下生长（图 6-39）。

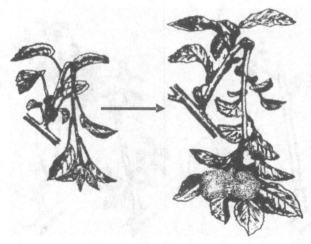

图 6-39　扭梢

（2）拿枝　是在生长季枝条半木质化时，用手将直立生长的枝条改变成水平生长，操作时拇指在枝条上，其余四指在枝条下方，从枝条基部 10cm 处开始用力弯压 1～2 下，将枝条木质部损伤，用力时听见木质部响，但不折断，从枝条基部逐渐向上弯压，注意用力的轻重（图6-40）。

图 6-40　拿枝

（3）转枝　是用双手将半木质化的新梢拧转造伤（图 6-41）。

图 6-41　转枝

扭梢、拿枝和转枝的作用都是将枝梢扭伤，阻碍养分的运输，缓和长势，提高萌芽率，促进中短枝的形成。

10. 改变枝条生长方向

扭梢和拿枝也可以改变枝条方向，修剪时常用曲枝、盘枝、别枝和撑、拉、坠等方法改变枝条的角度和方向，开张角度，缓和枝条生长势，单枝生长量减小，下部短枝增多，既有利于营养物质的积累，又可改善通风透光状况（图6-42～图6-44）。

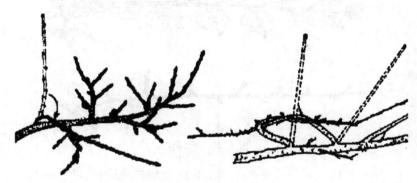

图6-42 改变枝条生长方向——曲枝

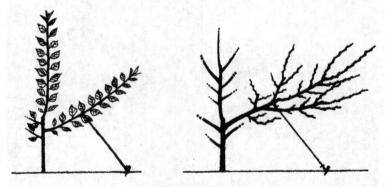

图6-43 改变枝条生长方向——拉枝

四、整形基础

1. 定干

定干是指在树形规定的干高上加20cm处短截主干，要求剪口下20cm有多个饱满芽，这20cm称为整形带。为了将来在整形带内萌发多个长枝（选作主枝），常在定干后萌芽前将整形带中芽刻

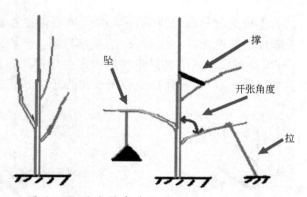

图 6-44　改变枝条生长方向——撑、拉、坠

伤，促进芽萌发（图 6-45）。

2. 控制竞争枝

竞争枝是指处于主干或主枝的延长枝（剪口下第一芽枝）附近、长势与延长枝相当的枝条而言，它分枝角度小、干扰骨干枝的延伸方向，是整形修剪时要重点处理的对象。一般竞争枝可以用疏除、短截、拿枝、扭梢等方法控制其生长（图 6-46）。

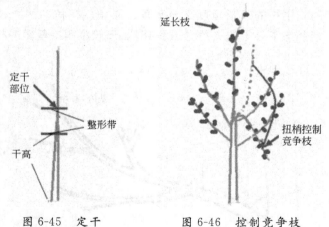

图 6-45　定干　　　　　图 6-46　控制竞争枝

3. 主侧枝的安排

基部三主枝在水平方位应均匀分布，两个之间水平夹角120°

（图 6-47）。各主枝上第一侧枝在同一方向，第二侧枝在第一侧枝对面；第一侧枝距主干要有 40～60cm 的距离，第二侧枝距第一侧枝要有 40～60cm 的距离，侧枝开张角度要比主枝大，即侧枝在主枝的背后斜生（图 6-47），要保持中心干长势强于主枝，主枝长势强于侧枝。

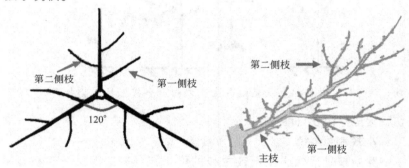

图 6-47　主侧枝的安排

4. 主侧枝的开张角度

主枝的开张角度是指主枝与中心干的夹角，不同树形主枝开张角度不同。主枝的开张角度又分基角、腰角、梢角，即主枝基部、腰部、梢部与中心干的夹角（图 6-48）。一般腰角＞基角＞梢角。

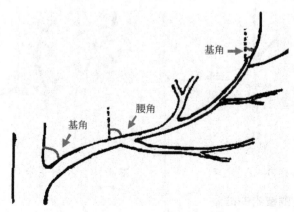

图 6-48　主枝开张角度

5. 结果枝组的配置与培养

结果枝组是由发育枝和结果枝组成生长结果的基本单位。

（1）结果枝组的类型　结果枝组可以按其大小、枝量、分枝级次分成大、中、小三种类型（表6-5和图6-49）。

表6-5　结果枝组的类型（按大小分）

枝组类型	占用空间/cm	枝量/个	分枝级次
小型枝组	<33	2～4	1～2
中型枝组	33～60	5～15	2～3
大型枝组	>60	>15	>3

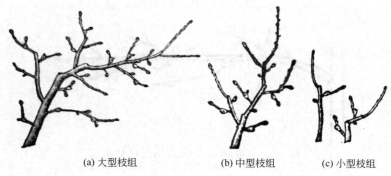

(a) 大型枝组　　　　　(b) 中型枝组　　　(c) 小型枝组

图6-49　结果枝组

（2）结果枝组的配置　主枝上无侧枝的，在主枝两侧和背下配置2～3个大型枝组，主枝背上配置中、小型枝组；主枝上有侧枝的，以配置中、小型枝组为主。一般中、小型枝组在侧枝和大型枝组之间插空安排（图6-50）。矮化密植树，冠径和主枝都小，主枝上以配置小型枝组为主（图6-51）。

（3）枝组的培养　枝组的培养主要有先放后缩和先截后放两种方法，两种方法最好结合生长季修剪进行。

① 先放后缩。生长季旺盛新梢拿枝、拉平缓和生长，冬季修剪长放。中庸或生长较弱的营养枝长放，促生短枝，形成花芽后或结果后回缩，可培养成小型结果枝组（图6-52）。

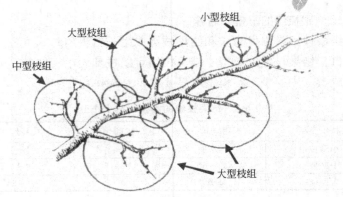

图 6-50　枝组的配置

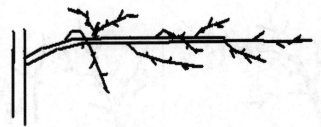

图 6-51　密植树主枝上小枝组的配置

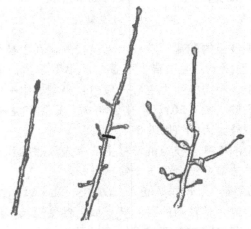

图 6-52　先放后缩培养小型枝组

② 先截后放。对发育枝短截，促分枝，再去强留弱，去直留平，将留下的枝根据情况部分缓放，部分短截，逐年控制成大、中型枝组。冬夏结合，冬季短截后，夏季去强留弱，去直留平；或对强旺枝夏季摘心，促生分枝，冬季修剪去直留平（图6-53、图6-54）。

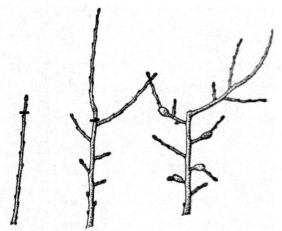

图 6-53　先轻截后长放培养中型枝组

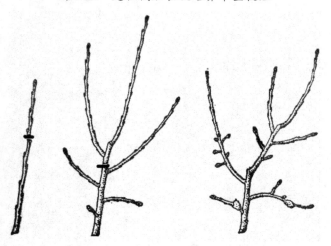

图 6-54　先中截后长放培养大型枝组

第
七
章

北方果树繁育技术

一、苹果

【学名】*Malus pumila Mill*

【科属】蔷薇科、苹果属

【国内主要产区】

渤海湾地区和黄河故道是全国苹果的主产区，包括辽宁、河北、山东、河南、江苏北部，以及秦岭北部和新疆的伊犁地区。

【形态特征】

落叶乔木，树高可达 15m，栽培条件下一般高 3～5m。树干灰褐色，老皮有不规则的纵裂或片状剥落，小枝光滑。叶绿色，椭圆至卵圆形，叶缘有锯齿，单叶互生（图 7-1）。伞形花序，花瓣白色，含苞时带粉红色，大多数品种自花不育，需种植授粉树。果实为仁果，颜色、大小、成熟期因品种而异。一般花期 4～5 月，果期 8～11 月。

图 7-1　苹果的形态特征

苹果的花芽有顶花芽和腋花芽，腋花芽着生在长枝的叶腋间，苹果以顶花芽结果为主，顶花芽多着生在中、短枝的顶端。苹果一般以短果枝结果为主，而且随年龄的增加，短果枝的比例逐渐增加，腋花芽枝也逐渐增加。苹果的枝条分为营养枝和结果枝，营养枝包括发育枝、徒长枝、叶丛枝。结果枝类型通常分为四类，即短果枝（5cm 以下）、中果枝（5～15cm）、长果枝（15cm 以上）及健壮长梢的腋花芽枝。

【生长习性】

1. 温度

年平均温度在 7.5～14℃的地区，都可以栽培苹果。冬季最低温在 -30℃以下大苹果即发生严重冻害，-35℃即行冻死。小苹果可以抗 -40℃的低温。

2. 降水量

苹果主产区自然降水量分布不均，70％～80％集中在 7～8 月间，春季生长开始需水较多，降水量不足。因此建园选地时，必须考虑到灌溉条件，同时也要注意雨季排水措施。

3. 日照

苹果是喜光树种，光照充足，生长正常。年日照在 2200～2800h 的地区，都是适于苹果生长的地区。日照不足，则枝叶徒长、软弱、抗病虫力差，花芽分化少，营养贮存少，开花坐果率低，根系生长也受影响，果实含糖量低，上色也不好。因此，在选择园址时，必须考虑所在地日照气象因素。

4. 土壤

苹果喜微酸性到中性土壤，最适于土层深厚、富含有机质、通气排水良好的沙质土壤。

【品种介绍】

（一）元帅系

元帅也叫红香蕉，原产于美国，是 Jesse Hiatt 于 1881 年发现的偶然实生品种，1895 年开始推广。元帅是现今世界上最易发生芽变的苹果品种，据不完全统计，元帅及其芽变品种，迄今已发现 160 余种。

通常把元帅称为元帅系的第一代，其芽变（及枝变、株变）称为元帅系第二代，第二代的芽变称为元帅系第三代，现在已发展到元帅系第五代。其中第三代以后，均为短枝型品种（图7-2）。二代品种有红星、红冠、奥克诺玛、红胜等。三代品种有新红星、超红、艳红、克劳矮生、克香矮生、优红、矮威尔、矮紧红等。四代品种有康拜尔首红、摩西首红、利特尔、阿佩克斯、宝石红矮生、顶矮生、纽红矮生等。五代品种有矮南红、超矮红、阿斯矮生、矮鲜、俄勒岗矮二号、栽培一号、栽培二号等。

图7-2　苹果短枝型结果状态

（1）新红星　为中熟元帅系短枝型品种。果实圆锥形，果形端正，果顶有突出的五棱，单果重200克。底色黄绿，全面浓红，果面光滑，无果锈（图7-3，彩图见文前）。果肉绿白色质细脆，汁液多，风味酸甜，结果早，易丰产，好管理，果实色优质佳。9月中旬采收。本品种不耐贮藏，2个月左右果肉即沙化，食用价值下降。

（2）超红　果实圆锥形，单果重160～180g，大者可达260g。底色黄绿，充分着色后为鲜红色，有人称为樱桃红色，色泽鲜艳悦目；果面光滑，有光泽，无锈；蜡质多，果粉中等，果顶5棱凸出，明显（图7-4，彩图见文前）。肉质细，松脆，汁液中多；风味甜或酸甜，微香，品质上等，风味与新红星类似。贮藏性能同元帅系品种。超红品种植株紧凑，结果早，易丰产，好管理，适于密植。

图 7-3　新红星

图 7-4　超红

（二）富士系

1939 年日本的农林水产省果树实验场盛冈分场，以国光与元帅进行杂交，从杂交后代中选出的一个优良品种命名为富士。富士果实为圆形或扁圆形，平均单果重约 200g，底色绿黄或淡黄。果肉黄白色，肉质致密，细脆，汁液丰富，风味酸甜或甜，稍有香气，品质极佳。果实耐贮藏。富士苹果保持亲本元帅易变异的特性，日本人从富士中选出了一系列的富士代系，如长富二、岩富十、青富十三等，这些品种着色程度优于原有富士，称富士着色系，又称红富士。

短枝富士是从富士系中选出的紧凑型芽变的统称，主要表现枝条粗壮，节间短，叶片大；树体中短枝多，长枝少，树冠紧凑，适宜密植。如宫崎短枝红富士、青森短枝富士、福岛短枝红富士、惠民短枝、石富短枝、烟富 6 号、寒富等。

（1）寒富　是 1978 年沈阳农业大学园艺系选用东光作母木、富士作父本，经杂交授粉后获得杂交种子实生苗中精心选育而成。综合了双亲的优良性状，是世界苹果抗寒育种的新突破，使优质大苹果适宜栽植范围北移 200km。该新品种具有明显的短枝型特征，比国光早 20 多天成熟，可以提早供应国庆节果品市场。果实耐贮藏，其综合性状优良（图 7-5，彩图见文前）。

（2）宫崎短枝富士　是日本宫崎县 1974 年从富士中选育出的半短枝型红富士芽变品种，1979 年引入我国。该品种一年生枝较粗

图 7-5　寒富

图 7-6　宫崎短枝红富士

壮，节间比普通"富士"短，萌芽率高，短枝性状明显（图7-6，彩图见文前）。该品种表现高产、抗旱、抗病、品质优、抗寒性强。

（3）早生富士　是一类比普通富士成熟期早的富士系芽变，如弘前富士（玉华早富）、红将军（红王将）、凉香等。它们的突出优点是成熟期提前，成熟期比普通富士提前 1 个月，但着色个良，贮藏性稍差。

①弘前富士：系日本青森县从富士中选出的易着色极早熟红富士。比红将军早熟 10 天以上，是供应中秋、国庆的苹果佳品。果实近圆形，单果重 220～520g，最大 750g。果面底色黄白、条状浓红（条红），着色鲜艳（图 7-7，彩图见文前），果肉黄白色，汁液多，甜酸适口，可溶性固形物含量大于 15％。常温下存放 3 个月风味不变。该品种萌芽率高，成枝率中等，果枝连续结果能力较强。嫁接树当年新梢量大，扩冠迅速，建园 3 年即有经济效益，4～6 年进入盛果期。

②红将军：也叫红王将，是从日本引进的早熟红富士的浓红型芽变，是一个非常优良的中熟品种。它的口感的确比较出众，果肉呈黄白色，质地比红富士略松、甜脆爽口、香气馥郁、皮薄多汁，果个可以达到 350g 左右，均匀整齐（图 7-8，彩图见文前）。红将军苹果的抗寒性、抗病性、抗旱性都比红富士要好。引进苗木定植后一般 3 年开始结果，第 5 年丰产。红将军苹果比红富士提前

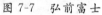

图 7-7　弘前富士　　　　　　　图 7-8　红将军

30～40 天上市，填补了市场空档。

苹果除了元帅系和富士系还有许多优良品种，如早熟品种早捷、珊夏，中熟品种乔纳金、嘎拉、美国 8 号、澳洲青苹等。

① 乔纳金：果实圆锥形，底色黄绿覆鲜红霞（图 7-9，彩图见文前）；平均单果重 220～250g；果实 9 月底成熟；易成花，丰产，采前有落果现象，为三倍体品种。

② 嘎拉：果实中等大小，平均单果重 150g 左右。近圆形，或圆锥形，较整齐一致。果面底色黄，短圆锥形，阳面具浅红晕，有红色断续宽条纹，果梗细长，果皮薄，果形端正美观（图 7-10，彩图见文前）。果肉浅黄色，肉质致密、细脆、汁多，味甜微酸，十分适口。品质上乘，较耐贮藏。幼树结果早，坐果率高，丰产稳产，容易管理。

③ 美国 8 号：果实近圆形，大型果，果个较整齐，无偏斜果。最大果重 310g。果面光洁，无果锈，果皮底色乳黄，全面覆盖鲜红色霞彩，十分艳丽（图 7-11，彩图见文前）。成熟期在 8 月上旬。此品种有腋花芽结果习性，高接后当年形成花芽，第 2 年可结果。树势较强，抗病性较强。丰产、稳产。

④ 澳洲青苹：果实扁圆形或近圆形，顶部稍窄，横径 8cm 左右，纵径约 7cm，单果重 210g，最大果重 240g，果面光滑，成熟后果实全部为翠绿色（图 7-12，彩图见文前），梗洼处色较深，有

图 7-9　乔纳金

图 7-10　嘎拉

图 7-11　美国 8 号

图 7-12　澳洲青苹

的果实阳面稍有红褐色晕；果肉绿白色，质较粗，松脆，果汁多，味酸，甜少，可溶性固形物 13.5%，品质中上等，很耐贮藏，一般可贮放至翌年 4～5 月，经贮藏后，风味更佳。

　　元帅系大多是中熟品种，富士系多是晚熟品种，早熟品种在市场上有一定的竞争力，如麦艳、早捷、华丹、意大利早红等。

　　① 早捷：美国品种，6 月中旬成熟。该品种果实近圆形，平均果重 180g，最大可达 300g。成熟果实底色乳白，彩色全面鲜红，有光泽，十分艳丽（图 7-13，彩图见文前），果肉细嫩，酥脆多汁，风味酸甜浓郁，具芳香，十分爽口，可溶性固形物含量为 13.8%～14%，市场竞争力特强。该品种早实性强，有腋花芽结果

习性，以短果枝结果为主，栽后第二年即可见果，丰产性好。

② 华丹：是美国 8 号与麦艳杂交育成。果实近圆形、高桩，平均果重 160g，最大果重 260g。果面平滑，果实底色淡黄，果面 80% 以上着浓红色（图 7-14，彩图见文前）。华丹果肉白色；肉质中细，松脆，汁液中多，充分成熟后含糖量高达 14.8%，是特早熟苹果中糖度最高的品种，品质上等。在重庆果实 6 月中、下旬成熟，果实在普通室温下可贮藏 5～7 天。

图 7-13　早捷　　　　　　　　　　图 7-14　华丹

【繁殖方法】

（一）砧木选择

乔化砧木即嫁接后树体生长较快而高大的砧木，是我国过去广泛采用的果树砧木。其根系发达，抗逆性强，固地性好，生长健壮，但进入结果期晚。

矮化砧木指嫁接后树体生长缓慢而矮小，具有控制树体生长、促进提早开花结果作用的砧木。

1. 原产我国的苹果砧木

生产上苹果嫁接常用砧木有山定子、海棠果、西府海棠、湖北海棠、河南海棠等。山定子抗寒性极强，喜湿但不耐盐碱，与苹果嫁接亲和力极强，嫁接的苹果结果早。西府海棠别名八楞海棠（主要分布在河北怀来县），较抗寒、抗旱、耐涝、耐盐碱、生长快。

嫁接的苹果结果早，有一定的矮化作用。湖北海棠根系浅，抗旱性差，抗涝性特强，并有一定的抗盐碱能力。河南海棠嫁接苹果有矮化表现，树高、冠径是山定子砧的 50%～70%，但后代株间矮化差异较大。崂山奈子是山东崂山、平度使用的苹果砧木，嫁接苹果矮化明显，结果早。

2. 国外引进的矮化砧木

国外引进的苹果矮化砧木生产上已试用的有英国的 M_2、M_4、M_7、M_8、M_9、M_{26}、M_{27}、M_{106}、MM_{106}，还有加拿大的渥太华 3 号和波兰的 P_1、P_{22}。其中 M_9、M_{26} 为矮化砧，M_{27} 为极矮化砧，M_7、M_{106} 为半矮化砧，MM_{106}、渥太华 3 号和 P_1、P_{22} 是较抗寒的矮化砧木。

（二）砧木培育

1. 海棠播种繁殖

（1）种子采集与处理　10 月份采集海棠果实，晒干，果鳞开裂，用木棍敲打，种子就可脱出，然后进行种子层积处理。层积处理方法参见第一章播种繁殖。如果没有层积处理，春季播种前10～15 天，用 30～40℃的温水浸种 24h 后，混湿沙 2～3 倍，置于背风向阳处，堆积高度为 20cm 左右，上盖湿麻袋，每日翻动 1 次，并保持一定湿度，当少部分种壳裂开即可播种。

（2）整地做畦和播种　海棠播种，整成平畦，畦宽 1.3m，播种前土壤灌足底水，待土壤表面稍干用铁耙耧平，开沟播种，每畦播 4 行，条播，行距分别为 30cm、50cm、30cm，宽窄行设计（图7-15），中间宽行嫁接时好进人。播种量每亩地为 1～1.5kg，播后覆土厚 1.5cm 左右，轻轻镇压。为促使早出苗和出苗整齐，播种后可施用土面增温剂或覆盖塑料薄膜，以增加地温和保持湿度。

（3）苗期管理　播种前灌底水，至幼苗出土前一般不灌水，如大风旱天，可喷雾浇洒。苗木出土时应注意防鸟害。幼苗宜适当密生，间苗不宜太早，以 6～7 月间生长旺盛期间苗为宜。间苗后需浇水 1 次，并结合追肥，每亩可用磷酸二铵 5～7.5kg。幼苗生长较慢，故苗期应及时清除杂草。为了减少水分蒸发和增加土壤透气

图 7-15　平畦宽窄行播种

性，雨后和灌水后应及时松土中耕，逐次先浅渐深。

2. 矮化自根砧木繁殖

苹果矮化砧木不能用播种法繁殖，后代会发生变异，影响矮化性能，可以用压条或扦插的方法繁殖矮化砧木，参见第四章自根苗的培育。国外引进的矮化砧木普遍抗性较差，而且根系浅，不抗倒伏，所以生产上常用矮化砧嫁接在海棠上作中间砧，矮化砧上再嫁接苹果，这样可以克服矮化砧木的缺点。

（三）嫁接方法

1. 乔化砧苹果苗嫁接

一般用海棠作砧木，当年海棠苗秋季芽接（用 "T" 字形芽接），或第二年春季用枝接（劈接、切接），参见第三章嫁接苗的培育。

2. 矮化砧苹果苗嫁接

在砧木上嫁接 2 次，形成由基砧、中间砧（一般长 20cm）、品种组成的中间砧苗木，使接穗品种同时具有基砧和中间砧的优点。例如，基砧为海棠苗，中间砧用矮化砧育成。

生产上常用二重接和分段嫁接法繁殖矮化果树苗木。矮化中间砧苗，不仅有矮化效应，而且增强了适应性。有时也会利用中间砧提高品种与砧木的亲和力。培育中间砧苗常用 2 次芽接、2 次枝接、芽接加枝接等方法。

（1）2 次芽接法　播种海棠苗，当年秋季在海棠（基砧）上芽接矮化砧（中间砧）芽，第2年春季剪去海棠砧，让矮化砧芽萌发；萌发当年再芽接上苹果品种，下一年春季剪去矮化砧，让苹果品种的芽萌发，秋季成苗。

（2）2次枝接法（图7-16） 将苹果品种接穗枝接在矮化砧枝条上，再将矮化砧接穗接在海棠上（基砧）。矮化中间砧长度一般20cm，注意接穗保湿，可以蘸蜡，也可以用塑料条包扎。

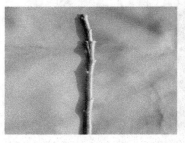
(a) 第1次嫁接 先将品种枝接在矮化中间砧上，绑扎好

(b) 第2次嫁接 将带有品种的中间砧枝条嫁接在基砧上，接口用薄膜绑扎

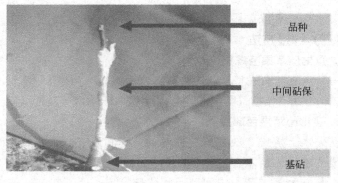
品种

中间砧保

基砧

(c) 绑扎严中间砧 中间砧用塑料薄膜包严，有利保持水分，提高成活率

图 7-16 2次枝接（二重接）

（3）分段芽接法（图7-17） 秋季在矮化砧苗上每隔20cm左右芽接上一个苹果品种的芽，第2年春季，分段剪下带品种芽的矮化砧枝段，再将这些枝段分别枝接在基砧上。

第1年秋季
分段芽接

第2年春季
分段枝接

第3年
成苗

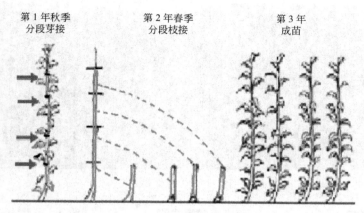

图 7-17　分段芽接

【栽培管理技术】

（一）矮化密植栽培技术

1. 矮化密植栽培的意义

① 开花结果早。

② 单位面积产量高，能早期丰产。

③ 成熟早，品质好。

④ 管理方便，有利于机械化。

⑤ 更新品种及恢复产量较快。

⑥ 经济利用土地。

2. 矮化密植栽培的主要途径

① 选用矮化砧（图 7-18）。

② 嫁接短枝型品种（图 7-19）。

③ 采用矮化技术，控制树冠和控制根系。

3. 矮化密植栽植密度

20 世纪初，苹果采用大冠稀植，树形常用疏散分成形，一般苹果园的株行距是 8～10m。这种栽培方式的缺点是：土地利用不经济，开始结果较晚，早期产量低；树冠大，光照不均匀，果实品质差异大；管理耗费大，投资回收慢。为此，人们谋求变革，密植

图 7-18　矮化砧苗

图 7-19　短枝型品种

已成为当前果树栽培改革中的一项重要措施，树形随栽植密度的变化也发生变化，由高、大、圆向矮、小、扁方向发展，树体结构越来越简单（图 7-20、表 7-1）。

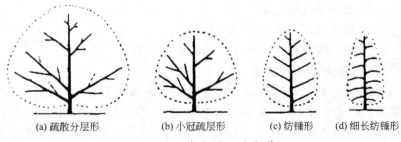

(a) 疏散分层形　　(b) 小冠疏层形　　(c) 纺锤形　　(d) 细长纺锤形

图 7-20　苹果树形的变革

表 7-1　苹果不同砧穗组合适宜的树形

矮化程度	砧穗组合	株距×行距/m	适宜树形
乔化	普通型/乔化砧	（3～4）×（5～6）	双层五主枝自然半圆形 自由纺锤形
半矮化	短枝型/乔化砧 普通型/半矮化砧	（2～3）×（4～5）	自由纺锤形 小冠疏层形
矮化	短枝型/半矮化砧 普通型/矮化砧	（1.5～2）×（3.5～4）	细长纺锤形
极矮化	短枝型/矮化砧 普通型/极矮化砧	（1～1.5）×（3～3.5） 双行密植	主干形

（二）整形修剪技术

1. 自由纺锤形的整形修剪

（1）树形特点　干高 50～70cm，树高 3～3.5m，中心干上均匀着生 10～15 个主枝，主枝不分层，下部主枝较大，向上依次递减，同侧主枝间距不小于 60cm。主枝上不着生侧枝，直接着生结果枝组。下部主枝开张角度为 80°～90°，上部主枝角度可稍小（图 7-21）。

（2）整形过程

① 定干。定植后定干，定干高度为 70～90cm。于萌芽前后在中心干的整形带内进行环割或刻芽，以提高萌芽率，增加枝量。主干上 50cm 以下的枝条全部疏除，50cm 上新梢选方向合适的作为主枝，夏秋季开张角度，使其角度为 80°～90°（图 7-22）。注意控制辅养枝和竞争枝。

② 第 1 年冬季修剪。第 1 年冬季中心干延长枝短截，剪留长度为 50～60cm。中心干上选 3 个主枝，对主枝在饱满芽处短截（图 7-22），其余中庸枝缓放。强树选留 3～4 个为主枝，主枝一律不短截实行缓放。

③ 第 2 年修剪。萌芽前后拉枝，使各主枝处于近水平状态，辅养枝甚至可以下垂。4 月下旬至 5 月初在主枝、辅养枝上多道环割，刀口间距 15～20cm，刀口要在侧生芽位前面。萌芽后对

图 7-21　自由纺锤形

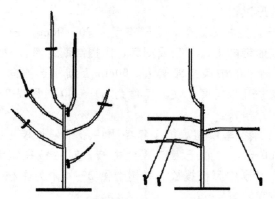

图 7-22　自由纺锤形第 1 年冬季修剪

于基部背上直立旺枝疏除，过密者适当疏间，其他扭梢、拿枝（图7-23、图 7-24）。

图 7-23　疏除背上直立旺枝　　　　图 7-24　背上直立枝扭梢

　　第 2 年秋季对中心干上发出的新梢拿枝，使之趋于水平。冬剪时疏除中心干上竞争枝，中心干上再选 2 个主枝、1～2 个辅养枝，中心干延长枝留 50～60cm 短截。对去年留下的主枝的延长枝缓放（图 7-25）。

　　果园中树势强弱不同，自由纺锤形整形过程有差异。一般长势中等树按上述整形；强旺树第 1 年可留 4 个主枝，主枝不短截，长放；弱树第 1 年中心干上中庸枝缓放，长枝极重截，促使第 2 年重新发枝。

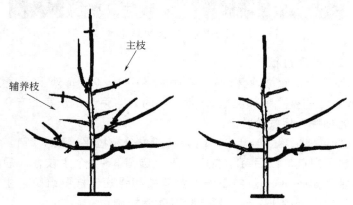

图 7-25　自由纺锤形第 2 年冬季修剪

2. 细长纺锤形的整形修剪

(1) 树形特点　干高 50～60cm，树高 2.5m 左右，冠径 1.5～2m，在中心干上均匀着生 15～20 个小主枝，主枝不分层，主枝上不着生侧枝，主枝粗度不能超过中心骨干的 1/2。主干延长枝和侧生枝自然延伸，一般可不加短截。全树细长，树冠下大上小，呈细长纺锤形（图 7-26）。

图 7-26　细长纺锤形

(2) 整形过程

① 定干。苗木栽植后，在距地面 70～90cm 处定干，并于 50cm 以上的整形带部位选 3～4 个不同方向芽子，于其上方 0.5cm 左右处刻芽，促发分枝。

② 主枝培养。当年 9～10 月将所发分枝拉平（图 7-27），冬剪时主枝不短截。以后每年在中心干上选留 3～4 个主枝，一般同侧主枝相距 40～50cm。中心干上竞争枝和强旺侧枝要疏除，主枝粗度超过中心干的 1/2 时，要疏除或回缩控制。

萌芽前主枝上多道环刻，提高萌芽率，促进短枝形成。秋季中心干上长度 1m 以上的长梢拉平或拿枝。第 2 年生长季用拉枝、拿枝、扭梢、转枝等（具体操作方法参见第六章的果树整形修剪基础）控制主枝的背上枝，使其转化成结果枝（图 7-28、图 7-29）。

图 7-27 第 1 年 9～10 月
拉枝开角

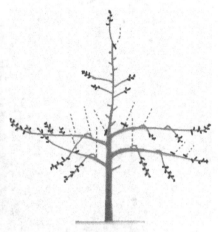

图 7-28 第 2 年生长
季控制背上枝

『经验推广』

　　细长纺锤形整形特点：
　　中心干上主枝小、数量多；主枝上无侧枝；主枝长放不短截；主枝粗度控制在中心干的 1/3～1/2。主枝控制方法是疏除、回缩、拉大角度。

3. 高纺锤形整形修剪

（1）树形特点　高纺锤形为欧洲广泛采用的树形，一般采用矮化砧栽培，果园配有升降机，树体通常较高，设有支架，上下基本一致，树高 3～4m，冠幅仅 0.8～1.2m，培养强壮的中心干，在中心干上直接着生长短不一、角度下垂的结果枝。适于密植，产量

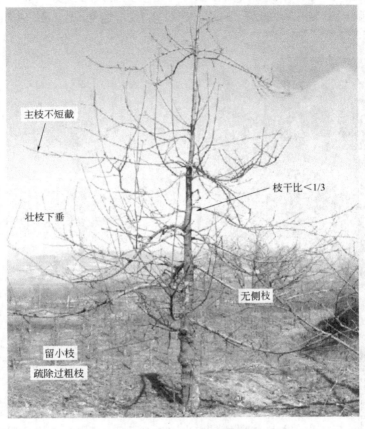

主枝不短截

枝干比＜1/3

壮枝下垂

无侧枝

留小枝

疏除过粗枝

图 7-29 细长纺锤形主枝的控制

高，树势也好控制（图 7-30）。

（2）整形过程

① 苗木定植后每棵树绑一个竹竿以保证果树中干笔直（图7-31）。

② 中心干上通过刻芽促使萌发分枝，萌发长枝拉平，培养结果枝。竞争枝和徒长枝主要通过及时抹芽、拉枝下垂和疏枝控制（图 7-32）。

③ 中心干延长枝生长过强时，拉弯刺激侧枝萌发（图 7-33），

图 7-30　高纺锤形

再以花缓势，以果压冠，所以中心干的上部以结果枝为主。着生在中心干上的结果枝过大过粗时，多进行疏除处理。

4. 苹果树的修剪特点

（1）苹果以中、短枝结果为主，幼树生长旺，长枝多，短枝少，难以形成花芽。因此，苹果幼树发育枝应采用促花措施，促进成花。促花措施有拿枝、扭梢、拉枝、转枝、环剥等，凡是能控制营养生长的措施，都有利于成花。

（2）结果枝组的培养以先长放、后回缩的方法较好，注意结果后及时回缩，防止后部小枝枯死。尤其成龄大树，注意及时回缩，

图 7-31   设立支架保证中心干笔直

图 7-32   长枝拉平、竞争枝拉下垂

图 7-33   拉弯中心干延长枝

恢复枝组长势。

（3）注意控制竞争枝和主枝背上直立枝，可采用抹芽、疏除、拿枝、扭梢、拉枝、转枝等方法。

（三）施肥技术

1. 施肥时期

苹果树基肥以秋施为好，施入时间宜早不宜迟，早熟品种果实采收后施肥，晚熟品种可在果实采收前施肥。

苹果成年结果树每年追肥 2~4 次——花前追肥；花后追肥；果实膨大期和花芽分化期追肥；果实生长后期追肥。

2. 施肥方法

苹果有机肥主要用环状沟施、条状沟施、放射状沟施等方法施入，沟深 40~60cm。目前，生产上推广的施肥方法为肥水一体化（参见第六章的果树施肥技术）。

追肥可用土壤施肥法，也可用叶面喷肥法（参见第六章的果树施肥技术）。

3. 施肥量

苹果施肥量因树龄、产量不同应该有所增减，见表 7-2 和表 7-3。

表 7-2　苹果不同树龄施肥标准参考表　　单位：kg/株

树龄（年生）	产量	有机肥	无机肥		
			硫酸铵	过磷酸钙	草木灰
1~5	—	100	0.5~1.5	1.0~1.5	1.0~1.5
6~10	25~50	150~200	2.0~2.5	2.0~2.5	2.0~2.5
11~15	50~100	200~300	1.5~2.0	3.0~4.0	3.0~4.0
16~20	100~150	300~400	1.5~2.0	3.0~4.0	3.0~4.0

表 7-3　苹果产量指标与肥料施用量

单位：kg/667m^2

果园类别	产量指标	圈肥	氮	五氧化二磷	氧化钾	有效成分总量
一类	3000	3000~5000	50	35	50	130~135

续表

果园类别	产量指标	圈肥	氮	五氧化二磷	氧化钾	有效成分总量
二类	2000	2500～3000	40	30	40	100～110
三类	1000	1000	20	20	30	75～80

二、梨

【学名】*Pyrus spp*

【科属】蔷薇科、梨属

【国内主要产区】

中国梨栽培面积和产量仅次于苹果。河北、山东、辽宁三省是中国梨的集中产区，栽培面积约占一半，产量占 60％，其中河北省年产量约占全国的 1/3。

【形态特征】

落叶乔木，树体高大，秋子梨最高可达 30m。叶子卵形或广卵圆形，先端渐尖或突尖；梨的花序为伞房花序，花多白色，每花序有花 5～10 朵，花序基部的花首先开放，先开的花坐果好（图 7-34）。果实多汁、可食，果皮颜色因品种而异，有黄绿色、褐色、红色等。花期 4～5 月，果期 8～10 月。

图 7-34　梨的形态特征

梨干性强，层性较明显；萌芽力强，成枝力弱，中短梢多，易形成花芽，一般比苹果结果早，结果期长，有些品种2～3年即开始结果，盛果期可维持50年以上。梨树一般以短果枝结果为主，中长结果枝结果较差。易形成短果枝群，能连续结果。梨的结果枝类型与苹果相似。梨的自花结果率多数很低，需要配置授粉品种。梨树有花粉直感现象，能使果实外形、品质等因父本而有所变化。

【生长习性】

对外界环境的适应性比苹果强。耐寒、耐旱、耐涝、耐盐碱。冬季最低温度在−25℃以上的地区，多数品种可安全越冬。根系发达，喜光喜温，宜选择土层深厚、排水良好的缓坡山地种植，尤以沙质壤土山地为理想。

梨属植物中的秋子梨有极强的抗寒能力，其栽培品种多数可耐−30℃的低温，白梨也可耐−23～−25℃的低温，砂梨类及西洋梨类可耐−20℃左右的低温。梨树耐涝性特强。

【品种介绍】

中国栽培的梨树品种，主要分秋子梨、白梨、砂梨、洋梨4个系统，种类和品种极多。秋子梨系统主要有南果梨、京白梨等；白梨系统栽培品种最多，白梨主要分布于华北地区，著名的有鸭梨、雪花梨、茌梨、酥梨等；砂梨系统分布在长江流域和淮河流域，果实近圆形，果皮绿色或褐色，著名品种有苍溪雪梨、丰水等；洋梨系统果实瓢形或圆形，熟后果肉脆嫩多汁，石细胞少，香味浓，主要有巴梨、伏茄梨等。

(1) 鸭梨　为河北省古老地方品种，适应性强，丰产性好。鸭梨果实呈倒卵形，顶部有鸭头状凸起。单果重175g，最大者400g，初期鸭梨果皮黄绿色，贮藏后呈淡黄色（图7-35，彩图见文前）。鸭梨汁多无渣，皮薄核小，清甜爽口，酸甜适中，脆而不腻，素有"天生甘露"之称。9月中、下旬成熟。

(2) 雪花梨　为河北省古老地方品种，以赵县出产的最为出名。雪花梨果实长卵圆形或长椭圆形，黄绿色，果面较粗糙，果皮有蜡质，贮后鲜黄色。单果重350～400g（图7-36，彩图见文前）。

图 7-35　鸭梨　　　　　　　　图 7-36　雪花梨

雪花梨肉质细脆，汁多味甜，果肉洁白如玉，似雪如霜，9 月上、中旬成熟，耐贮运。赵州雪花梨畅销全国，并出口日本、新加坡等国家。

（3）红南果梨　南果梨芽变品种。果实近圆形，平均单果重 111.4g，最大果重 180g。果实阳面鲜红色，红色覆盖面积 65%～70%。果面平滑富有光泽。果点较大而密，近圆形（图 7-37，彩图见文前）。萼片脱落或宿存。果梗短而细，果心较小，果肉乳白色。采收后果肉较硬，甜脆。经 10～15 天后熟，果肉变黄白色，肉质细，柔软多汁，石细胞少，含可溶性固形物 16%。

成龄树以短果枝和短果枝群为主，腋花芽率可达 35% 左右，短果枝寿命较长。坐果能力较强，一般每花序坐果 2～4 个。可耐冬季-37℃的绝对低温，比较耐旱。

（4）苍溪雪梨　原产四川省苍溪县，为中国砂梨系统中最著名的品种之一，被誉为"砂梨之王"。1989 年评为国优水果。其果实多呈倒卵圆形（图 7-38，彩图见文前），特大，平均单果重 472g，大者可达 1900g；果皮深褐色；果点大而多，明显，果面较粗糙；梗洼浅而狭；萼片脱落；果心中大或较小；果肉白色，脆嫩，石细胞少，汁多，味甜；含可溶性固形物 10.7%～14%，品质中上。果实较耐贮藏。

（5）砀山酥梨　原产于安徽省砀山，是我国果品中的名产。果实近圆柱形，顶部平截稍宽，平均单果重 250g，大者可达 1000g

图 7-37　红南果梨

图 7-38　苍溪雪梨

以上；果皮为绿黄色，贮后为黄色；果点小而密（图 7-39，彩图见文前）；果心小，果肉白色，中粗，酥脆，汁多，味浓甜，有石细胞；含可溶性固形物 11%～14%，树势强，以短果枝结果为主，腋花芽结果能力强，定植后 3～4 年开始结果。丰产、稳产。适应性极广，对土壤气候条件要求不严，耐瘠薄，抗寒力及抗病力中等。

图 7-39　砀山酥梨

图 7-40　绿宝石

（6）绿宝石　我国新育成的早熟梨新品种，7 月上、中旬采收，平均单果重 250g，最大 340g，果实绿黄色（图 7-40，彩图见文前），肉乳黄色，细脆、极甜，含可溶性固形物 16%，鲜食品质极佳，耐贮运，抗病、抗盐碱，丰产稳产。自然贮藏期30天左右，是早熟梨品种中最耐贮藏的一个品种。果实供应期为8~10月。

（7）丰水梨　日本品种，亲本为菊水和八云。果实8月中旬成熟，单果重200g，卵圆形，黄褐色（图7-41，彩图见文前），果面粗糙；果肉淡黄白色，肉质细嫩稍软，汁多，味甜，石细胞少，品质优于黄花梨，不耐贮藏。丰产。适宜江淮流域地区发展。

（8）黄金梨　平均单果重350g，9月上旬成熟。成熟时果皮黄绿色，储藏后变为金黄色（图7-42，彩图见文前）。石细胞少，味清甜，而具香气，风味独特，品质极佳。易成花，一般栽后次年成花可见果。

图 7-41　丰水梨

图 7-42　黄金梨

（9）水晶梨　是韩国从新高枝条芽变选育而成的黄色梨新品种。果实为圆球形或扁圆形，平均单果重385g，最大560g。果皮近成熟时乳黄色，表面晶莹光亮，有透明感，外观诱人（图7-43，彩图见文前）。果肉白色，肉质细腻，致密嫩脆，汁液多，可溶性固形物含量14%，石细胞极少，果心小，味蜜甜，香味浓郁，品质特优。果实耐贮运，货架寿命长。在西安气候条件下10月上、中旬成熟。该品种抗寒、抗旱，基本无黑星病、炭疽病、轮纹病发生。极耐贮藏，在自然条件下可贮存5个月。属梨中珍品，极具市场前景。冷藏可贮至翌年2月份。自花结实力强，苗木定植后次年结果，3年株产12kg。市场潜力大，是出口梨的首选品种。

(10) 园黄　韩国园艺研究所用早生赤与晚三吉杂交育成的一个中熟砂梨新品种。果实圆形，果点小而密集，果皮薄，果皮底色深褐色，套袋之后变为浅褐色（图 7-44，彩图见文前）。平均单果重 500g 左右，最大单果重可达 1000g。可溶性固形物含量 16％～17％，果肉乳白色，近果心处有少量石细胞，果汁多，石细胞少，酥甜可口，果实 8 月下旬至 9 月上旬成熟，果实品质佳。

成花容易，自然授粉坐果率较高，既是一个优良的主栽品种，又是一个极佳的授粉品种。适应性强，较抗旱、抗寒和抗病，耐盐碱、易管理。幼树第 2 年见花，第 3 年结果，平均亩产一般控制在 2000～2500kg。

图 7-43　水晶梨

图 7-44　园黄

(11) 库尔勒香梨　原产于新疆南疆巴音郭楞蒙古自治州、阿克苏等地，至今已有 1300 年的栽培历史，为古老地方优良品种。果实倒卵圆形，纺锤形或椭圆形，不规则，中等大小，平均单果重 113.5g，果实黄绿色，阳面有红晕，果面光滑或有纵向浅沟，蜡质较厚，果点小而密，红褐色，果皮薄（图 7-45，见彩图）。

(12) 红星　由新西兰引入国内，果实短葫芦形，全面暗红色，套袋后果实鲜红色（图 7-46，见彩图）；单果重 250g，果心极小，果肉乳白色，肉质细嫩柔软似奶油，石细胞无，汁液特多。味甘甜微酸具香气，口感好，品质上。抗梨黑星病、锈病能力强，耐干旱，树势衰弱时枝干易感染干腐病。丰产，稳产。

图 7-45　库尔勒香梨

图 7-46　红星

【繁殖方法】

（一）砧木选择与培育

杜梨为我国梨应用最广泛的砧木，与栽培梨亲和力好，抗旱、抗涝，耐盐、碱、酸，生长旺，结果早。北方常用杜梨作砧木，南方杜梨不如砂梨、豆梨。豆梨适宜南方多雨湿润气候，豆梨抗逆性也强。西北地区常用麻梨作砧木，耐寒、耐旱。梨的矮化砧木有安吉斯榅桲、普鲁文斯榅桲、花楸、唐棣、水枸子、牛筋条等。

1. 杜梨的春播

（1）种子采集与处理　杜梨 8 月中旬当果实呈深褐色、种子呈黑褐色时采下，堆放于室内，经常翻倒，以免发酵时温度升高烧坏种子。待其果肉腐烂，即可分批用清水揉搓淘洗，冲去果肉，理出净籽，摊在阴凉通风处，晾干后装袋贮存或层积处理（方法参见第二章实生苗的培育）。杜梨层积处理一般需要 50 天，杜梨种子每亩播种量为 1～2kg。

未层积处理的种子，播前种子用混沙堆积处理，一般需 30 天左右。如早春播种，可在 2 月初将种子与 3～4 倍的细沙混合（沙子要充分淘洗除去泥土），用清水拌湿（其湿度以不能有水渗出为准）。放在 1～5℃的室内，每 3～4 天翻动 1 次，稍加清水，保持适当湿度，待萌动露白时播种。

（2）整地与做床　树苗育苗网建议圃地选设在地势较高且平坦、背风，排灌通畅、土质肥沃的沙壤土和轻壤土上。一般采用低床育苗，床宽 1.2m、长 10m 为宜，床面要平整。可以采用宽窄行播种，参见苹果育苗技术。

（3）播种　银川地区宜在 3 月中旬春潮前开沟条播。沟深 3～4cm，将种子均匀撒入沟内，用湿润细土覆盖，沟顶合成小垄，以利保墒。

（4）苗期管理　苗木出土前要防止土壤板结。顶土期可去掉部分覆土。苗齐后松土除草。松土宜浅，拍碎土块，保墒保苗。不宜早灌，促进幼根下伸。土壤过湿，幼根易变黑死亡。当长出 4～5 片真叶进入速生期时，及时灌水。6～7 月适当追肥，促进生长。

2. 杜梨秋播

（1）秋播优点　秋季播种育苗，杜梨种子不需进行层积处理或催芽处理，节省劳力，降低成本。秋季播种种子不需进行特殊处理，不用铺膜，可直接播种，缓解春季用水和用劳力的矛盾，既节省劳动力，又降低了成本。

（2）土地准备　育苗地要选择土壤肥力高、盐碱轻、交通方便、排灌水系统配套的沙质壤土或壤土。通过改良，亩施有机肥 2～3t，再耕翻、平整、做畦（参见春播）。

（3）播种　宽窄行条播（参见春播），然后覆土踏实，用耙背把地再平一下，然后灌水越冬。要选择在土壤封冻前将杜梨种子播入土中，播后及时灌水。

（4）苗期管理　参见春播。

3. 砧木分株繁殖

梨容易产生根蘖苗，可以用根蘖苗分株繁殖砧木苗。生产上常在树冠投影的边缘开沟断根，然后填土平沟，使发根蘖苗。

（二）嫁接

1. 芽接

梨芽和叶枕都大，芽接需砧木较粗，一般要求 0.6cm 以上。在砧木培育时，当苗高 33cm 左右时要摘心，促进苗增粗。"T"字形芽接要求砧木离皮，一般芽接时间在 6～9 月，太晚砧木不离皮，就要等到来年春季枝接。生产上为使梨砧木增粗，推迟芽接时间，常勤施肥、勤灌水，推迟形成层活动，在江苏可以推迟到 10 月上旬芽接。

2. 枝接

春季常用枝接，可用劈接、切接、插皮接的方法，参见第三章嫁接苗的培育。

【栽培管理技术】

(一) 整形修剪技术

1. 小冠疏层形（双层开心形）

(1) 树形特点 通常树高 3m，干高 0.6m，冠幅 3～3.5m。第一主枝 3 个，层内距 30cm；第二层主枝 2 个，层内距 20cm。一、二层间距 80cm（第三主枝与第四主枝之间的距离）。主枝上不配备侧枝，直接着生大、中、小型枝组（图 7-47）。适于树势强的品种。

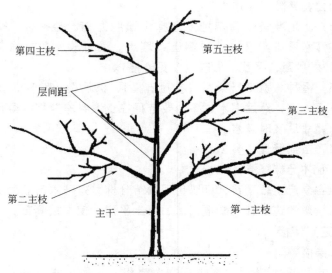

图 7-47 小冠疏层形树形特点

(2) 整形过程

① 定干。定干高度为 70～80cm，剪口下要求有 8～10 个饱满

芽。春季萌芽前后进行环割或刻芽，促发枝条（图 7-48）。

②　中心干和竞争枝的修剪。冬季从上部选择位置居中、生长旺盛的枝条作为中心干延长枝，留 50～60cm 短截。竞争枝的处理方法有两种：一是生长季对竞争枝扭梢，控制其生长；二是冬季把竞争枝疏除或留 1～2 个芽短截修剪（图 7-49）。

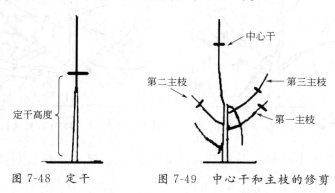

图 7-48　定干　　　　　　图 7-49　中心干和主枝的修剪

③　主枝培养。第 1 年冬季在中心干延长枝的下部选择三个方位好、角度合适、生长健壮的枝条作为三大主枝，留 50～60cm 短截，剪口芽留外芽。

④　辅养枝的选留。第 2 年，在中心干上选留 2 个辅养枝，对辅养枝拉平，控制其生长。下一年对辅养枝于 5 月下旬至 6 月上旬进行环剥，以促进花芽形成（图 7-50）。

⑤　第 3 年，在中心干上再选 2 个主枝（图 7-51），修剪方法同基部三主枝。第五主枝选出后，中心干长放不短截，第五主枝角度固定后，中心干落头开心。

2. 倒人字形

（1）树形特点　干高 50～70cm，无中心干，两主枝呈"Y"字形，无侧枝，主枝上直接着生中小结果枝组，主枝腰角 70°，大量结果时 80°，先端上斜，树高 2.5m 以下，适宜南北行向密植梨园。

（2）整形过程

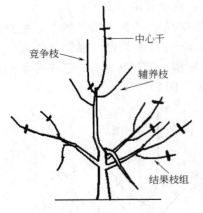

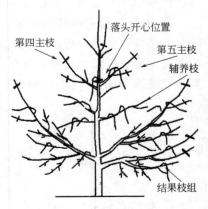

图 7-50 层间辅养枝的选留　　图 7-51 第四主枝和第五主枝的选留

① 主干拉弯，萌芽前在拐弯处刻芽，促进芽萌发长成长枝（图 7-52）。

② 第 2 年将拐弯处萌发长枝拉向另一边，两主枝形成 "Y" 字形（图 7-53）。

③ 在两主枝上配置、培养中、小型结果枝组，中型结果枝组在主枝的背后斜生，小型枝组插空安排（图 7-53）。

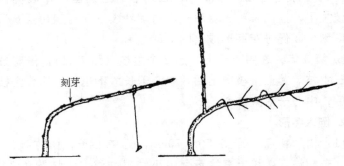

图 7-52 倒人字形主枝的培养

3. 纺锤形

密植梨树常用纺锤形，树形特点和整形过程参见苹果。

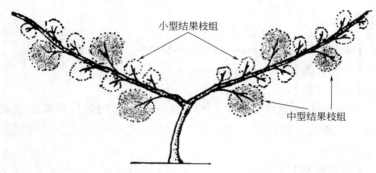

图 7-53 倒人字形枝组的配置

4. 梨树修剪特点

梨树与苹果相比，萌芽力强，成枝力弱，顶端优势强，因此，一般梨树多中短枝，极易形成花芽，开花结果年龄比苹果早。

（1）抽生长枝少，枝间生长势力差异较大，幼树冠稀疏，常1年选不出3个主枝，可选2个，对中心干的延长枝要重截，可使3个主枝不致相差过大。

（2）对中心干延长枝要适当重截，并及时换头，以控制中心干增粗、上升过快。

（3）由于梨发枝少，整形过程中，要想尽一切办法使其多发枝。为了使其多发枝，中心干短截时应在饱满芽前1~2个弱芽上剪截，这样发枝可较多而均匀，后部萌发的短枝亦较壮。在萌芽前刻芽、环割，促使多发长枝；用拉枝等方法控制先端枝的旺长，平衡树势，促使后部发长枝。

（二）施肥技术

基肥以秋施为好，也可在土壤封冻前和早春土壤解冻后及早施入。施肥方法可用环状沟施、条状沟施、放射状沟施、全园撒施（参见第六章的果园土肥水管理）。

梨树一般每年追肥3次：一是萌芽前至开花前，以氮肥为主；二是果实膨大期，氮、磷、钾肥配合施入；三是7月末以氮肥、钾肥配合施入。

三、山楂

【学名】*Crataegus pinnatifida* Bunge

【科属】蔷薇科、山楂属

【主要产区】

中国是山楂原产国之一，很多省（市、自治区）都有山楂属植物分布，华北、东北各省最多，主要产区在辽宁、山东、河北、山西、河南等。

【形态特征】

山楂又名山里红。落叶乔木，树高达 6m，树皮粗糙，暗灰色或灰褐色；刺长 1～2cm，有时无刺；小枝圆柱形，当年生枝紫褐色，老枝灰褐色。叶片宽卵形或三角状卵形，稀菱状卵形，长 5～10cm，宽 4～7.5cm，先端短渐尖，叶通常两侧各有 3～5 羽状深裂片，边缘有尖锐稀疏不规则重锯齿，上面暗绿色有光泽。伞房花序具多花，花梗长 4～7mm；花直径约 1.5cm；花瓣倒卵形或近圆形，长 7～8mm，宽 5～6mm，白色。果实近球形或梨形，直径 1～1.5cm，深红色，有浅色斑点；小核 3～5。花期 5～6 月，果期 9～10 月（图 7-54）。

【生长习性】

山楂稍耐阴，耐寒，耐干燥。耐贫瘠，但以在排水良好、湿润的微酸性沙质壤土上生长最好。在低洼和碱性地区生长不良，易发生黄化现象。山楂根系发达，适应能力强，抗洪涝能力超强。

【品种介绍】

（1）左伏 3 号 8 月 15～20 日果实成熟，百果重 345.2g，可食率 83.6%，果实纵横径平均为 1.66cm、1.97cm，果肉黄白色，酸甜味淡，不耐贮，定植后 3 年开始结果，平均花序坐果数为 9。丰产性差，黄化严重（砧木为山里红）。该品种抗寒性强，可在年均温 2～3.5℃、年积温 2300～2500℃、生长期 100～120 天、土壤 pH 值 8 以下的地方栽植。

（2）伏里红 8 月 15～20 日果实成熟，百果重 247.5g，果实

图 7-54　山楂形态特征

纵横径平均为 1.60cm、1.73cm，果肉粉色、黄色，可食率 81%，味淡微酸，微苦，不耐贮，定植后 3 年开始结果。生长旺盛，适应性，丰产性强。该品种在早熟品种中综合性状是较好的，其栽植地点的条件与左伏 3 号相同。并可在生长期 120～130 天以上的地方作为配栽品种栽植。

（3）秋丰　9 月下旬果实成熟，百果重 560g，可食率 77.6%，果实纵横径平均为 2.16cm、2.30cm，果肉粉红色，酸甜略带苦味，不耐贮，定植后 3 年开始结果，花序平均坐果数 8～9。较丰产，树势强健，适应性强，不黄化。该品种可在年均温 4～6℃、年积温 2500～2800℃、生长期 120～130 天以上的地方适当栽植。

（4）丰收红　9 月下旬果实成熟，百果重 548g，可食率 75.93%，果实纵横径平均为 2.22cm、2.25cm，果肉粉红色，甜酸有苦味，不耐贮，高接后 3 年开始结果，花序坐果数为 8，树体健壮，不黄化，丰产性强，适应性强。该品种常作药用，在生长期120~130天以上的地方栽植。

(5) 胜利紫肉　9月下旬果实成熟，百果重426g，可食率78.87%，果实纵横径平均为1.92cm、2.09cm，果肉紫红色，甜酸适口，有香味，高接后3年开始结果，树体健壮，适应性强，丰产性强。该品种可在生长期120~140天的地方作为鲜食、加工品种适当发展。综合性状优。

(6) 双红　9月下旬果实成熟，百果重519g，可食率75.6%，果实纵横径平均为2.00cm、2.31cm，果肉粉红色，味淡有苦味，贮藏性差（小包装可贮至翌年2~3月），高接后3年开始结果，易形成花芽，花序坐果数为8，丰产性强，适应性强，树冠较小。该品种可在年积温2500~2800℃的地方作为园林树种和药用为主的品种适当栽植。

(7) 小金星　9月下旬果实成熟，百果重334g，可食率81%，果实纵横径平均为1.92cm、1.89cm，果肉粉红色，甜酸适口，鲜食及加工（制果冻、果汁）性状优良，高接后3年开始结果，串花枝多，丰产性强，花序坐果数为12。树体健壮，适应性强，不黄化。与辽宁山楂，阿尔泰山楂嫁接亲和力强。该品种虽果实偏小，但鲜食、加工性状优良，丰产，适应性强，果实较耐贮，综合性状优。

(8) 大金星　9月下旬果实成熟，百果重426.5g，可食率81.2%，果实纵横径平均为1.95cm、2.04cm，果肉粉红色，酸甜适口，鲜食及加工性状（果冻、果汁）优良，耐贮（塑料小包装可贮至翌年5月），高接后3年开始结果，花序坐果数11~12，丰产性、适应性强，不黄化。与辽宁山楂、羽叶山楂、阿尔泰山楂嫁接亲和力强。该品种鲜食、加工性状优良，丰产，适应性强，综合性状优。

【繁殖方法】

生产上山楂主要用嫁接法繁殖，砧木可用分株法、根插法、播种法繁殖。

1. 分株繁殖砧木

挖出根蘖，栽于苗圃进行嫁接。

2. 根插繁殖砧木

春季或秋季采集成品苗遗留在苗圃中的根系，最好随采随插。将粗 0.5～1cm 的根切成长 12～15cm 根段，扎成捆，用 300～500mg/L 的赤霉素溶液浸沾后以湿沙堆放 6～7 日，再斜插于苗圃，插穗上端与地面平，灌小水使根和土壤密接，15 日左右可以萌芽，当年苗高达 50～60cm 时，可在 8 月初进行芽接。

3. 播种繁殖砧木

山楂种子有隔年发芽的特性，生产上常常采用二冬一夏沙藏法以保证正常发芽。

（1）种子处理

① 早采种沙藏法。野生山楂果提早采种出苗快，即在生理成熟期内采种，时间一般为 8 月中旬至 9 月上旬，以果实初着色期采果较为适宜。这时种子基本成熟，而种核还没有完全骨质化，缝合线也不太紧，利于出苗。采集山楂果后，用碾子将果肉压开（切不可压伤种子），然后用水淘搓，除去果肉和杂质，再将净种放在缸内用凉水浸泡 10 天，每隔 2 天换 1 次水。从缸内取出山楂种子，趁湿进行沙藏（层积处理），方法参见第二章实生苗的培育。种子沙藏时间 180～210 天，次年 4 月初开坑取出种子播种，种子发芽率可达 95%～100%。

② 变温处理沙藏法。这种方法用于干种子，即将纯净的野生山楂种子浸泡 10 昼夜，每天换水 1 次，再用两瓢开水兑一瓢凉水的温水浸泡一夜。第二天捞出，放在阳光充足的地方暴晒，夜浸日晒，反复 5～7 天，直至种壳开裂达 80% 以上时，再将种子与湿沙混匀进行沙藏。上述方法适用于早秋，深秋则将净种子用"两开一凉"的温碱水（每 500 克种子加 15 克食用碱）泡一昼夜，而后用温水泡 4 天，每天早晚各换温水 1 次；然后夜泡日晒，有 80% 种壳开裂时即可沙藏。

（2）整地做畦 选择地势平坦、土层较厚、土质疏松肥沃、有灌溉条件的围地，整地做畦，以南北畦为好，畦宽 1.1～1.3m，畦长视地而定。畦内施入足量农家肥（每亩 5000kg），翻入土内，用耙子搂平，灌 1 次透水，待地皮稍干即可播种。

（3）催芽 一般从 3 月中旬至 4 月上旬催芽。如果在此期间扒开种子沙藏坑，种子没发芽时可进行室内催芽，温度以 10～12℃为宜。注意种子湿度，不能过干。在种子刚露白时即可播种，不宜发芽过长。若种子出芽而未来得及整地时，可先在畦内高密度漫撒育苗，覆盖地膜，出至 3～4 片真叶时移栽。

（4）播种 目前主要采取条播和点播两种方法，条播每畦播 4 行，宽窄行播种（参见苹果育苗），开沟，沟内坐水播种。条播将种沙均匀撒播于沟内，点播按株距 10cm，每点播 3 粒种子，覆土 0.5～1cm，最后覆盖地膜。一般山楂播种量为每亩 8～10kg。

（5）幼苗管理 播种后一般 7～10 天出苗，揭去地膜，3～4 片真叶时，按 10cm 的株距间苗定苗，保证每亩留苗 2 万株以上。

将间出来的幼苗或专门培育的幼苗移栽到事先准备好的畦内。移栽时先浇足水，立即用木棍或手指插孔，将幼苗根放入孔内用手挤压一下，栽后立即浇水，密度同前。

当幼苗出齐和定苗间苗后，都要及时松土除草，使土壤疏松不板结。松土不宜过深，以免伤根。幼苗长到 15～20cm 时，结合浇水每亩施尿素 10kg。此后每月追肥 1 次，并浇透水。在嫁接前 5 天可灌 1 次大水。当小苗长到 20cm 时进行摘心，并尽早摘去苗木基部 10cm 以下生出的分枝。

4. 嫁接

山楂苗木嫁接可用芽接和枝接法，生产上主要采用"T"字形芽接，一般在 7 月下旬至 8 月下旬进行，方法参见第三章嫁接苗的培育。

芽接后 7 天进行检查，未成活，马上补接。上冻前要浇 1 次水，最好不要解塑料条。嫁接后的第 2 年早春树液流动前，对所有芽接苗在芽接上方 0.4cm 处 1 次剪砧，剪口要平滑并向接芽背面稍倾斜。解除塑料绑条。砧冠剪除后，砧木基部将发出大量萌蘖，应及时检查，尽早抹除。加强追肥浇水，促进生长。秋后出圃。

【栽培管理技术】

（一）整形修剪技术

1. 疏散分层形

（1）树形特点　树高 4～5m，主枝分 2～3 层，第一层主枝 3 个，第二层 2 个主枝，第三层 1～2 个支枝；第一层与第二层之间有 100～120cm 的距离，第二层与第三层之间有 60～80cm 的距离。第一层主枝基角 65°，每主枝上有 2～3 个侧枝（图 7-55）。过去苹果和梨的大冠稀植树常用这种树形。

图 7-55　疏散分层形树形特点

（2）整形过程

① 定干以及中心干、主枝、竞争枝的培养和处理同梨的小冠疏层形。

② 侧枝的培养。主枝上第一侧枝距中心干 50cm，第二侧枝在第一侧枝的对面，第二侧枝距第一侧枝也要有 50cm 左右的距离，侧枝开张角度一般大于主枝。冬剪时侧枝延长枝剪截在饱满芽处，一般剪留长度比主枝稍短（图 7-56、图 7-57）。

2. 小冠疏层形

树形特点和整形过程参见梨树。

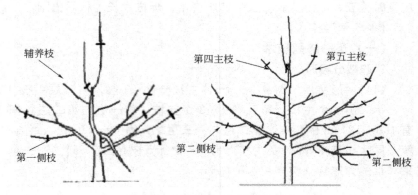

图 7-56　疏散分层形侧枝培养

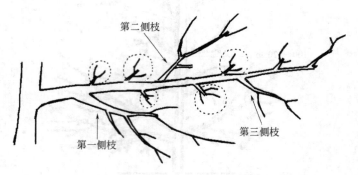

图 7-57　主枝上侧枝的安排

3. 自然开心形

（1）树形特点　干高 50cm，中心干上有主枝 3～4 个，各主枝邻近错开，主枝基角开张 50°～60°。

（2）整形过程

① 第 1 年一般选 2～3 个主枝，第 2 年选 1～2 个主枝。主枝生长量小的常不短截，长度 50cm 以上的主枝，留 40cm 短截（图7-58）。

② 主枝上无侧枝，直接配置结果枝组。

③ 中心干上不作主枝的留作辅养枝，一律缓放不短截。竞争

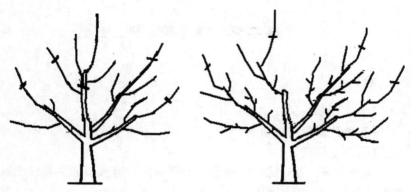

图 7-58　自然开心形主枝培养

枝可拉枝、环剥、疏除。

4. 山楂树的修剪特点

（1）山楂幼树整形时，树干要低，骨干枝开张角度要大，以充分利用光热资源和空间；合理利用辅养枝，保持树势中庸健壮、树冠内良好的通风透光条件。

（2）修剪时重剪、多截，则成形晚，结果迟，早期产量不高；如缓放不剪，则树形紊乱，结果可能较早，但产量不高，后期也不丰产，既没有合理的树体结构，也没有适宜的枝组分布。

（3）山楂树寿命长，一般可达百年以上，结果树整形修剪的主要任务是调节生长与结果的关系，对连续结果数年的结果母枝轮流回缩复壮，防止结果部位外移，稳定产量，并维持良好的长势。枝组的修剪与更新与苹果基本相同。

（二）施肥技术

基肥以秋施为好，在果实采收前后至土壤封冻前进行，越早越好。基肥以有机肥为主，每 $667m^2$ 施有机肥 4000～5000kg。

追肥一般 1 年进行 2～3 次，一是春季发芽前；二是开花前；三是促果肥，在 8 月中、下旬，正是果实初步着色期。前 2 次以氮肥为主，第 3 次以磷、钾肥为主。大年树则应加强后期（8～9 月）追肥，促进花芽分化。

第二节 核 果 类

一、桃

【学名】*Amygdalus persica* L.

【科属】蔷薇科、桃属

【国内主要产区】

原产中国，各省区广泛栽培。世界各地均有栽植。主要经济栽培地区在华北、华东各省。

【形态特征】

落叶乔木，高3～8m；树冠宽广而平展；树皮暗红褐色；小枝绿色；多复芽着生，常2～3个簇生，多中间为叶芽，两侧为花芽。叶片披针形，长7～15cm，宽2～3.5cm，先端渐尖，基部宽楔形，叶边具细锯齿或粗锯齿。花单生，先于叶开放，直径2.5～3.5cm；花瓣长圆状椭圆形至宽倒卵形，粉红色，罕为白色（图7-59）。果实形状和大小均有变异，卵形、宽椭圆形或扁圆形，色泽变化由淡绿白色至橙黄色，常在向阳面具红晕，外面密被短柔毛，稀无毛；果肉白色、浅绿白色、黄色、橙黄色或红色，多汁有香味；核大，离核或粘核，表面具纵、横沟纹和孔穴。花期3～4月，果实成熟期因品种而异。

图 7-59 桃形态特征

【生长习性】

桃是喜冷凉温和的温带果树，南方品种适栽地年均温为 12～17℃，北方品种适栽地年均温为 8～14℃。桃有一定的抗寒力，一般品种可耐-22～-25℃的低温；但注意桃不耐早春变温，花芽萌动期和开花期，-2℃以下的温度就会使花器受冻，影响产量。桃树喜光，光照不良，枝叶徒长，花芽质量差，落花落果多，果实品质差。桃耐旱忌涝，根系好氧性强，适于土质疏松、排水良好的沙质土壤。桃在微酸至微碱性土壤中能栽培，pH 值在 4.5 以下和 7.5 以上生长不良。

【品种介绍】

桃较重要的变种有油桃、蟠桃、寿星桃、碧桃。其中油桃和蟠桃都作果树栽培，寿星桃和碧桃主要供观赏，寿星桃还可作桃的矮化砧。油桃果面光滑无毛，蟠桃果形发生变异。

(1) 春雪　美国选育的早熟桃新品种，由山东省果树研究所引进，平邑县大兴果品专业合作社推广，在武台镇 2013 年发展到 1 万亩。该品种是桃早熟品种中个头最大的，属硬溶质桃，颜色全红鲜艳（图 7-60，彩图见文前），味脆甜，耐贮运、丰产，6 月成熟，常温下储存期可达 10 天。

易成花，自花授粉，无需人工授粉，定植当年即见果，定植第二年亩产 600kg，丰产期亩产 3600kg 以上，最高亩产 5000kg，丰产性优良。

(2) 突围　北京平谷区发现，推出。单果重量 219g，最大 486g 以上，露地 6 月 12 日成熟，全红，在同期成熟桃中着色最佳，背阳面乳白色，成熟时全面乳红，如同套袋桃，亮丽鲜红，果形漂亮，平顶中桩，馒头形（图 7-61，彩图见文前），硬溶质，全红，成熟期甜度可达 16.8%，口感甜蜜。自花授粉，花粉量大，极丰产，早熟桃中产量第一，早果丰产，亩栽 110 株，栽植 15 个月，亩产 1000～2000kg，第三年亩产 3000～4000kg。

(3) 中华寿桃　自然芽变中选育出的新品种，果实最大可达 1000g 以上，多数均在 400～500g。色泽美，成熟后颜色鲜红，格

图 7-60　春雪

图 7-61　突围

外漂亮诱人（图 7-62，彩图见文前）。果肉软硬适度、汁多如蜜。食后清香爽口，风味独特，含糖量可达 18%～20%。该桃属极晚熟品种，于 10 月下旬至 11 月初收获，贮藏期长。此果可自然存放 1 个月，若不碰不压没伤痕，又有冷藏设备，可储藏到春节，果面仍鲜红艳丽，不变质。

极丰产，栽植后第 2 年，每株结果 10kg 左右；3 年后进入高产期，每株产量 30～50kg 以上。适应性强，抗寒性强。

（4）黄金桃　国外引进品种。晚熟种，单果重 150g，果近圆形，果顶圆形，微凹，果皮金黄（图 7-63，彩图见文前），阳面有玫瑰色红晕，皮较薄，可剥离。果肉黄，质细，柔软多汁，甜，有香气。鲜食加工兼用种，成熟期 8 月中旬、下旬。

图 7-62　中华寿桃

图 7-63　黄金桃

黄金桃属桃属中黄肉桃类，黄肉桃是加工罐头专用桃，属肉质型桃，通体金黄色。黄肉桃的品种很多，现在普遍种植的品种有黄露、金童5号、金童6号、罐5、锦绣黄桃、黄金等。

(5) 夏雪桃 系 Snow Prince 的离核芽变。Snow Prince 由美国加利福尼亚州育成，于2000年年初自美国引进。通过在山东省的寿光试栽，发现离核变异品系——夏雪（暂定名），通过多年观察，性状稳定，表现为果个大、自花结实、早实丰产、早熟、全红、离核、耐贮运。果实大型，果个均匀，平均单果重200g左右。果实近圆形，果顶平，缝合线浅，两半部对称。果皮底色白色，果面茸毛短，成熟时，果面90%以上着红色（暗红），色彩艳丽（图7-64，彩图见文前）；果肉白色，肉质硬脆，纤维少，离核，果实香气浓，风味甜，含酸量极低。含可溶性固形物12%以上，硬度大，耐贮运。果实成熟期为7月初。

(6) 早凤王 北京市大兴大辛庄于1987年从固安县实验林场早凤桃芽变选育而成，1995年北京市科学技术委员会鉴定并命名。果实近圆形稍扁，平均单果重250g，大果重420g。果顶平微凹，缝合线浅。果皮底色白，果面披粉红色条状红晕（图7-65，彩图见文前）。果肉粉红色，近核处白色，不溶质，风味甜而硬脆，汁中多，含可溶性固形物11.2%。半离核，耐贮运，品质上，可鲜食兼加工。在北京地区6月底至7月初果实成熟，果实生育期75天。早果性、丰产性良好。

(7) 未来18号 油桃，该品种果实外观光洁漂亮、全红（图7-66，彩图见文前），果重平均150g以上，成龄树结果果实最大可达400g以上，是目前果实最大的油桃，果实浓甜，回味持久，口感绝对一流，是目前最甜的油桃，其果肉白色，完全成熟后果肉呈血丝状，果肉脆爽，挂树持久不软，是一个综合性状极为优良的油桃品种，无论是果实大小、甜度、硬度、产量均称得上"油桃之最"，果实发育期80天，山东南部地区6月下旬成熟。该品种自花结果，花粉多，幼树极容易成花，栽培第二年株产可达5～10kg，是露地或大棚栽培首选的油桃品种。

图 7-64 夏雪

图 7-65 早凤王

（8）红芒果油桃 中国农业科学院郑州果树研究所培育。果面红色，果形奇特像芒果而得名，优质、特早熟、甜香型黄肉油桃品种。果个中等，平均单果重 92～135g，果形长卵圆形，果皮底色黄，成熟后 80％以上果面着玫瑰红色，较美观（图 7-67，彩图见文前）。果实 5 月下旬成熟，果实发育期 55 天左右。自花结实率高，丰产性好。

图 7-66 未来 18 号

图 7-67 红芒果油桃

（9）中油 13 号 就是 46-28 油桃，是白肉和黄肉油桃杂交培育的最新品种，单果重 210～278g，大果 470g 以上，果肉白色，浓红色（图 7-68，彩图见文前），硬溶汁，不裂果，花粉多，自花结实，极丰产，开花到成熟 85 天，成熟期 6 月 20～26 日。本品种是我国油桃果实最大的，适宜露地和大棚高效栽培，当年极易成花，栽培 15 个月亩产 3000kg 以上。

（10）中油 14 号　是中国农科院郑州果树所育成的半矮化早熟甜油桃，树体大小为普通型的 1/2～1/3，适合密植或保护地栽培的理想品种。平均单果重 100～120g，大果可达 250g 以上。果形圆，全红，艳丽（图 7-69，彩图见文前），肉白色，硬溶质。重庆果实 5 月中旬成熟。建议露地密度 3m×2m，保护地 2m×1m，倒人字形或纺锤形整形。

图 7-68　中油 13 号

图 7-69　中油 14 号

（11）黄肉蟠桃　系大连市农业科学研究所育成。适应性、抗病性较强，花芽抗寒性较强。黄肉蟠桃树势强健，果形奇特，品质极上，早产、早丰，为我国之珍稀品种，亦为旅游胜地与喜宴的高档果品，可在黄河以北、辽宁瓦房店以南地区适当发展。

果个较大，平均单果重 132g，最大 190g；果形扁平，两半对称，果顶圆平凹入，果面橙黄色，阳面着暗红色细点晕和较明晰粗斑纹，果肉橙黄色，外观色泽美（图 7-70，彩图见文前）；在大连，8 月上旬果实成熟，果实发育期 100 天左右。

（12）晚巨蟠　该品种早果性强，1 年生速成苗定植第二年即可结果，果实呈厚圆盘形，果形巨大壮观，平均 245g，最大可达 600g，成熟果实浓红、鲜艳（图 7-71，彩图见文前）；果肉白色，细嫩脆甜，离核，果核极小，可食率达 985%。该品种极晚熟，果

图 7-70 黄肉蟠桃

图 7-71 晚巨蟠

实发育期 200 天，山东南部 10 月 15 日成熟，该品种坐果率极高，丰产稳产。

【繁殖方法】

（一）嫁接繁殖

生产上主要用嫁接繁殖，也有人用扦插繁殖。

1. 整地

平整土地，每亩施优质腐熟有机肥 5～6m^3，深翻后做畦。一般整成平畦，播种 4 行，宽窄行设计，参见苹果育苗技术。

2. 播种

春季 3～4 月播种，播种前灌足水，2～3 天后开沟播种，沟深 4～5cm，种子均匀点播于沟内（种子需要层积处理，参见第二章实生苗的培育），覆土厚度为种子直径的 3～4 倍，镇压，一般 10～15 天可出苗。1 亩地播种量为 40～60kg。

秋播在播种前要进行浸种，一般用冷水浸泡 3～5 天，每天换水 1 次，在秋季土壤封冻前进行播种，播种方法同春播。

3. 幼苗管理

春季苗木出土后，要及时灌水、除草、防治虫害。4～6 月每月灌水 2 次，5～6 月每月追施尿素 1 次，每次每亩 15kg 左右。要利用药剂控制金龟子为害幼苗。加强各项管理，使砧木苗在 6 月底以前达到嫁接粗度。

4. 嫁接

常规育苗通常在每年 7 月下旬至 8 月下旬进行嫁接，当年接芽不剪砧。要当年萌发成苗，就要提前嫁接，一般要求在 6 月底至 7 月初进行芽接。用 "T" 字形芽接，参见第三章嫁接苗的培育。

5. 解绑、折砧和抹芽

嫁接后 2～3 周解绑并在接芽以上 1cm 处将砧木折伤后压平，向上生长的副梢剪除，主梢摘心。这种措施是使接芽处于优势部位，迫使接芽萌发。折砧后接芽及砧木上原有芽均可萌发，要将砧木上的萌发芽及时抹除，促使接芽迅速萌发生长。当接芽长到15～20cm 时剪砧。

6. 加强土肥水管理，促使接芽快速生长

接芽萌发后，要及时中耕除草、追肥灌水，使苗圃地无杂草为害，接芽成活后每隔 10～15 天追施 1 次尿素，每次每亩施 10kg 左右，并且结合施肥灌水。为使苗木成熟度提高，每隔 15 天左右结合防治虫害喷施 0.3％的磷酸二氢钾。当年秋季一般嫁接苗木高度在 70～80cm，达到桃树定干高度。10 月底将苗木挖出，除净叶片后沙藏假植。

（二）绿枝扦插繁殖

1. 插床制作

插床制作时要略高于地面，用砖块砌成即可。一般高约 30cm、宽 120cm，长度根据育苗量决定。用细河沙、蛭石、草炭土或珍珠岩作基质，有条件的可使用特定的间歇喷雾装置定时定量喷洒水雾，使插穗表面形成水膜，起到降低蒸腾作用和呼吸作用的效果，利于生根。5 月下旬至 9 月下旬，床面上安装喷雾设备，利用定时器控制喷水及停喷时间，晴朗的白天每 6～10min 喷 5s，晚间停喷。

2. 扦插

插前温床浇透水，并用 0.1％的高锰酸钾溶液对苗床进行消毒。插穗削好后待伤口稍干，将其下端浸入 50％多菌灵可湿性粉剂 800 倍液中消毒，防止霉烂。常用 1000mg/L 吲哚丁酸液浸蘸插

穗基部 5～7s，或用 500～1500mg/L 萘乙酸液速蘸处理代替，但萘乙酸处理后扦插苗成活率稍低于吲哚丁酸处理的插穗。生长素处理后即可进行扦插，扦插深度约为插穗长的 2/3 即可，扦插后适量浇水，使插穗与基质充分接触，注意用遮阳网遮阴。

3. 苗期管理

苗床温度保持 20℃左右为宜，过高或过低皆会影响生根效果，嫩枝扦插由于蒸腾作用较大，湿度相对要高些，而硬枝扦插的插床湿度不可太高，以扦插苗不萎蔫为宜。插枝发芽后可逐渐减少喷水量，保持苗床湿润，在追肥时可适当喷灌营养液。

4. 移栽

扦插苗成活后，待根系发达、上部梢叶生长良好时，可以进行移植，移栽前施足基肥，灌足底水后将苗木栽入苗圃地，然后用土覆盖根部。栽植株行距可采用 30cm×50cm，苗量为 5000～6000 株/亩。

5. 移栽后管理

移栽后根据土壤墒情及时浇水，每 6～7 天浇 1 次，6 月下旬，在苗木迅速生长期可追施铵肥或复合肥，人粪尿亦可，同时进行中耕除草，做好病虫害防治工作。桃苗生长较快，极容易产生副梢。为保证扦插苗生长健壮，在生长期内可视情况摘心 2～3 次，以促使其加粗生长。8 月中、下旬对其主副梢全部摘心，使枝条增加养分积累，利于安全越冬。

（三）硬枝扦插繁殖

苗床中的基质用蛭石，厚度 20cm。采集粗 0.5cm、长 15～20cm 的 1 年生枝，扦插前插穗蜡封保湿，一般蜡液保持在 90～95℃，将插穗在蜡液中速蘸（1～3s），立即取出。使插枝表面除基部 5cm 不蘸蜡以外，均蘸附一层石蜡，保护插枝免失水分。

插穗上端平剪，下端斜剪，先在 800 倍多菌灵中浸一下，消毒，再将插穗下端在 1000mg/L 的吲哚丁酸溶液中速蘸 5～7s。扦插深度 4cm 左右。

硬枝插大多于 10 月至次年 1 月间进行，郑开文用 23 个品种试验，结果均可生根成活，大久保生根率最高，达 93%，平均生根率达 61.4%。由此可见，桃的扦插在给予一定条件下是可以达到生根成活，但其生根的难易因品种而异。

【栽培管理技术】

（一）整形修剪技术

1. 主干形

（1）树形特点　主干形适合株行距 (1~2)m×(3~4)m，甚至更密的密植果园整形。中心干强，其上直接着生 1m 以下大小不等的结果枝组。这些枝组的粗度都远远小于中干。一般干高 40~60cm，树冠直径小于 1.5m，树高一般可略高于行距。中心干上的枝组比细长纺锤形上的主枝（横向枝）多且细小（图 7-72）。

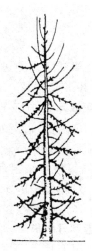

图 7-72　桃主干形树形特点

主干形成形快、结果早，一般 2 年结果，4 年丰产。定植后不进行短截修剪，树势缓和，容易形成花芽。光照好，管理方便，品质好。此树形适应性强，苹果、梨、桃、枣等果树都有应用。

（2）整形过程

① 定植后不定干，先扶植中干（图 7-73），健壮苗木，保证成

图 7-73　扶植中干

活。弱苗、小苗从基部重短截。

② 第 2 年萌芽前，在中干上利用刻芽促进发枝。枝组（横向枝）要全部刻芽，促进发枝。枝组（横向枝）1 年生枝要促成花，2 年生枝没花要去掉，去时基部保留 2～3 个芽。

③ 第 3 年，中心干上 2.5m 高以上的枝组促其成花、结果，控制旺长。枝组长度超过 60cm 的要整枝下垂（图 7-74），控制冠径扩大，减少枝条扩展速度。

④ 结果枝组结果后，枝组衰弱，需要更新，从枝组基部留短桩回缩，对新发出的 1 年生枝条，长到一定程度，通过修剪措施促使成花，形成结果枝组。

2. 自然开心形

（1）树形特点　主干高 30～50cm，主干上三主枝错落（或邻近），三主枝按 30°～45°开张角延伸。每主枝上有 2～3 个侧枝，侧枝开张角度为 60°～80°（图 7-75）。此树形主枝少，侧枝强，骨干枝间距离大、光照好、枝组寿命长；少发徒长枝，修剪量轻；结果面积大，丰产。

（2）整形过程

① 第 1 年冬剪选 3 个主枝，短截在饱满芽处，剪留长度为

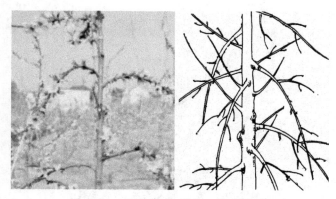

图 7-74 旺枝整枝下垂，控制冠径

图 7-75 桃开心形树形特点

50～60cm，适当长留，调整主枝的开张角度（图 7-76）。

② 第 2 年 5 月中旬至 6 月中旬，控制竞争枝、直立徒长枝并利用副梢整形。竞争枝和徒长枝摘心，促副梢早发生，降低副梢节位，促进副梢成花，培养结果枝组。旺树主枝延长枝摘心，促进副梢生长，利用副梢培养侧枝或作主枝的延长枝，加速整形（图 7-77）。冬季修剪时，主侧枝延长枝剪截在饱满芽处。

3. "Y" 字形（二主枝开心形）

（1）树形特点 主干上二主枝，开张角度 45°～50°，主枝上无侧枝，直接配置结果枝组。"Y" 字形适合宽行密植，树冠可大可小，

图 7-76　第 1 年冬季选 3 个主枝

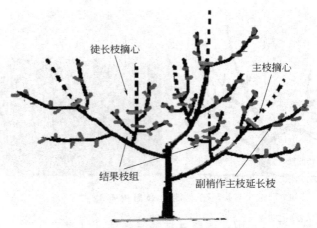

徒长枝摘心

主枝摘心

结果枝组

副梢作主枝延长枝

图 7-77　整形过程中的副梢利用

适合不同栽植密度，一般株距为 0.8～2m，行距为 2～6m（图 7-78）。

（2）整形过程

① 定干后选择两主枝，拉枝开角，冬季短截在饱满芽处。

② 第 2 年起在主枝上配置培养结果枝组（图 7-79、图 7-80）。

4."V"字形

（1）树形特点　"V"字形也称"塔图拉"形，沿行向架设

图 7-78 "Y"字形树形特点

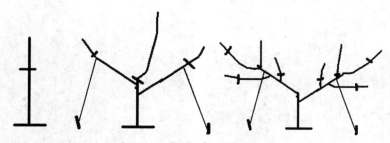

图 7-79 "Y"字形整形过程

图 7-80 "Y"字形主枝上枝组的配置（右为顶视图）

"V"形双臂篱架，双臂间夹角 60°，臂上各架设 4~5 道铅丝。每株留两大主枝，枝间距为 10~15cm，方位与行向垂直，主枝绑在两侧的铅丝上，株距 0.8~1.5m，行距 4.5~6.0m。主枝上无侧枝，直接着生结果枝组。此树形苹果、梨、桃、杏和甜橙都可用

（图 7-81～图 7-83）。

图 7-81 "V" 字形树形特点

图 7-82 苹果树 "V" 字形　　　图 7-83 梨树 "V" 字形

（2）整形过程　参考 "Y" 字形，与 "Y" 字形的区别是 "V" 字形设有支架，主枝绑在架上铅丝上。

5. 桃树修剪特点

（1）桃宜采取矮干，一般高 30～50cm。

（2）幼树期花芽着生节位高，中、长果枝可不短截。随树龄增加，花芽节位逐渐降低，中、长果枝要适当短截，一般长果枝剪留5～10 节、中果枝留 3～5 节，并因树势、品种及全树果枝总数而予以调整。

（3）盛果期结果枝在结果后成枝力减弱，需要及时更新，常采用双枝更新法（图 7-84）。

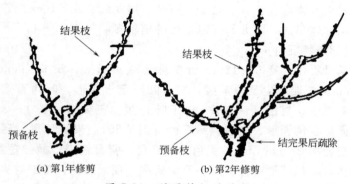

图 7-84　结果枝组的更新

（4）桃树有大量副梢，容易通风透光不良，生长季修剪很重要，生长季要摘心、剪梢、疏梢等以控制徒长枝、竞争枝，解决光照问题。同时要利用副梢培养侧枝和结果枝组。

（二）施肥技术

基肥以有机肥为主，可加入少量氮肥，酸性土壤可同时混施一定量的石灰。基肥秋施为好，早、中熟品种在落叶前 30～50 天施肥，晚熟、极晚熟品种在果实采收后尽早施入。有机肥主要用环状沟施、条状沟施、放射状沟施等方法施入，沟深 30～40cm。具体方法参见第六章的果树施肥技术。

桃树一般 1 年追肥 3 次，一是萌芽前追肥，以氮肥为主；二是果实硬核期追肥，以钾肥为主；三是果实膨大期追肥，以钾肥为主。1～3 年生幼树生长旺，可少施或不施氮肥，花芽分化前追施 1 次钾肥即可。土壤肥力好、基肥充足的情况下，在果实膨大期追 1 次钾肥即可。

二、杏

【学名】*Armeniaca vulgaris* Lam

【科属】蔷薇科、杏属

【主要产区】

杏原产我国，在我国分布很广，河北、河南、山东、山西、陕西、甘肃、青海、新疆、辽宁、吉林、黑龙江、江苏、安徽等地均有栽培，以华北、西北和华东地区种植较多。

【形态特征】

落叶乔木，高 5～12m；叶宽卵形或圆卵形，长 5～9cm，宽4～8cm，先端急尖至短渐尖，基部圆形至近心形，叶边有圆钝锯齿。花单生，直径 2～3cm，先于叶开放；花梗短，长 1～3mm；花瓣圆形至倒卵形，白色或带红色（图 7-85）。果实球形，稀倒卵形，直径约 2.5cm 以上，黄色至黄红色，常具红晕，微被短柔毛；果肉多汁。核卵形或椭圆形，两侧扁平，顶端圆钝，基部对称，稀不对称，表面稍粗糙或平滑；种仁味苦或甜。花期 3～4 月，果期6～7 月。

图 7-85　杏形态特征

【生长习性】

杏树为阳性树种，深根性，喜光，耐旱，抗寒，抗风，寿命较长，可达百年以上，为低山丘陵地带的主要栽培果树。杏树适应性强，抗旱性强，尤其仁用杏，是退耕还林的好树种。杏抗寒力强，可耐－30℃的严寒，但花芽萌动或花期抵抗低温的能力大大减弱，－2℃的低温会使花器受冻，影响产量。

【品种介绍】

（1）早巨杏　美国品种，极早熟，比金太阳早熟 5 天，平均单果重125g，最大300g 以上，比金太阳大 2 倍，阳面艳红（图7-86，彩图见文前），抗晚霜，自花结果，丰产性强。

（2）极早红　是从"新世纪"杏自然授粉的杂种胚培苗中选出的极早熟新品种。果实近圆形，平均单果重48g，最大68g。果实底色浅黄，果面着红色（图7-87，彩图见文前）；香味浓，风味佳，含可溶性固形物14.4％，品质上等，离核，仁甜。在山东泰安地区5月中、下旬果实成熟。

图7-86　早巨杏

图7-87　极早红

（3）麦前杏　果实平均单果重100g，比金太阳杏早熟1周以上，5月20日成熟，是当前最早熟的杏品种，果面橘黄，阳面红晕（图7-88，彩图见文前），香味浓郁，品质极佳，离核，早果丰产性强。

（4）丰收红　从落花后至果实成熟57天，比金太阳杏早熟4天，果实比金太阳大，果实重80～115g，果面光滑，果色浓红（图7-89，彩图见文前），甜仁。可溶性固形物含量比金太阳高2％，甜酸适度，口感品质优，未充分成熟即可食用。耐碰压，不裂果，耐寒、耐旱、耐瘠薄，极丰产。具有很好的商品性和市场竞争力。

（5）红丰　早熟杏新品种。红丰杏果实近圆形，平均单果重56g，最大70g，缝合线较明显，两侧对称；果面光洁，底色为黄色，2/3果面着鲜红色，美观（图7-90，彩图见文前）；肉质细，纤维少，汁液中多，具香味，味甜微酸，风味浓，含可溶性固形物14.98％，品质上等，半离核，仁苦，果实发育期57天，在山东泰

图 7-88　麦前杏

图 7-89　丰收红

安 5 月 26 日成熟。丰产性极强。

（6）新世纪　果实卵圆形，平均果重 73g，最大 108g，缝合线深而明显，两侧不对称；果面光滑，底色为橙红色，彩色为粉红红色（图 7-91，彩图见文前）；香味浓，风味极佳，含可溶性固形物 15.2%，品质上等，离核，仁苦，果实发育期 58 天，在泰安 5 月 27 日成熟。

图 7-90　红丰

图 7-91　新世纪

（7）珍珠油杏　是山东实生杏变异品种。该品种果实椭圆形，果形端正，果顶稍平，缝合线明显，两半对称，平均单果重 26.3g，最大单果重 38g。幼果绿色，成熟后呈黄色，半透明，果面光洁，油亮，故名油杏（图 7-92，彩图见文前）。果肉橙黄色，韧而硬，味浓甜，具有哈密瓜香气，品质上乘。含糖量 24%，果实成熟后，挂在树上不脱落，常温下存放 15 天不变软，耐贮运。果肉离核，核光滑，核壳薄，核重 1.96g，种仁饱满，味香甜，仁重 0.67g，出仁率 34.2%，是鲜食、制干和仁用的优良品种。

该品种适应性强，抗寒，耐旱，耐瘠薄；嫁接或栽植的苗木当年形成花芽，翌年结果，第 5 年亩产 2500kg。

（8）供佛杏　河北省阳原县名产，是杏中极品，在杏品种鉴评会上被命名为"省优质杏果品"。供佛杏具有较强抗旱、抗寒、抗病虫能力，5 月初开花，花期 7~10 天，可抗 -2℃的冻害，7 月下旬杏果成熟，平均单果重 89g，最大达 136g，果形端正个大，阴面有橘红色斑点（图 7-93，彩图见文前）。果肉细腻味香，香味浓郁。杏仁甘甜、离核，是果、仁兼食品种。

图 7-92　珍珠油杏

图 7-93　供佛杏

（9）短枝八达杏　果实平均重 125g，最大 250g，果大肉厚，果面红晕（图 7-94，彩图见文前），品质极佳，果实甜美蜜香，离核，仁甜，自花结实，抗寒丰产，成熟期 5 月下旬。

（10）苹果白杏　特大果型，平均单果重 120g，最大 160g，6 月上旬成熟，坐果率高，丰产稳产，果实形状似苹果，成熟后果面发白，阳面稍有红晕（图 7-95，彩图见文前），香味扑鼻，浓甜似蜜，品质极佳。

（11）美国金杏　原产美国。果实圆形，平均单果重 49.3g，

图 7-94　短枝八达杏

图 7-95　苹果白杏

最大果重 74.2g。果皮橙黄色，阳面着红色（图 7-96，彩图见文前）；果肉橙黄色，有伪单性结实现象。果实 6 月下旬成熟，可溶性固形物含量 17.8%，最高可达 20%，甜味浓、口感好，杏仁甜可食用。适合露地与保护地栽培，金杏是鲜食和制干的优良品种，很有发展前途。

　　(12) 巨蜜王杏　发现在山东苍山庭院内，是一个十分罕见的大果型优良品种。6 月上旬成熟，平均单果重 140g，最大果 260g，果实特大，属杏中之王。果圆形，果面黄色带有红色斑点（图 7-97，彩图见文前），肉橘红色，果肉厚，汁液多，风味浓郁，品质极上。抗晚霜，花期不受冻害，抗病虫力强，极丰产。

图 7-96　美国金杏

图 7-97　巨蜜王杏

　　仁用杏是以杏仁为主要产品的杏属果树的总称，主要包括生产甜杏仁的大扁杏和生产苦杏仁的山杏。

　　仁用杏是我国重要的经济林树种，是重要的木本粮油资源。杏仁是我国传统的高汇率土特产品，为我国所独有。仁用杏品种有龙王帽、一窝蜂、优一、白玉扁、国仁、油仁、丰仁等，目前主栽品种以龙王帽、一窝蜂、优一为主。

（1）一窝蜂　又名次扁、小龙王帽，主要产于河北省涿鹿县。一窝蜂树体较矮小，适宜密植，进入结果期早，嫁接后第 2 年即可结果，以中、短果枝和花束状果枝结果为主。出仁率高，极丰产，杏仁较大，核仁饱满。单果重 10～15g，离核，成熟时沿缝合线开裂，果肉酸，可晒干，单仁重 0.62g，仁饱满，味香甜。

（2）龙王帽　别名大扁、王帽、大扁仁、大王帽。单果重 20～25g，出仁率为 27%～30%。果实长扁圆形，缝合线深而明显。果面橙黄色，阳面微有红晕。果肉薄、软，橙黄色，纤维多，汁液少，味酸，不宜鲜食，可制干。原产于北京市门头沟区龙王村。仁饱满、味香甜，仁皮稍带苦味，种仁大，较丰产。果实生长发育期 85 天左右。

（3）优一　是河北张家口地区农科所选育的抗寒新品种。果实长圆形，平均单果重 9.6g，果面有红晕，核卵圆形，出仁率在 43% 以上。种仁长圆形，味甜香，品质好。树势强健，抗寒力极强，花期可抵御 −6℃ 的低温，一般花期霜冻无伤害。丰产性强。唯杏仁粒形较小，偶有大小年现象。果实 7 月中旬成熟，适宜在年均温 5～6℃ 的高寒地区发展。

【繁殖方法】

生产上主要用嫁接繁殖。杏嫁接砧木一般用山杏，山杏喜光，抗低温能力强。深根性，根系发达，抗旱、耐瘠薄、耐盐碱、不耐涝。

1. 砧木培育

（1）种子处理　春播种子要进行层积处理，方法参见第二章实生苗的培育。

（2）整地　在土壤解冻后（3 月上旬～4 月初）施足底肥，每亩可施二铵 10～15kg、腐熟的有机肥 4～5t，然后深翻、整平、耙细。

（3）播种　一般采用宽行条播，开沟深 5～6cm，行距 30～

50cm，在沟内按 3～4cm 间距点播，覆土 4cm 厚，覆土后要稍加镇压。

（4）秋播　秋播种子不用层积处理，播种前用清水浸泡种子 72h，使种子充分吸水，捞出顶部秕粒，就可进行开沟播种，播种方法同春播。注意春播种子在土壤中越冬，冬春季检查育苗地的墒情，发现干旱马上浇水，春季浇水后必须松土，预防出苗困难。

（5）砧木苗管理　第 1 次间苗在幼苗长出 2～3 片真叶时进行，除去拥挤、过密的小苗、弱苗。第 2 次间苗（定苗）在苗长出 5～6 片真叶、苗高 20cm 时进行，去弱留强，苗距保留 10～15cm。第 2 次间苗以后施肥，14 天左右灌 1 次水。并及时松土、除草，保持土壤墒情，以利幼苗生长。同时要注意杏象甲和蚜虫的防治，杏象甲用来福灵 2500 倍液喷洒防治；蚜虫用 10％吡虫啉 3000～4000 倍液防治。

2. 嫁接

（1）接穗采集　选择无病虫害、树势健壮、品种优良纯正的杏母株采穗，采集树冠外围芽眼饱满、生长充实的发育枝或枝上的芽作接穗。最好随采随用。注意芽接接穗采后要立即摘叶（留叶柄）。一时用不完的接穗应放于冷凉处，并进行保湿。春季嫁接所用的接穗，可在落叶后至萌芽前结合修剪采剪。采后埋入湿沙中贮藏，嫁接时随用随取。

（2）嫁接　芽接是杏树育苗嫁接中应用最广泛的一种方法，其具体嫁接方法主要有带木质部芽接和"T"形芽接。枝接一般是在春季树液开始流动尚未发芽时进行，其方法较多，其中劈接法是生产上应用较多的一种方法，嫁接具体方法参见第三章嫁接苗的培育。

（3）嫁接苗管理　芽接后一般 15 天左右检查接芽是否成活，成活的接芽一般 25 天即可解绑条，未成活的应及时补接。芽接较早的，嫁接成活后及时在接芽上方 1cm 处剪断砧木，促使接芽萌发，要保证接芽萌发枝条秋季落叶前能木质化。如果嫁接时间较晚，就第 2 年春季剪砧。

　　枝接成活后，及时除去砧木上萌发的枝条，接穗萌发的新梢留1个生长健壮的，其余的剪掉，集中养分促进苗木生长。同时解除绑条，以免影响加粗。加强肥水管理，经常中耕除草并注意防治病虫害。

【栽培管理技术】

（一）整形修剪技术

1. 自然圆头形

（1）树形特点　一般干高 30～50cm，没有明显的中心干，有5～8个主枝，错开排列，主枝不分层，主枝上配备枝组（图7-98）。这种树形的整形比较简单，成形快，结果早，宜于密植和小冠栽培。注意后期容易密闭，树冠内膛枝条容易枯死，结果部位外移。

图 7-98　自然圆头形树形特点

（2）整形过程

　　① 定植后于 60～80cm 处定干，冬季选 2～3 个主枝，在饱满芽处剪截，参见梨小冠疏层形。

　　② 第2年再选2个主枝，主枝延长枝在饱满芽处剪截，以后继续培养主枝和结果枝组（图7-99）。

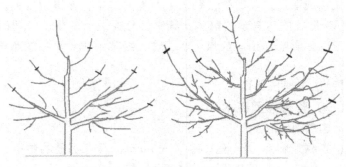

图 7-99　自然圆头形整形过程

2. 自然开心形

（1）树形特点　干高 20～40cm，没有中央领导干，全株有 3～4个主枝，均匀分布，主枝上配备侧枝，侧枝上安排枝组（图 7-100）。

图 7-100　杏树自然开心形树形特点

（2）整形过程　参见山楂自然开心形的整形过程。

3. 疏散分成形

最适宜土壤肥沃的地方，长势旺的品种采用，树形树冠高大，主枝多，层次明显，内膛不易光秃，产量高。树形特点和整形过程参见山楂。

4. 杏树修剪特点

（1）幼树整形修剪任务是培养牢固的骨架，迅速扩大树冠，修剪宜轻，尽量少疏枝，多保留辅养枝，以利于早期丰产。

（2）盛果期修剪任务是调整生长和结果的关系，维持树势，延长盛果期年限。各级骨干枝的延长枝可不短截，长放使其成花结果。发育枝适当多短截，一般剪留 20～30cm，弱的剪留 15cm，促生分枝，形成结果枝组。

（二）施肥技术

基肥秋施，在 10 月结合土壤深翻施入，每公顷可施入 3.0 万～4.5 万千克。

一般盛果期大树 1 年追肥 5 次，一是花前肥，以氮肥为主；二是花后肥，以氮肥为主，配合磷、钾肥；三是花芽分化肥，在果实硬核期施入，以钾肥为主；四是催果肥，果实采收前 15～20 天施入，以钾肥为主；五是采收后肥，以氮肥为主，配合磷、钾肥。

三、李

【学名】*Prunus cerasifera* Ehrh

【科属】蔷薇科、李属

【主要产区】

我国大部分地区均有栽种，主要分布于河北、河南、山东、安徽、山西、江苏、湖北、湖南、江西、浙江等地区。

【形态特征】

落叶小乔木，高度可达 8m；干皮紫灰色，小枝淡红褐色，均光滑无毛。单叶互生，叶卵圆形或长圆状披针形，长 4.5～6cm，宽 2～4cm，先端短尖，基部楔形，叶缘具尖细锯齿，叶色暗绿或紫红。花单生或 2～4 朵簇生，白色。核果扁球形，腹缝线上微见沟纹，无梗洼，熟时黄、红或紫色，光亮或微被白粉，花期 3～4 月，果期 5～9 月（图 7-101）。

图 7-101　李形态特征

【生长习性】

李喜光也稍耐阴，抗寒，适应性强，以温暖湿润的气候环境和排水良好的沙质壤土最为有利。怕盐碱和涝洼。浅根性，萌蘖性强，对有害气体有一定的抗性。

【品种介绍】

(1) 红五月　5 月上旬成熟。一般单果重 81.3g，最大超过 150g，超过其他特早熟品种平均果重 1 倍。果实近圆形，果皮玫瑰红色、果肉黄色，外观艳丽美观 (图 7-102，彩图见文前)。果实可溶性固形物含量 14.8%，风味浓香，甘甜硬脆，品质极上等。栽后第 2 年挂果，4 年生树单株产量 25.5kg，丰产、经济效益极高。耐瘠薄能力强，高抗细菌性穿孔病。红五月适合我国南北方栽培，特别适合南方高温、高湿地区大规模发展。

(2) 日本李王　是日本杂交育成的李新品种。在日本被誉为"李中之王"而得名，是目前日本的主栽品种。李王在我国中部果实成熟期 6 月中旬，为早熟品种。一般定植后第 2 年开花结果。4 年丰产，每亩产量 2000kg 以上。单果重 72g，最大果重 158g。果实近圆形，果皮浓红色，全面着色，果点不明显，外观极美丽 (图 7-103，彩图见文前)。果肉橘黄色，多汁，出汁率达 70%，含糖量高达 17%，香气浓，酸味少，品质极佳。

(3) 紫琥珀　一般成熟期在 7 月初，果形大而整齐，单果重

图 7-102　红五月

图 7-103　日本李王

75～150g，果色紫黑，外观十分漂亮（图 7-104，彩图见文前）。果肉细嫩，酸甜可口，香味浓郁，品质上等，核极小，含糖量 14％～15％，果实可食率达 97％以上，市场竞争力强。

抗寒，耐热，耐干旱，耐贫瘠，生长快，结果早，产量高，第3 年亩产 2000～3500kg，产量高而稳定。果实十分耐贮存运输，常温下可存放 1 个月，如采用保鲜冷藏，基本上可常年供应，故又有"天然水果罐头"之称。

图 7-104　紫琥珀

图 7-105　黑巨王

（4）黑巨王　原产美国，系美国加利福尼亚州十大主栽品种之一。果实扁圆形，平均单果重 75.5g，最大果重 180g，果顶圆，缝合线明显。果肉硬而细脆，汁液多，味甜爽口，品质上等。可溶性固形物含量 11.5％。果实货架期 25～35 天，在 0～5℃条件下能贮藏 4 个月。果面紫黑色，极美观（图 7-105，彩图见文前）。晚熟，

7月下旬成熟。早果性强，特丰产，在一般管理条件下，栽后第2年挂果，盛果期亩产可达3500kg以上。

（5）绥李3号　果实大，平均单果重64g，最大单果重108g。果实成熟为玫瑰红色（图7-106，彩图见文前），汁多味甜，含糖量13.1%，含酸量0.27%，适于生食，亦可加工。抗寒性极强，将我国李树栽培向北推广近两个纬度。丰产性能好，4～5年生树即进入盛果期，平均株产20～25kg，亩产最高达2200kg。属晚熟品种，李子供应期15～20天。

图7-106　绥李3号　　　　　　　图7-107　红布林

（6）红布林　别名红肉李、沸腾李、伏里红。果实近圆形，果形端正，一般单果重153.5g，最大达249g。果表被果粉。缝合线明显，两侧果肉对称。果顶圆，梗洼窄而深。成熟后不落果，不裂果。初熟时果面鲜红色，果肉淡黄色，完熟时果面紫红色（图7-107，彩图见文前），果肉红色。汁液多，果肉致密，纤维少，味甜微酸，无涩味，香味浓郁，品质上等。7月底至8月初果实成熟，果实发育期105～110天。萌芽率高，成枝力强。早实性强，花量大，花期耐低温，坐果率高，连续结果能力强。

（7）味厚　美国加利福尼亚州培育，杏基因占25%，李基因占75%。果实圆形，成熟期8月中旬。平均单果重96g，最大单果重149g。成熟后果皮紫黑色，有蜡质光泽（图7-108，彩图见文

图 7-108　味厚　　　　　　　图 7-109　恐龙蛋

前），果肉橘黄色，质地细，粘核，核极小，果汁多，味甜，香气浓，品质极佳，含糖量 18%。耐贮运，常温下可贮藏 15～30 天，2～5℃低温下可贮藏 4～6 个月。该品种抗性强、病虫害少。

（8）恐龙蛋　美国加利福尼亚州培育，杏基因占 25%，李基因占 75%。果实近圆形，成熟期 8 月初。平均单果重 126g，最大果重 145g。成熟后果皮黄红伴有斑点（图 7-109，彩图见文前），果肉粉红色，肉质脆，粘核，核极小。粗纤维少，汁液多，风味香甜，品质极佳。含糖量 18%～20%。耐贮运，常温下可贮藏 15～30 天，2～5℃低温下可贮藏 4～6 个月。抗性强、病虫害少。恐龙蛋甘甜爽口，是近年风靡世界的极品佳果，更是珍稀高档的水果精品。

【繁殖方法】

生产上主要用嫁接繁殖。

1. 砧木选择

李子育苗常用的砧木有李子共砧、毛桃、山桃、山杏、榆叶梅、毛樱桃等。其中榆叶梅砧嫁接李子，具有抗寒性强、耐盐碱、树冠矮化、早结果、亲和力强、萌发早等特点。根据新疆奎屯农七师果树研究所提供资料表明，用榆叶梅嫁接李子可达到当年播种、当年嫁接、当年出圃的效果。

2. 砧木苗培育

山桃或山杏采用播种繁殖，参见桃和杏育苗技术。

【栽培管理技术】

(一) 整形修剪技术

1. 常用树形整形技术

李树常用树形有小冠疏层形和自然开心形，树形特点和整形过程参见梨和山楂。

2. 李修剪特点

(1) 有些品种（如大石早生）萌芽力和成枝力强，树势旺盛，幼树期冬季修剪以疏枝、缓放为主，不短截；在生长季控制竞争枝和背上直立徒长枝。

(2) 有些品种萌芽力强，成枝力弱，树势中庸。这种树干性强，易上强下弱，冬季修剪时中心干应加重短截，适当短留，或采取弯曲中心干的方法，以平衡树势。

(3) 细致的夏季修剪，可大大减轻冬季修剪工作量，节省树体营养，保持树势均衡，增加分枝级次，促进成花结果。一般可进行3～5次：第1次在春季萌芽后，主要是抹除着生位置不当的芽、双芽中的弱芽，减少无效枝，节省养分；第2次是在落花后，结合疏花定果，疏去过密枝，控制竞争枝；第3次在硬核后，对旺长枝条进行短截，促生副梢，增加结果面积；第4次在夏末秋初，对多余副梢进行短截或疏剪，并对长果枝进行摘心，缓和营养生长，促进花芽分化。

(二) 施肥技术

基肥以有机肥为主，秋季结合土壤深翻施入。幼树每株施厩肥25～30kg；结果树每株施厩肥50kg；盛果期每株施粪尿或有机肥 50～100kg，尿素 1.2～1.5kg，磷肥 2～3kg，钾肥 1～1.5kg。

一般追肥3次：第一次为花前追肥，萌芽前10天施入，以氮肥为主；第二次为幼果膨大及花芽分化期追肥，生理落果后果实迅速膨大前施入，追施氮、磷、钾肥；第三次为果实生长后期追肥，在果实着色至采收期施入，以磷、钾肥为主。

四、樱桃

【学名】*Cerasus pseudocerasus*（Lindl.）G. Don

【科属】蔷薇科、李属

【主要产区】

我国栽培的樱桃可分为四大类，即中国樱桃、甜樱桃（即大樱桃或欧洲樱桃）、酸樱桃和毛樱桃，以中国樱桃和甜樱桃为主要栽培对象。中国樱桃在我国分布很广，北起辽宁，南至云南、贵州、四川，西至甘肃、新疆均有种植，但以江苏、浙江、山东、北京、河北为多。东北、西北寒冷地区种植的多为毛樱桃。

【形态特征】

落叶乔木或灌木，高可达 8m。叶卵形至卵状椭圆形，长 7～12cm，先端锐尖，基部圆形，缘有大小不等重锯齿，齿间有腺，上面无毛或微有毛，背面疏生柔毛。花白色，径 1.5～2.5cm；3～6 朵簇生成总状花序。果近球形，径 1～1.5cm，红色。花期 3 月，先叶开放；果 5～6 月成熟（图 7-110）。

图 7-110　樱桃形态特征

【生长习性】

樱桃喜温而不耐寒，中国樱桃原产于我国长江流域，适应温暖潮湿的气候，耐寒力较弱，冬季最低温度不能低于−20℃，过低的温度会引起大枝纵裂和流胶。另外，花芽易受冻害。在开花期温度降到−3℃以下花即受冻害。欧洲甜樱桃一般需 7.2℃以下低温

900～1400h 方可完成冬季休眠，限制了在我国南方的大面积栽培。

甜樱桃适宜在土层深厚、土质疏松、透气性好、保水力较强的沙壤土或砾质壤土上栽培。在土质黏重的土壤中栽培时，根系分布浅，不抗旱，不耐涝也不抗风。适宜的土壤 pH 为 5.6～7，因此盐碱地区不宜种植樱桃。樱桃抗风能力差。严冬早春大风易造成枝条抽干，花芽受冻；花期大风易吹干柱头黏液，影响昆虫授粉。

【品种介绍】

(1) 红灯　大连农科所以那翁与黄玉杂交育成。果实肾形，平均单果重 9.6g，最大果重可达 11g，果面底色黄白，着色后为深红至紫红色，色泽鲜艳，富有光泽（图 7-111，彩图见文前），果肉肥厚，硬度中等，多汁，风味甜酸，半离核，品质极佳。果实发育期为 40～50 天，铜川地区 5 月中旬成熟。

图 7-111　红灯　　　　　　　图 7-112　早大果

(2) 早大果　乌克兰品种。成熟期比红灯早 4～5 天，单果重 9～14g，盛果期单果重 11g 左右。果皮较厚，果肉硬，耐贮运，成熟后果面紫红色（图 7-112，彩图见文前）。风味好，结果早，易成花。多雨年份有裂果，但较轻，是一很有发展前途的早熟大果型品种。

(3) 雷尼尔　果实宽心脏形，平均单果重 9.2g。果皮底色黄色，阳面着鲜红色晕，光照条件好时可达全红色，外观艳丽，晶莹透亮（图 7-113，彩图见文前）。味甜，风味浓香，口感好，鲜食品质极佳。果皮韧性好，较抗裂果，陕西 5 月中旬成熟，是目前生产中最好的黄色品种之一。

（4）斯坦拉　加拿大品种。平均单果重 7 克，心脏形，紫红色，光泽艳丽（图 7-114，彩图见文前）。果肉红色，质硬，致密，风味极佳，果皮厚而韧，较抗裂果，耐贮运，为晚熟品种。自然结实率高，早果性、丰产性突出。

图 7-113　雷尼尔　　　　　　　图 7-114　斯坦拉

（5）拉宾斯　加拿大夏地农业研究站以先锋×斯坦拉杂交而成。果实宽短心脏形或近圆形，单果重 8.8g，最大达 12.6g。果面鲜红色，色泽艳丽，果皮厚而韧（图 7-115，彩图见文前）。果肉黄白色，肉质肥厚，硬脆多汁，味甜可口，果实硬度大，抗裂果，品质佳。耐运输，常温下可贮藏 10～15 天。5 月下旬成熟。

（6）萨米脱　加拿大品种，其亲本为先锋与萨姆。果大，平均单果重 9.1g，最大可达 13g，心脏形，稍长，果皮紫红色、美观（图 7-116，彩图见文前），肉硬，风味浓。成熟期与先锋基本相同。坐果率极好，可连年丰产，铜川地区 5 下旬成熟。

（7）龙冠　由中国农业科学院郑州果树研究所以那翁与大紫杂交育成，1996 年通过品种审定。果实宽心脏形，果皮全面呈宝石红，充分成熟后为浓红色，亮泽艳丽（图 7-117，彩图见文前）。果肉及汁液紫红色，汁液中多，酸甜可口，风味浓郁，半离核，品质优良。5 月上中旬成熟，成熟期较为一致。

（8）先锋　果实大，肾脏形，紫红色，光泽艳丽，单果重 8.5g，大者 10.5g，果皮厚而韧（图 7-118，彩图见文前）。果肉玫

图 7-115　拉宾斯

图 7-116　萨米脱

图 7-117　龙冠

图 7-118　先锋

瑰红色，肥厚、硬脆，汁多、甜酸适口，含可溶性固形物 17%，品质佳，6 月中、下旬成熟。丰产、稳产，抗寒性强，很少裂果，需异花授粉，授粉品种以滨库、那翁为佳。先锋也是一个良好的授粉品种。

（9）黑珍珠　果实大，平均果重 4.5g。果形近圆形，果顶乳头状。皮中厚，蜡质层中厚，底色红，果面紫红色，充分成熟时呈紫黑色，外表光亮似珍珠（图 7-119，彩图见文前）。果肉橙黄色，质地松软，汁液中多，可溶性固形物含量 22.6%，风味浓甜，香味中等，品质极上。在重庆地区 4 月中、下旬果实成熟。对高温高湿环境适应性强，抗病力强，不裂果。

（10）美早　从美国引进，该品种果实个大而整齐，平均单果重 9g 左右，最大果重 11.4g。果形宽心脏形，大小整齐，顶端稍平，果柄特别短粗，果面紫红色，光亮透明（图 7-120，彩图见文前）。肉质脆而不软，肥厚多汁，风味酸甜可口，品质优，可食率达 92.3%，可溶性固形物含量 17.8%，泰安地区 6 月 15 日左右成熟。一般定植后 3 年结果，5 年丰产，抗病性强。

图 7-119 黑珍珠　　　　　　　　图 7-120 美早

【繁殖方法】

（一）砧木选择

大樱桃砧木类型较多，主要有中国樱桃中的莱阳矮樱桃和大叶型草樱桃（又名"大青叶"）、毛把酸、马哈利和考特等。

1. 大叶型草樱桃

烟台地区常用的一种砧木。叶片大而厚，对土壤适应性强，最适宜在沙壤土或砾质壤土生长；对根癌病有良好的抗性；与大樱桃品种嫁接亲和力强，根系分布深，粗根多，嫁接的大樱桃长势健壮，固地性好，不易倒伏，易丰产。故生产中宜选用大叶型草樱桃作为繁育大樱桃的砧木。

2. 山樱桃

山樱桃是我国应用较广泛的樱桃砧木。用种子繁殖，砧木苗生长旺盛，当年即可嫁接，成活率高，而且嫁接后的樱桃结果早。

3. 莱阳矮樱桃

该品种树体健壮，适应性强，结果早。它不仅可以直接用于设施栽培，而且与大多数甜樱桃品种的嫁接亲和力强，具有明显的矮化、早果作用，是设施栽培理想的矮化砧木类型。

4. 考特（EMLA Colt）

由英国东茂林试验站 1958 年用欧洲甜樱桃和欧洲酸樱桃杂交育成。与甜樱桃先锋和斯坦拉嫁接亲和性好。使用压条繁殖尚有困难，在英国现用组织培养进行繁殖。考特适合在湿润的土壤中生长，不宜在背阴、干燥和无灌溉的条件下栽培，其抗病与抗寒力较强。

5. 马哈利

欧美应用较多的樱桃砧木。用种子繁殖，砧木苗生长健壮，根系发达，可当年嫁接。抗旱性强，并可耐 -30℃ 的低温。

6. 吉塞拉（GiSelA）

由德国选育。嫁接其上的树冠不矮化，属乔化砧，该砧木与其他品种的嫁接亲和性强，对环境要求不严格。

7. 味入特 72（Weiroot72）

由德国选育。该砧木矮化能力强，但抗逆性较吉塞乐差。适合保护地栽培及生长旺盛的品种，而且抗旱性较好。

8. G. M9

由豆樱 X 山樱桃育成。生长势较弱，与其他品种嫁接亲和性良好，结果早，能增大果个，增进果色。抗寒性较差。用绿枝扦插或组织培养方法繁殖。

9. G. M79

从灰毛叶樱桃中选出的无性系砧木，与甜樱桃品种的嫁接亲和力较强。树体矮小，无根蘖，修剪和采收容易。对病毒的忍耐力强，抗寒力较强。

（二）圃地选择

适宜圃地繁育大樱桃优新品种的苗圃地，最好选择背风向阳、土质肥沃、不重茬、不积涝、排水良好，又有水浇条件的中性壤土或沙壤土。整理育苗圃地，要在冬前按 $5000 \sim 6000g/m^2$ 撒施基肥，施后深刨。翌春育苗前，再耕翻一遍，耙平整细，做畦。

（三）砧木苗的培育

1. 分株

大叶型草樱桃的根茎周围易产生大量根蘖苗，生产中常通过分株繁殖将其作为大樱桃的砧木利用。其方法是：在春、夏季将根系周围长出的根蘖苗，培 30cm 左右厚的土，使其生根，秋后或翌春发芽前把生根的萌蘖从植株上分离，集中定植或栽到苗圃地培养，以供嫁接大樱桃。

2. 压条

生产中大樱桃砧木苗可用压条繁殖方法，主要有直立压条和水平压条。

（1）直立压条　秋季或早春将大樱桃砧木苗定植在圃中。定植时首先按 1~1.5m 的行距挖深 30cm 左右的沟，再按 50~60cm 的株距将砧木苗栽入沟内，其根颈要低于地面。砧苗萌芽前留 5~6 芽剪截，待芽萌发新梢长到 20cm 左右时，进行第 1 次培土，厚约 10cm，新梢长至 40cm 时再培土 10cm。每次培土后均应追肥、灌水。以后加强综合管理，并根据情况适当培土，秋季落叶后，即可扒土分株。

（2）水平压条　是大樱桃砧苗繁殖应用较多的一种方法。早春先按行距 60~70cm，开深、宽各为 20cm 的沟，再将优良的 1 年生砧苗，顺沟斜栽于沟内，砧苗与地面的夹角为 30°左右，株距大致等于苗高，栽后踏实并浇足底水。苗木成活后，侧芽萌发，抽生新梢，当新梢长至 10cm 左右时，将砧苗水平压入沟底，用小枝杈固定，并培土 2cm 左右覆盖苗干，然后浇水。以后随新梢生长，分次覆土，直至与地面齐平。为促进苗木生长，于 6 月上、中旬结合覆土每亩施尿素 20kg。苗木长势好的，可于 6 月下旬至 7 月上旬在圃内嫁接，长势差的可在 9 月嫁接。秋季起苗时分段截成独立的砧苗。

3. 扦插

用中国林科院生产的 ZP-204 型全自动喷雾机、自控仪，采用全日照弥雾扦插技术繁育小樱桃，取得了良好效果。

(1) 苗床的建造　苗床为圆形，直径 30m，边缘用砖石砌成高 40cm、宽 20cm 的围墙，从中心用砖把整个苗床隔成 6 个大小相等的扇形苗床，以便扦插操作。每个苗床边缘留 1～2 个排水孔，以便于多余水分及时排出。苗床底层铺厚 10cm 的小石子，中间铺 5cm 厚的粗河沙，上层铺 10cm 过筛后干净无污染的细河沙，中心比外缘高 20cm 左右。

(2) 时间　从 5 月中旬到 9 月均可进行。1 年扦插 3～4 次，每次育苗 5 万～6 万株，年出苗 20 万株左右。

(3) 插条的采集处理　阴天或早晚采集健壮无病虫害的当年生枝条，在阴凉处将枝条剪成长 15～20cm、有 5～6 片正常叶的插穗。插条随采随插。通过调查，在同样条件下，用 100mg/L 吲哚丁酸溶液浸泡插穗下端 1.5～2cm 处 4～5h，能显著增加新根数量，提高生根率。扦插后 25 天观察发现，处理过的插穗生根率达 95%，未处理的为 82%。

(4) 扦插及插后管理　扦插宜在早晚或阴天进行，也可随采随插。先把苗床喷湿，按 4cm×4cm 株行距扦插，深 1.5～2cm，以风刮不倒为原则，使叶片尽可能舒展见光。量大时，扦插与喷水交替进行，扦插后随即喷水以补充叶片水分。插后 2 天内，喷水间隔时间要短，每 10～15s 喷水 1 次，使叶片经常保持有小水珠。2 天后，根据天气及叶片水分情况调节喷水时间，喷水间隔时间以叶面水分蒸发干而叶片不失水为宜。一般早晨和下午间隔时间稍长，为 40～70s，上午 10 时至下午 3 时，间隔 20～40s 喷水 1 次，每次喷水 40～60s。阴雨天少喷或不喷，夜间一般不喷。为控制病虫害的发生，每隔 5 天，傍晚停止喷水后，喷 700 倍代森锰锌 1 次。扦插 20 天后开始产生愈伤组织，25 天后即生根。当根系长到 1.5～2cm 时进行炼苗，只在中午高温时短时喷水，炼苗 5～7 天后可移栽，一般从扦插到移栽需 30～35 天。第 2 次扦插前要进行苗床消毒，先将上层沙疏松暴晒 3～5 天，再用高锰酸钾消毒处理后，方可继续扦插。

(5) 移栽　当根系长到 2cm 左右时，在阴天或下午移栽。移栽前先喷透水，以免起苗时损伤根系。可直接在苗圃地畦栽，定植后放水浇透，上盖遮光网，中午喷水 3～4 次，20 天后把遮光网撤去即可。也可先栽到营养钵中，继续炼苗，上加遮光网，炼苗半个月后大田栽植。

新栽的幼苗抗病力弱，一般 7 天喷 1 次甲基托布津或代森锰锌以防病害发生，同时结合叶面施肥，喷 0.2% 尿素加 0.2% 磷酸二氢钾或光合微肥，使苗木生长健壮。7 月上、中旬前移栽的苗，当年秋天可嫁接，7 月中旬以后移栽的苗，第 2 年才可嫁接。

（四）嫁接

苗木嫁接多采用 "T" 字形芽接，参见第三章相关内容。

【栽培管理技术】

（一）整形修剪技术

甜樱桃适宜的树形主要有自然圆头形（图 7-121）、自然开心形、"Y" 字形（图 7-122）、自由纺锤形、丛状形等；中国樱桃适宜的树形有自然圆头形和丛状形。

自然开心形、自然圆头形、"Y" 字形、自由纺锤形参考山楂、杏树、桃树、苹果修剪。

图 7-121　樱桃自然圆头形　　　图 7-122　樱桃 "Y" 字形

1. 丛状形

（1）树形特点　无主干，着地分枝成丛状。这种树形是目前丘陵山地逐渐普及的树形，树形矮化，果实采收容易，修剪整形省工，更新复壮比较容易（图7-123）。

图7-123　樱桃丛状形树形特点

（2）整形过程　丛状形树形整形容易，一般定植后在地面附近剪截，促进发枝，形成丛状树形。利用生长季修剪疏除弱梢，壮梢摘心。樱桃易生根蘖，每年根据需要适当疏除过弱、徒长的根蘖，维持树形（图7-124）。

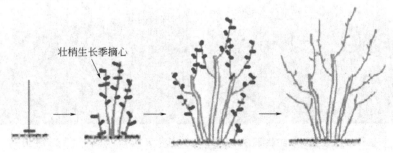

壮梢生长季摘心

图7-124　樱桃丛状形整形过程

2. 樱桃修剪特点

大樱桃幼龄期至初果期，90％的整形修剪任务应在生长季进行。冬季短截延长枝，剪口下的第 1 芽往往因剪口风干，芽蔫枝弱，只有在发芽初期进行短截，才更有利于剪口下多发中长梢；冬季疏枝剪口易流胶，最好在发芽初期留桩疏枝，或秋季带叶疏枝；一切调整枝梢角度、扭梢、摘心等措施，也都应在生长季进行。简言之，应做到"春刻芽、夏控梢、秋调角"。只有进入盛果期的大树，需复壮结果枝群时，才适于发芽前修剪。

(1) 拉枝开角 一般在 6 月进行拉枝开角，此时大樱桃树体反应比较稳定，背上不易冒条，主枝与侧枝拉枝角度以 80°为宜，其他枝条可拉到 80°～90°。

(2) 摘心、剪梢 对生长旺盛的树，主干延长枝长 50cm 时摘心，摘掉 10cm。主枝长 40cm 时摘掉 10cm（留下芽），对摘心后长出的直立枝留 10cm 再摘心。5 月下旬至 6 月上旬对直立枝或过壮的侧枝基部留 3 片大叶剪除，个别健壮枝条可连续 2 次剪梢。

(3) 疏枝、回缩 夏季疏枝一般在 5 月下旬至 6 月上旬进行（疏大枝最好在 7 月），其目的在于疏除重叠、直立、过密、过强而严重影响光照的多年生大枝，以改善树冠内膛的通风透光条件，均衡树势，使疏枝的伤口容易愈合，减轻对树势的削弱。对只影响局部光照条件，但又有一定结果能力的多年生大枝，可缩剪到弱分枝处。

(4) 扭梢、拿枝 5 月下旬至 6 月上旬新梢尚未木质化时进行扭梢，将直立枝、竞争枝及向内的临时性枝条，在距枝条基部 5cm 左右处轻轻扭转 180°，有利于形成花芽。7 月中、下旬对树冠中上部 1 年生枝连续进行 2～3 次拿枝软化，开张角度，削弱顶端优势，使生长势减弱，以利于形成花芽。

(5) 除萌、环剥 初夏及时除去隐芽枝、徒长枝或无用的萌芽、萌枝。同时，可对大樱桃树进行环剥，以促进花芽形成，提高坐果率和果实品质。大樱桃树环剥后，伤口愈合慢，注意环剥宽度不宜超过 0.5cm，而且因树势不同，特别是施有机肥少的大樱桃树，容易出现流胶现象，因而在生产上应慎用环剥。夏季及时摘心，以促花为目的，在新梢长到 10cm 左右时留 5～6 片叶摘心。

（二）肥水管理

1. 基肥

樱桃秋施基肥在 9～10 月进行，以早施为好。一般每株施人粪尿 30～60kg 或圈肥 100kg 左右。掌握幼树、肥沃樱桃园少施肥；结果大树、贫瘠土壤多施肥。

2. 追肥

花前追施氮肥，促进开花、坐果和枝叶生长。采收后，追施复合肥，促进花芽分化。为提高坐果率，盛花期可叶面喷施 0.3％的尿素加 0.1％的硼砂、0.2％的磷酸二氢钾。

3. 浇水

大樱桃树既不抗旱，也不耐涝。除了结合施肥浇水外，还要浇好萌芽水、封冻水，谢花后到成熟前要保持土壤湿度，雨季根据降雨情况做好灌、排水，特别要防止雨季积水。

第三节　坚　果　类

一、核桃

【学名】*Juglans regia*

【科属】核桃科（胡桃科）、核桃属

【主要产区】

核桃是中国经济树种中分布最广的树种之一，华北、西北、西南、华中、华南和华东、新疆南部都有分布，主要产区在云南、陕西、山西、四川、河北、甘肃、新疆等省（区）。

【形态特征】

落叶乔木，奇数羽状复叶，小叶椭圆形，小叶 5～9 个（图 7-125）。雄花柔荑花序长 5～10cm（图 7-126），雌花穗状花序，1～3 朵聚生，花柱 2 裂，赤红色（图 7-127）。花期 5 月。果实球形，直径约 5cm，灰绿色。内部坚果球形，黄褐色，表面有不规则槽纹。果仁可以吃，可以榨油，也可以入药。

图 7-125　核桃形态特征

图 7-126　核桃雄花

图 7-127　核桃雌花

【生长习性】

核桃喜光，耐寒，抗旱、抗病能力强，适应多种土壤，喜肥沃湿润的沙质壤土，喜水、肥，同时对水肥要求不严，落叶后至发芽前不宜剪枝，易产生伤流。

【品种介绍】

(1) 薄壳香　北京林果所选育。坚果长圆形，较大，平均单果重 13.02g，大果重 15.5g，壳厚 1.19mm。可取整仁，出仁率 51%，仁色浅，风味香，品质上等（图 7-128，彩图见文前）。该品种适应性强，较丰产稳产。适宜华北地区栽培。

(2) 京 861　北京林果所选育。坚果长圆形，平均单果重

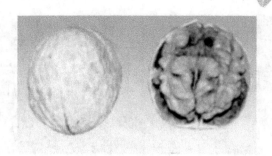

图 7-128　薄壳香

11.24g，大果重 13.0g，壳厚 0.99mm。可取整仁，出仁率 59.39%，仁色浅，风味香，品质上等（图 7-129，彩图见文前）。适应性较强，丰产。适宜华北山区栽培。

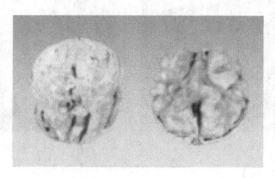

图 7-129　京 861

　　(3) 辽核 1 号　坚果中等大，圆形，平均单果重 11.1g，最大 13.7g，壳面较光滑美观，色浅，壳厚 0.9～1.17mm，缝合线紧微隆，可取整仁。核仁饱满，浅黄，出仁率 59.6%。脂肪含量 70%，仁色浅黄，核仁饱满，香味浓，不涩，品质上等（图 7-130，彩图见文前）。

　　树姿开张，属矮化品种。每雌花花序着生 2～3 朵雌花，坐果率 60% 以上，雄花较多，属雄先型。结果早，嫁接后第二年开始结果，早实品种。果实发育期 123 天左右，中、晚熟型。

图 7-130 辽核 1 号

（4）中林 1 号 由中国林业科学研究院林业研究所人工杂交育种而成。属早实类。树势较旺，直立性强，树冠椭圆形，分枝力强。雄先型，中熟品种。侧花芽比例 90%。每条果枝平均坐果 1.39 个。坚果方圆形，单果重 14g。壳面较光滑，缝合线窄而凸起，出仁率为 54%。仁色浅或较浅，风味好（图 7-131，彩图见文前）。丰产性强。在肥水不足时有落果现象。

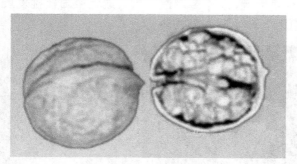

图 7-131 中林 1 号

（5）元丰 山东省果树研究所选育。坚果卵圆形，果顶微尖，果基平圆，纵径 3.8cm，横径 2.9cm，平均坚果重 12g。壳面光滑美观，色浅，缝合线平，结合紧密。壳厚 0.9mm，可取整仁或 1/2 仁，出仁率 49.7%；核仁充实饱满，中色，味香微涩。脂肪含量 68.7%。蛋白质含量 19.2%。坚果外观美，整齐度高，品质中上（图 7-132，彩图见文前）。

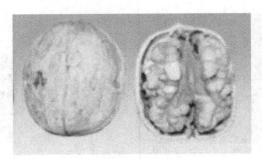

图 7-132 元丰

树势中庸，树形开张，树冠半圆形。雄先型，嫁接后第 2 年开始出现雌花，3～4 年开始出现雄花。适宜在山区土层较厚的立地条件下栽培，可丰产稳产。

(6) 8518 核桃 该品种壳厚 1mm，出仁率 63.8％，仁色浅，风味香，品质好。结果早（当年栽植，当年结果）、产量高，2 年有产量，3 年丰产，5 年亩产过千斤，成为中国核桃发展史上的一枝独秀（图 7-133，彩图见文前）。

图 7-133 8518 核桃

(7) 西林 2 号 从新疆核桃实生树种中选出。该品种树势旺，树姿开张，呈自然开心形，分枝力强，每个果枝平均坐果数 1.2 个，坚果圆形，大果，壳面光滑，易取整仁。核仁充实，饱满，平均单果仁重 8.65g，出仁率 61％（图 7-134，彩

图 7-134　西林 2 号

图见文前）。

该品种早期丰产性强，进入坐果期早；管理得当第 3 年就可结果，有较强的适应性，易嫁接成活，适宜在西北、华北及平原地区栽植。

（8）鲁光　坚果大，平均单果重 12g，卵圆形，壳面光滑，缝合线紧密，可取整仁，出仁率 56.7%，仁色浅，味香质优（图 7-135，彩图见文前）。雄先型中熟品种，9 月中旬成熟，抗病性强，特丰产。

图 7-135　鲁光

（9）山核桃　胡桃科山核桃属，果呈圆形，外皮很厚，带棱翼，黄褐色，用砻具磨脱外皮后取其核似球形，头略尖，为淡黄白

图 7-136　安徽宁国山核桃

色，有细浅木纹（图 7-136，彩图见文前）。经添加助料、浸煮、烘炒，即成干果成品。

安徽宁国山核桃籽大壳薄，核仁肥厚、含油量高，采用传统工艺加工后，色味香美、果仁清脆可口。

（10）美国长山核桃　胡桃科、山核桃属，加工后，在干果市场称长寿果。果实长圆形或卵形，长约 5cm，外果皮薄，裂成 4瓣，核果光滑，长圆形或卵形，顶端尖，基部近圆形，2 室（图7-137，彩图见文前）。花期 4～5 月，果期 7～11 月。在美国经工厂进行分级并清洗，碎壳后，果仁多为制作糖果、面包、冰淇淋或小食品的原料。味道十分爽口。

图 7-137　美国长山核桃

（11）美国黑核桃　黑核桃原产北美洲，属胡桃科、核桃属。美国东部黑核桃是世界上公认的最佳硬阔材树种之一，是经济价值最高的材果兼优树种。黑核桃木材结构紧密，力学强度较高，纹理、色泽美观，且易加工，是优良的胶合板材，可用于家具、工艺雕刻、建筑装饰等，已成为高雅、富贵的象征，其国际市场的需求量与日俱增。黑核桃坚果（图 7-138，彩图见文前）的核仁营养丰富，风味浓香，可生食、烤食，广泛用于冰淇淋、糖果的配料，是美国最畅销的珍贵营养食品。其耐寒程度高，抗寒类型可耐—43℃的低温。在我国许多地区有种植。

图 7-138　美国黑核桃

（12）文玩核桃　是对核桃进行特型、特色的选择和加工后形成的有收藏价值的核桃。它的要求是纹理深刻清晰，并且每对文玩核桃要纹理相似，大小一致，重量相当，再加上能工巧匠的精心雕琢以及经多年把玩形成的老红色，就更显珍贵。

文玩核桃的产地和种类各异，大致分为麻核桃、楸子核桃、铁核桃三大类。麻核桃中包括狮子头（图 7-139，彩图见文前）、虎头、罗汉头、鸡心、公子帽、官帽等，在把玩核桃中麻核桃属于高档种类。楸子核桃相对平民化，虽然价钱便宜，但也有皮厚、个大、皱褶多、造型奇特和纹路优美的核桃，这类核桃既可做"手疗核桃"，又可做雕刻核桃，既能供人们观赏，又可作为收藏，因此备受人们青睐。

【繁殖方法】

生产上主要用嫁接繁殖，砧木用本砧或铁核桃。

图 7-139 狮子头

1. 砧木培育

(1) 种子处理 先将种子层积处理 60 天以上 (具体方法参见第二章实生苗的培育),开春时取出播种。

核桃种子也可以用水浸法处理,用凉水浸泡,每天换水,或用麻袋装种子放在流动的水中浸泡,当大部分种子膨胀开裂时,即可播种。

用冷水浸泡 48h 后捞出进行催芽。挖畦床,用含水量为 60% 的湿沙先铺一层,放一层核桃种子,然后再铺一层沙,放一层种子,依次类推。用麦秸覆盖,可用于浇水保湿。每天检查,当大部分种子膨胀裂口时,即可播种。

(2) 播种 条播行距 30~40cm、株距 12~15cm,覆土 5cm 左右。播种时将种子的缝合线与地面垂直,利于胚根和芽顺利生长。

2. 春季枝接

砧木最好选取 1~2 年生实生核桃苗,早春按 30cm×30cm 移植到预先整好的苗圃地中,浇一遍透水。到 4 月中、上旬 (一般平均 24~25℃),核桃苗抽发的新梢在 2~3cm 以上时,就可以嫁接了,可插皮舌接或插皮接 (图 7-140),成活率可达 95% 以上。具体方法参见第三章嫁接苗的培育。

图 7-140 核桃插皮接

3. 夏季方块芽接

嫁接时间掌握在 5 月 20 日到 6 月初，用绿枝进行方块芽接（图 7-141），成活率可在 90％以上。接穗要当年生直径 1cm 以上的半木质化枝条，不能用果枝。要求接穗上接芽饱满，接穗要随采随接，具体方法参见第三章嫁接苗的培育。

图 7-141 方块芽接

图 7-142 核桃子苗嫁接

4. 子苗嫁接

采用核桃子叶苗嫁接（图 7-142），当种子幼芽将展出真叶时，在子叶柄上 1cm 处剪去砧芽劈接，接后放在愈合池或简易温棚内，成活后移植田间，成活率 80％以上，可缩短育苗时间。

【栽培管理技术】

(一) 整形修剪技术

1. 常用树形

核桃常用树形为疏散分层形和自然开心形（图 7-143），树形特点和整形过程参见山楂。

图 7-143　核桃自然开心形

2. 修剪特点

（1）核桃树在休眠期间有伤流现象，此时不宜进行修剪。其修剪时期以秋季最适宜，有利于伤口在当年内早愈合。幼树无果时，可提前到 8 月下旬开始修剪，成年树在采果后的 10 月前后修剪。

（2）不同品种核桃开心形干高不同，干性较强的直立型品种，干高为 0.8～1.2m，密植丰产园干高多为 0.4～1.0m。

(二) 施肥和灌水技术

基肥于秋季采果后结合土壤深耕压绿时（9～10 月）施用，亩施有机肥 5000kg、磷肥 50kg、草木灰 100kg、尿素 15kg。

幼树追肥应采取薄施、勤施的原则，高温多雨地区或沙质土壤肥料易流失，追肥宜少量多次，反之，追肥次数可适当减少。一般幼树 1 年追肥 2～3 次，成年树 3～4 次。

第 1 次以氮肥为主，早实核桃在雌花开花前、晚实核桃在展叶初期施入，主要作用是促进开花坐果。

第 2 次追肥，早实核桃在雌花开花后、晚实核桃在展叶末期施入，主要作用是促进果实膨大，减少落果。此次以氮肥为主，配合适量的磷、钾肥。

第 3 次追肥在 6 月下旬硬核后进行，可促进种仁发育和花芽分化，提高坚果品质。此次以磷、钾肥为主，配合少量的氮肥。

核桃树喜湿润，耐涝，抗旱力弱，灌水是增产的一项有效措施。核桃树在生长期间若土壤干旱缺水，则坐果率低，果皮厚，种仁发育不饱满。施肥后如不灌水，则不能充分发挥肥效。因此，在开花、果实迅速增大、施肥后以及土壤结冻前应适时灌水。

二、板栗

【学名】*Castanea mollissima*

【科属】壳斗科（山毛榉科）、栗属

【主要产区】

我国 25 个省（市、自治区）均有分布，重点产区为燕山、沂蒙山、秦岭和大别山等山区及云贵高原，其中山东、湖北、河南、河北四省的产量占全国产量的 60% 左右。

【形态特征】

落叶乔木，高 15～20m。树皮深灰色；小枝有短毛或散生长茸毛；无顶芽。叶互生，排成 2 列，卵状椭圆形至长椭圆状披针形，长 8～18cm，宽 4～7cm，先端渐尖，基部圆形或宽楔形，边缘有锯齿；叶柄长 1～1.5cm（图 7-144）。花单性，雌雄同株；雄花序穗状，直立，长 15～20cm，雄蕊 10～12（图 7-145）；雌花集生于枝条上部的雄花序基部，2～3 朵生于一有刺的总苞内（图 7-146）；壳斗球形，直径 3～5cm，内藏坚果 2～3 个，成熟时裂为 4 瓣；坚果半球形或扁球形，暗褐色，直径 2～3cm。花期 5 月，果期 8～10 月。

【生长习性】

板栗对气候土壤条件的适应范围较为广泛。其适宜的年平均气温为 10.5～21.7℃，如果温度过高，冬眠不足，就会导致生长发

图 7-144 板栗形态特征

图 7-145 雄花

图 7-146 雌花

育不良，气温过低则易使板栗遭受冻害。板栗既喜欢潮湿的土壤，但又怕雨涝，如果雨量过多，土壤长期积水，极易影响根系尤其是菌根的生长。因此，在低洼易涝地区不宜发展栗园。板栗对土壤酸碱度较为敏感，适宜在 pH 值 5～6 的微酸性土壤上生长。

【品种介绍】

(1) 京山红毛早　原产湖北京山。树冠较稀疏，结果母枝较长。坚果单个重16.8g。果肉含水分48.7％，淀粉30.9％，糖11.9％，蛋白质7.6％。较甜，出实率42％，丰产，9月初成熟（图7-147，彩图见文前）。

(2) 油栗　树势中健，树枝直立，风土适应性强。每果枝着果球2～3个，果形小，果皮棕红色，有光泽，果肩部瘦削，基部略宽，底部较大，顶部尖细（图7-148，彩图见文前）。果肉淡黄色，脆嫩香甜，单果平均重9.25g，属中晚熟品种，抗旱、抗病虫能力强。9月下旬至10月上旬成熟。

图7-147　京山红毛早

图7-148　油栗

(3) 燕山早丰　选自迁西县汉儿庄乡杨家峪村。栗果总苞小，呈十字开裂，坚果重8g左右，椭圆形，皮褐色、茸毛少（图7-149，彩图见文前），果肉黄色，质地细腻，味香甜，熟食品质上等，含糖19.67％、淀粉51.34％、蛋白质4.43％。树冠高，圆头形，树姿半开张，分枝角度中等，每个母枝抽生果枝2.3个，果枝平均结蓬2.4个，结果早，9月上旬成熟，丰产，抗病，耐瘠薄。

(4) 燕山短枝　选自迁西县东荒峪镇后韩庄村。总苞大，呈"一"字开裂，坚果重9g，椭圆形，深褐色，有光泽，茸毛少（图7-150，彩图见文前），品质极佳，宜炒食，果肉含糖20.57％、淀

图 7-149 燕山早丰　　　　　　图 7-150 燕山短枝

粉 50.85%、蛋白质 5.89%。树形紧凑,枝条粗壮,节间短,叶大,叶色浓绿,干矮冠低,树姿健壮,丰产性强,适宜密植,嫁接后第三年结果,5 年生株产 2.23kg,亩产 371.52kg。

(5) 燕红　即北京 1 号,选自北京昌平县北庄村。总苞重45g,椭圆形,皮薄刺稀,平均每总苞有坚果 2.4 个,坚果重8.92g。果面茸毛少,果皮红棕色,富有光泽 (图 7-151,彩图见文前),果肉味甜糯性,果肉含糖 20.25%、蛋白质 7.7%。品质优良,9 月下旬成熟。

该品种树势强,树姿开张,树冠紧凑,半圆形,结果枝多,连续结果能力强,平均每个母枝抽生结果枝 2~3 个,每个结果枝平均着生总苞 2 个。有早期丰产特性,缺点是控制不严,易大小年结果。同时对缺硼土壤敏感,易空苞。

(6) 大红袍　主要产地在广德新杭和柏垫两镇一带。果实独具风味,结实饱满,粒大均匀,色泽鲜艳 (图 7-152,彩图见文前),果味甘甜,糯性强,耐贮藏。一般每粒重 20 多克,紫红色而有光泽,外形美观。

【繁殖方法】

(一) 实生繁殖

1. 整地

育苗地应选择地势平坦、土层深厚、土壤肥沃、排水良好的微

图 7-151　燕红　　　　　　　　　图 7-152　大红袍

酸性沙壤土。切忌在土壤黏重、低洼易涝或盐碱地上育苗，苗圃应结合深翻施足底肥，整地，做平畦，一般畦宽 1.2m。

2. 种子处理

根据育苗的播种时间分春播和秋播。果实采收后即将种子播于苗圃地为秋播，秋播因管理不方便，采用较少。生产上多将种子精选后贮藏于湿沙中（层积处理参见第二章实生苗的培育），于次年 3～4 月将种子播于苗圃地（图 7-153）。

图 7-153　处理后的种子

3. 播种方法

多采用条播，条距 25～30cm，播种沟深 8～10cm，在沟内每隔 10～12cm 横摆 1 粒种子，覆土 4～5cm，切忌播种过深、覆土过厚。种子覆土后，稍加镇压，最后盖上塑料薄膜等覆盖物，以保温保湿促使板栗提前发芽。播种量的多少依种子的大小而定，种粒大需种多，种粒小需种少，生产上一般采用种粒小的油栗，每亩播种量 100～125kg，可出苗 6000～10000 棵，播种圃墒情一定要好，出苗前不过分干旱，一般不灌水，以免土壤板结和降低地温，影响出苗。

4. 播种后的管理

当芽出土 3～4cm 时应及时揭除覆盖物，在苗木生长过程中须做好灌溉、施肥、松土和除草等工作，圃地作到不干不湿、无杂草、无病虫危害，亩产实生苗 1.0 万～1.2 万株，1 年生苗高 80cm、地径 0.6cm 以上。

（二）嫁接繁殖

1. 砧木的选择与培育

板栗的砧木以本砧为好，其亲合力强，嫁接成活率高且生长旺盛。板栗主根发达，留床苗不适宜作嫁接砧木，为促其须根生长，提高造林成活率，应将砧木进行移栽。砧木以 1 年生粗壮苗最为理想。移植时间在苗木落叶后到次年树液流动以前。

2. 接穗的选择

接穗选择适宜当地生长的优良品种，粗度为 0.5cm 以上，生长健壮、无病虫害的一年生结果枝。接穗最好随采随接，也可结合冬春修剪而获得，接穗贮藏和蘸蜡方法参见第三章嫁接苗的培育。

3. 嫁接时间与方法

枝接以春季树液开始流动时进行为好，一般在农历雨水至清明均可，但以惊蛰前后一段时间最好。通常采用的有劈接、切接等方法。芽接在秋季进行，可采取"T"字形芽接，参见第三章嫁接苗的培育。

【栽培管理技术】

（一）整形修剪技术

1. 常用树形

板栗常用树形有分层形、自然圆头形（图 7-154）和自然开心形（图 7-155），以自然开心形光照好，有利于丰产。目前，密植板栗主要采用自然开心形，树形特点和整形过程参见山楂。

图 7-154　板栗自然圆头形　　　　图 7-155　板栗自然开心形

2. 修剪特点

（1）维持树势、结构，平衡枝势，疏除过密交叉枝和细弱枝，控制结果部位外移。

（2）强树旺树应多留枝，分散营养，缓和长势；弱树弱枝疏剪回缩，集中营养复壮；多年生枝交替回缩（缩至 3 年生枝段），首先更新光腿、重叠、交叉严重的枝。三叉枝疏一、截一、放一（图7-156）。

（3）对结果母枝，一般疏除其下细弱枝以增强母枝长势，若树势旺，则母枝下应留预备枝，分散养分；雄花枝中上部为盲节者，留 2～3 芽剪截，粗壮而顶芽饱满者，保留结果。徒长枝，节间短粗壮、顶芽饱满者培养利用，下粗上细顶芽不充实者疏除，有空间的亦可短截培养枝组；对结果枝组缩弱、留壮错开空间，过密的疏除改善光照。

（二）施肥技术

重视有机肥的施用，在采收后尽早施用，弱树适当加入速效氮肥，结合施磷肥（与有机肥混施）。

追肥重点：①萌芽前，氮肥为主，适当补硼，结果树株施尿素1～3.5kg、磷矿粉 0.5～1.5kg、硼砂 0.15～0.75kg；②开花前后，追肥以尿素为主；③栗仁膨大期追施氮、磷、钾复合肥，5～

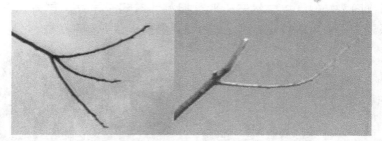

图 7-156　板栗三叉枝修剪（疏一、截一、放一）

10 年生树每株 2～2.5kg，10～20 年大树每株 2.5～3.5kg。

叶面喷肥掌握前期用氮、花期喷硼、后期施磷、钾的原则，一般 10～15 天 1 次。

三、榛子

【学名】*Corylus chinensis*

【科属】桦木科、榛属

【主要产区】

主要分布在东北三省、华北各省、西南横断山脉及西北的甘肃、陕西和内蒙古等地的山区。

【形态特征】

落叶灌木或小乔木，高 1～7m。叶互生，阔卵形至宽倒卵形，长 5～13cm，宽 4～7cm，先端近截形而有锐尖头，基部圆形或心形，边缘有不规则重锯齿（图 7-157）。花单性，雌雄同株，先叶开放；雄花成柔荑花序，圆柱形，长 5～10cm（图 7-158）；雌花 2～6 个簇生枝端，开花时包在鳞芽内，仅有花柱外露，花柱 2 个，红色（图 7-159）。小坚果近球形，径 0.7～1.5cm，淡褐色，总苞叶状或钟状，由 1～2 个苞片形成，边缘浅裂，裂片近全缘，有毛（图 7-157）。花期 4～5 月，果期 9～10 月。

【生长习性】

榛子抗寒性强，年平均温度在 7.5℃左右，它能安全地度过东北的冬天，冬季气温在－30℃也可以正常越冬。榛树喜欢湿润的气

图 7-157　榛子形态特征

图 7-158　榛子雄花

图 7-159　榛子雌花

候，通常在年降水量 700～1200mm 的地区栽植为宜。

　　榛子较为喜光，充足的光照能促进其生长发育和结果。榛子对土壤的适应性较强，在沙土、壤土、黏土以及轻盐碱地上均能生长。

【品种介绍】

　　我国榛子主要有 8 个种和 2 个变种，分别是川榛、维西榛、刺榛、滇榛、绒苞榛、华榛、毛榛、平榛等。在世界范围内广泛种植的主要有大果榛、尖榛、欧洲榛、美洲榛、土耳其榛等。

(1) 平榛 灌木，丛生，株高 1～2m，最高可达 2.9m。叶倒卵形或矩圆形，顶端平截或凹缺，中央具三角形突尖。果苞钟状，每序结实 1～6 粒，多者可达 10～12 粒。坚果黄色、褐色或红褐色，坚果直径平均为 1.44cm，单粒重 1.46g（图 7-160，彩图见文前），果皮厚 1.81mm，出仁率为 33.2%，果仁无空心。

平榛抗寒，适应性强。在无雪覆盖的冬季可耐—30℃的低温，在有雪覆盖下可耐—48℃的低温。对土壤适应性较强，在微碱性到微酸性（pH5.4～8.0）土壤上均可正常生长结实。

(2) 欧洲榛 自然分布于欧洲和亚洲的西部。本种为大灌木，自然丛状生长，株高可达 8m，基生枝干直径可达 10cm。叶片近圆形、宽卵形或倒卵形。坚果为红褐色或金黄褐色，并着彩色条纹。坚果大，平均果径为 1.7～2.2cm，单果重 2～3.5g（图 7-160）。果皮薄，为 0.7～1.1mm。出仁率高，一般达 45%～60%。欧洲榛子喜温暖、湿润的气候和中性、微酸性土壤。栽培株高 3～4m，丰产性较强。

图 7-160　平榛与欧洲榛子比较

平榛与欧洲榛子杂交育种，亲和性良好。欧洲榛子在坚果大小、果皮色泽和树形等方面，有遗传力强的趋势。我国育出许多杂交榛子品种，较好的有以下品种。

(3) 辽榛 3 号　1984 年以平榛为母本，欧洲榛子为父本杂交培育，代号为 84-226，2006 年定名为辽榛 3 号。

本品种树势强壮，树姿直立，以长果枝结果为主。坚果椭圆形，棕红色，单果重2.90g（图7-161，彩图见文前），果壳厚度1.15mm，果仁饱满，光洁，出仁率为47.6%，丰产性强，5～7年生树平均单株产量2.0kg，亩产200kg以上，越冬性强，适宜在年平均气温6℃以上地区栽培，是当前寒冷地区主要推广品种之一。

（4）辽榛4号 1985年以平榛为母本，欧洲榛子为父本杂交培育而成，代号为85-41，2006年定名为辽榛4号。

本品种树势强壮，树姿开张，雄花序少。树冠较大，5～6年生树高、冠幅直径2.0m以上。平均单果重2.38g，圆形，金黄色具条纹（图7-162，彩图见文前），果壳薄（0.95mm），果仁饱满，较粗糙，出仁率高达50%。较丰产，4～5年生树单株产量1.0kg，6年生以上亩产200kg以上，越冬性较强，适宜在年平均温度8℃以上地区栽培。坚果果仁经烘烤后易于剥离，是今后果品加工用主要品种。

图7-161 辽榛3号

图7-162 辽榛4号

（5）达维 1984年以平榛为母本、欧洲榛子为父本杂交培育而成，代号为84-254，2004年重新登记，定名为达维。

本品种树势强壮，树姿直立，雄花序少。7年生树高2.78m，冠幅直径2.45m。坚果椭圆形，平均单果重2.5g，果壳红褐色，外被茸毛，色暗（图7-163，彩图见文前），壳厚度为1.54mm，果仁光洁，饱满，出仁率44%。丰产，一序多果，平均每序结果2.0

粒。5～7年生树平均单株产量1～2.0kg以上，坚果8月下旬成熟。越冬性强，休眠期可抗－33℃低温，适宜在年平均气温7℃以上地区栽培，为目前寒冷地区主要栽培品种。其主要优点为适应性极强，但外观色泽较差。

(6) 金铃　1984年以平榛为母本、欧洲榛子为父本杂交培育而成，代号为84-263，2004年重新登记，定名为金铃。

本品种树势中庸，树姿直立，树冠中大。8年生树高2.13m，冠幅直径1.63m。坚果圆形，金黄色，美观，平均单果重2.0g（图7-164，彩图见文前），果壳厚度1.38mm，果仁饱满，光洁，出仁率达40%。果实8月中、下旬成熟，较丰产，7～8年生单株产量为2.0kg。抗寒性强，休眠期可耐－30℃低温，适宜在年平均气温7.5℃以上地区栽培。

图7-163　达维

图7-164　金铃

(7) 玉坠　1984年以平榛为母本、欧洲榛子为父本杂交培育而成，代号为84-310，2004重新登记，年定名为玉坠。

本品种树势强壮，树姿直立，树冠大。8年生树高2.51m，冠幅直径2.10m。坚果长圆锥形，暗红色，平均单果重2.0g（图7-165，彩图见文前），果壳1.15mm，果仁光洁，饱满，风味佳，品质上，出仁率达43%。果实8月中、下旬成熟。较丰产，穗状结实，7～8年生单株产量达2.0kg，抗寒性强，休眠期可抗－30℃低温，适宜年平均气温7.5℃以上地区栽培。

(8) 薄壳红 1982 年以平榛为母本、欧洲榛子为父本杂交培育而成，代号为 82-4，2004 年重新登记，定名为薄壳红。

本品种树势强壮，树姿开张。树冠大，8 年生树高 2.07m，冠幅直径 2.28m。株产 1.85kg，每亩产量 129.5kg。坚果椭圆形，平均单果重 2.1g，果壳红褐色，美观（图 7-166，彩图见文前）。果仁光洁，饱满，出仁率 45.9%。丰产，一序多果，平均每序结果 2.0 粒。坚果 8 月下旬成熟。越冬性强，休眠期可抗－30℃低温，适宜在年平均气温 7.5℃以上地区栽培。

图 7-165 玉坠　　　　　　　图 7-166 薄壳红

【繁殖方法】

（一）分株繁殖

春季将预备繁殖的母株在发芽前平茬，促进株丛发生根蘖，在生长初期要加强管理，保证充足的水肥，并疏剪过密的根蘖，以保障根蘖苗茁壮生长。

在秋季榛树落叶后和春季萌芽前进行分株，具体方法是在母株丛周围挖取根蘖，分出若干带根的植株，母株仍然保留。其分株必须保留 20cm 长的根段和一定数量的须根，以保证植株成活。离开母株的分株苗，应将枝条剪短，只留 15～20cm 长，并立即假植，保持湿润，防止失水。这种分株繁殖方法最适于平榛繁殖（图 7-167）。

图 7-167 榛子分株繁殖

（二）压条

1. 直立压条

（1）绿枝直立压条 春季萌芽前，除保持母株生长势的主枝外，其余主枝均重剪，并把母株基部根蘖枝从基部去掉，促使母枝发出基生枝及根蘖枝。当新萌发的基生枝处于半木质化状态时，长到 50～70cm 高时，可进行压条。先把其基部距地面 20～25cm 高的叶片摘除用细铁丝在 1～5cm 处横缢（图 7-168），并在横缢处以上 10cm 的范围涂抹生长素（图 7-169），然后把母株用油毡纸围起来，做成圆筒状，筒高 20～25cm，中间添湿锯末，全年保持锯末湿润以促生根（图 7-170）。待秋季落叶时于基部剪断，即可形成独立的苗木，每个母株可繁殖 20～30 株苗（图 7-171）。本方法适于杂交榛子、欧洲榛子育苗。

（2）硬枝直立压条 春季萌芽前，除留 1～3 个 1 年生萌蘖枝做主枝外，其余萌生枝均用细铁丝横缢或环剥 1 圈，宽度在 1mm 以下，在横缢或环剥位置以上 10cm 范围以内用刀纵切 2～3 道，深度至韧皮部，然后涂抹生长素，再培上厚 25～30cm 的湿土或湿木屑，并全年保持湿润，秋后落叶起苗。

2. 水平压条

水平压条在春、秋两季均可进行，但在早春进行较为适宜。具体方法是将母株近地面的生长旺盛的 1 年生枝条水平拉开铺在地面

图 7-168 细铁丝横缢

图 7-169 涂抹生长素

图 7-170 油毡筒内填充锯末

图 7-171 生根状态

上，用绳子固定住，不压土。但要细心保护好腋芽，使之萌发。在水平枝上的芽几乎全部都能长成新梢。当新梢长到 10～15cm 时，在每个新梢的基部用细软的铁丝横缢 2～3 圈，以促进新根的形成。然后培土 2～3cm 高，以后随着新梢的生长再培土 1～2 次，使各新梢基部生根。待秋季落叶后，将整个压条掘出来剪断，并取下枝上的铁丝，即形成多株独立的苗木（图 7-172）。

3. 弓形压条

宜在早春萌芽前进行。具体方法是沿榛树株丛周围挖一条环形沟，沟深、宽各 20cm，从母株上选离地面附近的发育良好的 1 年生枝，将其准备生根的基部用细铁丝横缢或环剥，并涂抹

图 7-172　榛子压条繁殖

1000mg/L 的 ABT 生根粉 1 号、2 号溶液，然后将枝条弯曲并固定在沟内，最后埋土至地面平并培实，保持压条先端露出地面，必要时将其绑在支柱上使之直立向上生长。埋土后必须充分灌水，使枝条与土壤密切结合，此后要注意使土壤经常保持湿润、无杂草，促使压条枝生根。待秋季落叶时将已生根的榛树小植株与母体剪断分离即可。一般每丛母株每年可繁殖 20～30 株苗。

（三）扦插繁殖

在夏季当年生枝条半木质化时进行较为适宜。具体方法是在扦插前 1 个月，对新梢基部进行黄化处理，去掉枝条基部两片叶，用 25cm 宽的黑色胶带粘住这一部位；隔半个月在黄化部位以下用细铁丝环缢，然后摘心；再半个月后去掉黑胶带和金属丝，剪取长 12～15cm（至少具有 3 个芽）的插条，叶子剪成半叶，插条基部切成马蹄形，浸入到 2500mg/L IBA 溶液中 5s，然后插入由珍珠岩和蛭石（3∶1）组成的苗床内，保持室内高湿、通风、弥雾的环境，45 天后即可移植（图 7-173、图 7-174）。

【栽培管理技术】

（一）整形修剪技术

榛子常用树形有单干形和丛状形（图 7-175、图 7-176），长势旺的品种及土肥水条件好的地块适宜采用单干形。

图 7-173　榛子绿枝扦插

图 7-174　扦插苗生根

1. 单干形

（1）树形特点　平欧杂交榛子的单干形，干高 40～70cm，主干上有 3～5 个主枝，主枝上有侧枝，主干上部自然开心，树高一般不超过 4m（图 7-175）。

图 7-175　榛子单干形

图 7-176　榛子丛状形

（2）整形过程　第 1 年，定植 1 年生苗，春天栽植后立即定干，干高 40～70cm，主干应垂直向上；定植 2 年生苗，应疏除主干上 40cm 以下的枝；留下的 1 年生枝应重短截。

第 2 年，在主干以上留不同方位的主枝 3～5 个，每个主枝进行短截，约剪掉枝长的 1/3，剪口留饱满芽。秋季落叶后，进行培土防寒，培土高达植株的 1/2 即可。翌春撤去防寒土，一般第 2 年起就不用培土防寒。

第 3 年，主干上留的每个主枝，选留 2～3 个侧枝并进行短截；主枝延长枝继续短截，保持主枝向斜上方生长；内膛短枝不修剪。

第 4 年，继续轻短截各主、侧枝延长枝，继续扩大树冠。

2. 丛状形

定干高度 30～40cm。当年定植的幼苗，要加强水肥管理，使其生长发育健壮，萌发一定数量的枝条，木质化程度良好，防止徒长。

（二）施肥技术

榛子基肥宜于秋季即坚果采收后至土壤结冻前（9～10 月）施用，一般每株丛施土粪 5kg；追肥一般 1 年 2 次，第 1 次追肥应在 5 月下旬至 6 月上旬，促进新梢生长，提高坐果率；第 2 次应在 7 月上旬至中旬，促进果实发育。

第四节 浆 果 类

一、葡萄

【学名】*Vitis vinifera*

【科属】葡萄科、葡萄属

【主要产区】

中国葡萄多分布在北纬 30°～43°之间。我国葡萄主产区为环渤海地区和西北地区，主要分布在辽宁、河北、山东、北京、新疆。

【形态特征】

木质藤本。小枝圆柱形，有纵棱纹。卷须 2 叉分枝，与叶对生（图 7-177）。叶卵圆形，显著 3～5 浅裂或中裂，长 7～18cm，宽 6～16cm，边缘有锯齿，齿深而粗大，不整齐，齿端急尖。叶上面绿色，下面浅绿色，无毛或被疏柔毛（图 7-178）。圆锥花序密集或疏散，多花，与叶对生；花蕾倒卵圆形，花瓣 5，呈帽状脱落

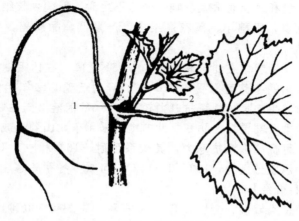

图 7-177 葡萄新梢

1—卷须；2—副梢

图 7-178 叶片

图 7-179 花序

（图 7-179）。果实球形或椭圆形，有紫色、红色、黄绿色等，花期4～5月，果期8～10月。

【生长习性】

葡萄喜光、喜暖温，对土壤的适应性较强，除了沼泽地和重盐碱地不适宜其生长外，其余各类型土壤都能栽培，而以肥沃的沙壤土最为适宜。

葡萄是喜光植物，对光的要求较高，光照时数长短对葡萄生长发育、产量和品质有很大影响。光照不足时，新梢生长细弱，叶片薄，叶色淡，果穗小，落花落果多，产量低，品质差，冬芽分化不良。

葡萄一般栽培在北半球北纬 20°～51°之间。在休眠期，欧亚品种成熟新梢的冬芽可忍受－16～－17℃的低温，多年生的老蔓在－20℃时发生冻害。根系抗寒力较弱，－6℃时经 2 天左右被冻死，北方寒冷地区需要埋土防寒。北方地区采用东北山葡萄或贝达葡萄作砧木，可提高根系抗寒力，其根系可耐－16℃和－11℃的低温，致死临界温度分别为－18℃和－14℃，可减少冬季防寒埋土厚度。

【品种介绍】

葡萄种类繁多，全世界有 8000 多种，中国有 500 种以上。

(1) 红芭拉蒂　果穗大，均重 600g，最大 2000g；果粒大小均匀，着生中等紧密，椭圆形，最大粒重 12g，果皮鲜红色（图 7-180，彩图见文前），皮薄肉脆；含可溶性固形物 23%。在山东地区 7 月上旬开始成熟，可挂果到 11 月；丰产性、抗病性均好。

图 7-180　红芭拉蒂

图 7-181　黑色甜菜

(2) 黑色甜菜　属早熟特大粒欧美杂交种。果穗较大，圆锥形带歧肩，平均穗重 500g，最大 1200g，果粒着生中等紧密。果梗粗壮，长度适中。果粒特大，短椭圆形，平均粒重 18g，最大 30g。果皮青黑至紫黑色，果皮厚，果粉多，上色好（图 7-181，彩图见文前）；肉质硬脆，多汁美味，含可溶性固形物 16%～17%，酸味少，无涩味，味清爽。植株生长势中庸，抗逆性强。在山东平度地区 7 月中旬成熟。抗病性强，丰产，保护地栽培品质更佳。

（3）里扎马特　欧洲种，长势强，穗极大，极丰产。果皮玫瑰红色，成熟后暗红色，果粒长圆形或牛奶头形（图 7-182，彩图见文前），最大粒重可达 19g 以上，平均粒重 12～14g，平均穗重 830g，最大穗重可达 1800g，品质优良，八成熟就可采摘，7 月下旬成熟。肉质硬，无酸味，清香浓甜，含可溶性固形物 12.5%～14%，最高 16%。大棚和陆地均适于栽培。

图 7-182　里扎马特

图 7-183　美人指

（4）美人指　欧亚种，原产日本。果穗中大，一般穗重 450～600g，最大 1750g；果粒大，细长形，平均粒重 10～12g，最大 20g，果实纵横径之比达 3∶1。果实先端为鲜红色，润滑光亮，基部颜色稍淡，恰如染了红指甲油的美女手指，外观奇特美艳，故此得名（图 7-183，彩图见文前）。含可溶性固形物 16％～19％，含酸量极低，口感甜美爽脆，品质极上。在华北地区 9 月中、下旬成熟。果实耐贮运。

（5）巨玫瑰 果穗圆锥形带副穗。果穗大小整齐，果粒着生中等紧密。果粒椭圆形，紫红到紫黑色，大，纵径 2.6cm，横径 2.3cm，平均粒重 7.68g，最大粒重 10.2g（图 7-184，彩图见文前）。果粉中等多，果皮中等厚。果肉较软，汁中等多，味酸甜，有浓郁玫瑰香味。可溶性固形物含量为 16％～18％。鲜食品质上等。四倍体。

图 7-184　巨玫瑰　　　　　　图 7-185　红富士

植株生长势强，每果枝平均着生果穗数为 2.06 个。隐芽萌发的新梢和夏芽副梢结实力均强，早果性好。抗逆性强，抗病力较强。

（6）红富士 属于欧美杂交种，是巨峰系第二代品种，1972 年从日本引入我国。果粒大，粒重 8～9g，果皮中等厚，成熟后呈红色（图 7-185，彩图见文前），含可溶性固形物 18％左右，果实口感甘甜爽脆，果香味浓，风味超过巨峰。果穗圆锥状，穗大，平均穗重 400~500g，最大穗重 1000g，亩产量 1000~2000kg，丰产。属于中熟品种。

（7）牛奶　果穗大，平均重 350g 以上，最大穗可达 1400g，果穗长 30cm，宽 15cm，长圆锥形，果粒着生中等紧密。果粒大，长圆形，果粒平均重 6.0g，果皮黄绿色，果皮薄（图 7-186，彩图见文前）；果肉脆而多汁，味甜、清爽，含糖量 15% 左右。9 月下旬成熟，中晚熟品种。牛奶抗病力弱，易受黑痘病、白腐病及霜霉病和穗梗肿大症为害。现仍为河北宣化主栽品种。

（8）红地球　原产美国，属欧亚种，9 月中、下旬成熟。穗大、粒大，果粒圆形，平均单粒重 10g 以上，果皮中厚，红色（图7-187，彩图见文前），果肉硬脆，味甜，可溶性固形物在 17% 以上。果实极耐贮运，冷藏条件下可贮到第 2 年的 4~5 月。树势生长势较强，根系较浅，抗病虫害能力较弱，是目前国际公认的优良晚熟鲜食葡萄品种。

图 7-186　牛奶

图 7-187　红地球

（9）摩尔多瓦　是当今葡萄更新换代的首选优良品种。果粒重 10g 左右，卵形，蓝黑色（图 7-188，彩图见文前），穗重 900g。它有突出的五大优点：①对葡萄常见病害霜霉病、白腐病、黑豆病抗性特强，全年基本不用喷药；②品质极上，可溶性固形物含量高达 20% 以上；③果粒均匀一致，极丰产，并且连续丰产；④货架

图 7-188 摩尔多瓦　　　　图 7-189 紫乳无核

期长、耐贮运、不掉粒；⑤着色好，袋内 100％上色。北京地区 9 月底成熟。

(10) 紫乳无核　果穗呈圆锥形，均重 800g，最大 2500g，果粒着生较紧密；果粒鸡心形，均重 9g，最大 12g，蓝黑色（图 7-189，彩图见文前），果肉硬脆；含糖量 22％，含酸量 3.84％，牛奶香味；树势较强，抗逆性较强；结果枝率高，平均 1.5 个果穗，丰产性强；在山东地区 9 月上旬成熟；抗病性较强。

(11) 赤霞珠　原产法国。果穗小，平均穗重 165.2g，圆锥形。果粒着生中等密度，平均粒重 1.9g，圆形，紫黑色（图 7-190，彩图见文前），有青草味，可溶性固形物含量 16.3％～17.4％，含酸量 0.56％。在北京 8 月下旬至 9 月上旬成熟。由它酿制的高档干红葡萄酒，淡宝石红，澄清透明，具青梗香，滋味醇厚，回味好，品质上等。在华北、西北和东北南部均可栽培。赤霞珠为晚熟品种。生长势中等，结实力强，易丰产，风土适应性强，抗病性极强，较抗寒，喜肥水。

（12）霞多丽　别名查当尼、莎当妮。原产法国，是酿造白葡萄酒的良种。该品种为法国干白葡萄酒与香槟酒的良种，我国青岛、沙城均以它为酿造高档干白葡萄酒原料。平均穗重 275g。果粒中等大，绿黄色（图 7-191，彩图见文前），果肉稍硬，果汁较多，风味酸甜。果实出汁率 76％以上，果汁可溶性固形物含量 18.2％～19.5％，含酸量 0.6％～0.68％。酿成的酒浅金黄色，微绿晶亮，味醇和，回味好，适于配制干白葡萄酒和香槟酒。

图 7-190　赤霞珠　　　　　　　　图 7-191　霞多丽

【繁殖方法】

（一）压条繁殖

一般对少数扦插难生根的品种可用压条方法繁殖（图 7-192），还可在果园缺株时补株。葡萄压条多用生长季基部发出的新梢，具体参见第四章的压条繁殖。

（二）绿枝嫁接繁殖

嫁接方法常用于以下几个方面：①需用抗性砧木；②更换品种；③加速繁殖某一稀有品种。

硬枝嫁接多用舌接法，参见第三章嫁接苗的培育。绿枝嫁接多

图 7-192　葡萄压条繁殖

用劈接法，以下介绍葡萄绿枝嫁接方法。

1. 抗性砧木的选择

葡萄抗寒砧木包括山葡萄、贝达、5BB、SO4、贝达等。

（1）山葡萄　又名野葡萄，原产中国东北、华北及朝鲜、俄罗斯远东地区。在中国主要分布于黑龙江、吉林、辽宁、内蒙古等地。山葡萄果实直径 1～1.5cm，可酿造出优质葡萄酒，主要用作抗寒砧木，山葡萄根系可以抵抗－16℃的低温，地上部分可耐－35℃的严寒。

（2）贝达（Beta）　属美洲种，原产美国，系美洲葡萄与河岸葡萄的杂交后代。植株生长势极强，适应性广，特耐寒，抗病力强，枝条可耐－30℃左右低温，根系可耐－12℃低温，扦插易生根，繁殖容易，与欧美种、欧亚种嫁接亲合力强，故应用十分普遍，目前在我国是应用最多的一个砧木。贝达耐盐性稍差，根癌病抗性稍弱，作为鲜食葡萄品种的砧木时，有明显的"小脚"现象，栽培时应予以重视。

（3）SO4　是德国奥本海姆国立葡萄果树研究所以冬葡萄×河岸葡萄实生育成。树势强旺，副梢生长势强，萌芽力强，根旺盛，入土深。抗逆性强，耐干旱，耐湿耐涝性强，抗寒性强，耐石灰质土，抗盐碱强，耐瘠薄，对土壤适应广。

（4）5BB　原产奥地利，最大特点是抗旱和早熟。植株生长旺盛，生长势中等，根稍浅且细，稍有"小脚"。抗石灰质土壤能力极强，着色和品质非常好，成熟期较早，坐果和产量中等，扦插生根能力中等。耐湿性较弱，抗根瘤蚜的能力极强，对线虫也有较强的抗性，与欧亚种葡萄嫁接亲和力良好，是日本应用的主要砧木。

2. 接穗的选择与处理

选无病、粗细适中的健壮枝条作接穗，嫁接前 20～30 天摘除准备作接穗枝条上的果，促使接穗营养生长。

3. 嫁接的时间及注意事项

一般嫁接时间为 5 月至 6 月底（宁早勿晚，晚接的苗抽生的枝不成熟，不能安全越冬）。嫁接前 2～3 天苗圃浇 1 次水。在晴天上午 9 时以后、下午 6 时以前嫁接为好。雨天或露水太大不宜嫁接。刀具要锋利，可用手术刀片。选用砧木苗的粗细与接穗枝的粗细要大致一样，均要半木质化（即茎秆的髓心发白）。接穗采收后，立即去掉叶片并用湿布包好，遮阴备用。如果需要远距离采穗时，应用广口保温瓶贮运接穗，瓶内装冰块降温保湿，防止接穗失水。接穗尽量随采随用。

4. 绿枝嫁接方法

葡萄绿枝嫁接多用劈接法，砧木和接穗的切削可用锋利的手术刀片，操作步骤见图 7-193。

露白

(a) 削接穗　　　　　(b) 接穗插入砧木　　　　　(c) 绑扎

图 7-193　葡萄绿枝嫁接

5. 嫁接后管理

嫁接成活后接穗发芽生长，注意不要摘心过早，否则影响增粗，因摘心后叶片减少，光合面积少，制造的养分也少，影响了有机营养的积累，所以不利于幼苗的增粗生长。要使幼苗期加粗生长，必须进行综合管理，合理密植，加强肥水管理，松土除草。晚秋摘心对控制新梢徒长是有利的，可促进苗木枝条及时成熟，有利安全越冬。

（三）硬枝嫁接快速育苗法

硬枝嫁接快速育苗法是一种葡萄的快速繁殖方法，将接穗嫁接在砧木枝段上，在电热温床上促进生根和嫁接口愈合，达到当年嫁接、当年出圃。

1. 砧木枝段和接穗的选择和处理

砧木枝段应选生长健壮、充实的枝条，粗度为 0.5～1.0cm。接穗选用品种纯正、生长健壮的 1 年生枝蔓，且芽体饱满、无病虫害。砧木枝段和接穗分别打捆，挂标签，入沟埋藏，埋藏的具体方法参见第三章相关内容。春季嫁接前 1 天取出砧木枝段和接穗，用清水浸泡 12～24h。一般在露地栽植前 50～60 天进行嫁接。

2. 嫁接

用劈接法嫁接，砧木枝段剪截成 15～20cm 长，上端平剪，下端斜剪，并要抹除所有砧木上的芽；接穗剪截成 5～10cm 长，上端在芽上 1cm 平剪，下端削成双斜面，斜面长度 2～3cm（参见第三章嫁接苗的培育）；砧木枝段上端纵切一刀，接穗插入砧木，对齐形成层（图 7-194）。将嫁接好的砧穗在熔化的蜡液中速蘸一下，密封接穗与接口。将嫁接后的砧木下斜面对齐，10 个一捆，在 1000mg/L 的 ABT 2 号生根粉中速蘸一下，上床催根。

3. 电热线铺设

在大棚或温室内，铺设上下双层电热线。温床宽 1～1.5m，底部整平，铺一层草帘或麦草以利保温，上铺地膜，膜上打孔，以利渗水。在温床两端各固定一块木板，木板上隔 5～6cm 钉 1 个钉子，将电热线往返挂在两端的钉子上，线上铺 4～5cm 厚的河沙。第二层电热线与第一层垂直，且高出下层 20cm。在温床两侧各固定一块木板，横向铺设电热线，边铺边码嫁接好的砧穗捆，电热线

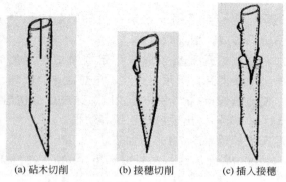

(a) 砧木切削　　　(b) 接穗切削　　　(c) 插入接穗

图 7-194　葡萄硬枝嫁接快速育苗法

铺设宽度根据砧穗捆粗度而定，嫁接口处于上层电热线之间，捆间灌入河沙，接穗露出顶端的芽子即可。

上下电热线分别配置温控器，上层温度控制在 28～29℃，下层控制在 24～25℃，经过 20 多天，嫁接口愈合，砧木出现根原体或幼根，即可停止加温，锻炼几天后移入温室苗床。

4. 温室内容器苗培育

温室内做苗床，宽 1～1.5m，深 30cm。将 2 份河沙、3 份草炭土（或稻田土、园土）混匀后装入营养袋，基质与袋口相平。将营养袋整齐码放在苗床内，先灌水，后在营养袋内插生根的砧穗。以后注意苗床湿度和温室温度控制，加强肥水管理，促进苗木生长，待苗木长到 15cm 高时，开始逐渐通风透光，控水、炼苗。待苗木达到 4 叶 1 心且敦实健壮时移植入大田。

（四）硬枝扦插繁殖

1. 促进插穗生根的措施

（1）清水浸泡　将剪截好的枝条放入清水中浸泡 12～24h，直到剪口呈鲜绿色并饱含水分为止。

（2）药物处理　常用药物有萘乙酸（NAA）、吲哚丁酸（IBA）、吲哚乙酸、ABT 生根粉等，使用浓度与处理时间相关，一般处理 12～24h，NAA 用 50～100mg/L，IBA 用 25～

100mg/L。

（3）刻伤处理　用手锯或锯条在插条基部 5cm 处进行纵伤，可刺激愈伤组织形成，增加根量。

（4）加温处理　葡萄插条形成不定根最适温度为 25～28℃，为了促进先发根后发芽，则采用火炕、电热温床、阳畦、小拱棚等加温措施，使地温保持在 25～28℃，以加速产生愈伤组织或幼根。一般进行 15～20 天即可出现愈伤组织和幼根。

电热温床的铺放（图 7-195）如下。

① 选用 1000W 地热线，其长度约为 100m，在使用前检查是否通电。

② 做 3m×1.7m 的畦，畦底铺一层草帘或麦草以利保温，上铺地膜，膜上打孔，以利渗水。

③ 地膜上布设地热线，地热线间距 4～5cm，且地热线分布均匀，无交叉重叠。

④ 地热线上铺放干净的粗河沙 12cm，铺平、洒水、保持温床湿度。

2. 催根方法

将药剂处理过的插条，按品种整齐地摆放于温床中，并用细沙灌满缝隙（图 7-196），覆沙高度以不超过插条顶芽为宜，摆满后浇 1 次透水，并在温床四周及中间分别插入一根竹筒以便插放地温计，观察温床温度变化情况，随后可调节温度。

通电前浇 1 次透水，使沙床含水量达 60%～70%，即手握成团且指缝有水渗出。以后每 2～3 天浇 1 次水，避免沙床缺水、干旱。通电加温 1 周以内，将温床温度控制在 18～20℃，维持一定的低温阶段。室内温度控制在 7～8℃，防止顶芽过早萌发，棚内湿度控制在 80% 左右为宜。1 周后，逐渐将温床温度升至 25～28℃，并随时检查生根情况，80% 以上插条出现愈伤组织，插条基部吸水膨胀，长出根原体后，逐渐降低温度，使新根适应外界环境后再进行扦插。根原始体突破皮层长至 0.5cm 时进行扦插，扦插时将生根不理想的插条整理后重新放入温床继续进行催根。

图 7-195　电热温床的铺放

图 7-196　葡萄插穗催根

3. 硬枝扦插方法

（1）苗床扦插　选背风向阳、地势平坦、排水良好、较肥沃的沙壤土或壤土地块，在扦插前 5～6 天深翻整地做畦，苗床宽100cm 左右，插 4～5 行（图 7-197），整好苗床后浇透水，覆膜，在膜上用木棒打孔扦插（用已经催根处理的插穗），一般株距 15～20cm，插后用一把土压严插穗周围薄膜（图 7-198）。

图 7-197　露地硬枝扦插

图 7-198　用土压严插穗周围薄膜

（2）营养袋（钵）扦插　快速育苗时，常常采用药剂＋加温＋营养袋进行扦插，1～2 月在温室进行，插穗先用药剂处理，再在电热温床上加热催根，插穗生出愈伤组织或生根后，插入营养袋中（图 7-199）。4 月带土移入大田，成活好，省去 1 年的育苗时间，

图 7-199　设施内营养袋硬枝扦插

可快速大量繁殖葡萄苗木。

（五）绿枝扦插繁殖

1. 整地

在扦插前 5～6 天深翻整地，开沟做垄，垄宽 40～50cm，垄高 5～10cm，垄上覆膜，每垄插 2 行。或做成 1m 宽的平畦，畦土以含沙量 50% 以上为宜。将插条倾斜插入畦内，每畦可插 2～3 行，株距 10～20cm。

2. 插条准备

插条准备可结合夏季剪梢时（一般在 6～7 月）采集。选用具有 3～5 个节的生长健壮的当年新梢作插条，长为 15cm，插条上端距最上一芽 2cm 处平剪；下端紧靠节下斜剪，因为节的部位具有横隔膜，贮藏的营养物质较多，有利于发根；并除掉插条下部叶片，只留顶端一片叶，将该叶片剪去一半，以减少水分散失。此外，可将插条基部一节的节间刻划 2 道纵伤，以利于生根。

3. 药剂处理

为确保插条成活，最好用生长素对插条进行处理。将已准备好的插条用 25mg/L 的吲哚丁酸（IBA）溶液浸泡 24h，或用 500mg/L 的吲哚丁酸溶液浸蘸 5～10s 后即可扦插。

4. 扦插

在 6 月中、下旬的清晨（此时枝条含水量最多而且空气湿度较大），将插条插入土壤。扦插时，将插条与地面呈 45°斜插入土壤，外面只留一个顶芽，插后用手将插条周围的土压实（图 7-200）。也可以平畦扦插。

图 7-200　葡萄绿枝扦插　　　图 7-201　绿枝扦插的迷雾设备

5. 扦插后管理

插后应立即灌水，以防止插条失水萎蔫，为了避免插条失水，应随采随插。为促进早日生根成活，还要辅助遮阴，最好搭成高、宽各 1.5m 的拱棚。晴天中午应进行适当喷水，以增加棚内空气湿度，最好配自动间歇迷雾设备（图 7-201）。保持土壤含水量在20%～25%，经过 20～30 天后，插条已经生根，顶端夏芽相继萌发，此时可撤掉遮阴物，使其充分接受阳光的照射。在正常苗期管理下，当年就可发育成一级苗木，供翌年春季定植。

【栽培管理技术】

（一）整形修剪技术

葡萄常用架式有棚架和篱架（图 7-202、图 7-203），常用的整形方式有规则扇形和龙干形。

1. 规则扇形

（1）树形的特点　常用篱架，株距 2m，架高 1.8m，主蔓 4个，在 3 道铁丝以下，主蔓距离 50cm，每主蔓上有枝组 3～4 个，结果母枝修剪以中梢为主（图 7-204）。也可用棚架（图 7-205）。

优点：①整形容易，主蔓和枝组在架面上得到合理安排；②修剪灵活，结果母枝可采用长、中、短梢修剪；③可充分发挥植株的

图 7-202　葡萄棚架

图 7-203　葡萄篱架

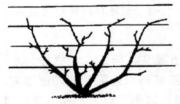
图 7-204　篱架规则扇形

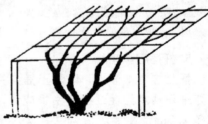
图 7-205　棚架规则扇形

结果潜力，获得高产。缺点：①灵活性太大，架面枝蔓较多，初学者难掌握；②主蔓较长，易上强下弱。

（2）整形过程

第 1 年，地面附近培养 3～4 根新梢作主蔓，秋后粗壮的留 50～80cm，较细的（＜1cm）留 2～3 芽短截。

第 2 年，秋季从去年选留的主蔓的顶端选一粗壮的枝蔓作主蔓延长蔓，留 10～15 芽（据粗度而定），其余的每隔 20～30cm 留一个新梢，强的留 3～5 个芽，弱的留 1～2 个芽，30cm 以下的枝条多去掉。

第 3 年，继续培养主蔓与枝组，主蔓高达三道铁丝，有 3～4 个枝组，树形基本完成。一般结果母枝行二枝更新。

2. 龙干形

（1）树形特点　龙干形可结合篱架（图 7-206）或棚架（图

7-207和图 7-208）进行，多用棚架。根据龙干数目的多少，可以分为独龙干（图 7-207）、双龙干（图 7-208）等不同的形式，但它们的结构基本相同。一般龙干的长度为 4～8m 或更长，视棚架行距的大小来确定。龙干均匀地分布在架面上，在每条龙干上配置结果枝，结果枝在冬季修剪时均采用短梢修剪，经过多年的短梢修剪，形成龙爪形的结果枝组（图 7-206）。

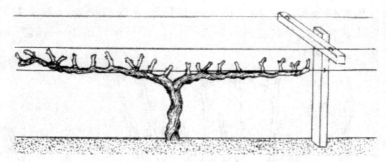

图 7-206　龙干形结合宽顶单篱架（"T"形架）

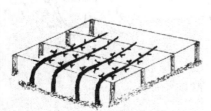

图 7-207　独龙干结合棚架

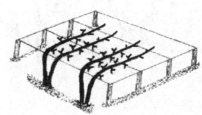

图 7-208　双龙干结合棚架

优点是结果部位紧凑，树形稳定，芽眼负载量严格，产量稳定，质量易保持，修剪技术易掌握。缺点是枝芽伸缩性小，枝组损伤后不易更新，上下架较困难。

（2）整形过程

第 1 年，选留主蔓，粗＞1cm 的剪留 1m，较弱的可平茬。

第 2 年，主蔓先端留一个 1～1.5m 的延长蔓，其余隔 20～25cm 留一个培养成枝组，留 2～3 个芽短截。

第 3 年，继续培养主蔓和枝组。

3. 冬季修剪特点

（1）葡萄的冬剪在落叶后到树液流动前（或埋土防寒前）都可以进行，春季易伤流。

（2）结果母枝剪留长度与整形修剪方法相关，一般短梢修剪2～3芽，中梢修剪4～5芽，长梢修剪5～7芽，极短梢修剪1～2芽。扇形整枝常用长梢、中梢、短梢结合修剪，龙干形整枝常用短梢、极短梢修剪。中梢、长梢修剪要采用双枝更新（图7-209），短梢修剪可采用单枝更新（图7-210）。延长枝可留10～15芽，根据品种的长势而定。

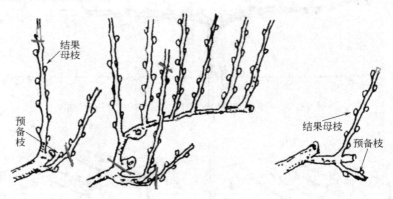

图 7-209　双枝更新

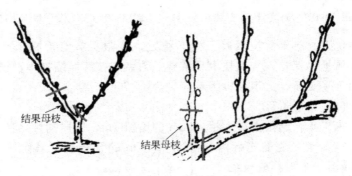

图 7-210　单枝更新

（3）结果母枝单枝更新的优缺点

① 结果部位靠近主蔓不易上移，养分、水分输送方便，有利于枝果的生长发育。

② 留芽数和留梢数有一定限度，节约养分、水分，抹芽定枝省力。

③ 架面枝蔓分布均匀，修剪技术易掌握。

④ 生长过旺，基部芽眼结实率低的品种不适合，必须结合细致的夏季修剪，控制新梢生长，促使基部成花。

注意枝蔓光秃的地方，结果母枝应长留，可留5～7节，并在下方留一个2～3节的预备枝。

（4）结果母枝双枝更新的优缺点　隔30～40cm留一个结果枝组，每枝组留一个4～5节的中梢和一个离主蔓较近的2～3节的短梢预备枝。

① 适合基部芽眼结实率低的品种。

② 有利于增加植株负载量。

③ 因留预备枝，架面枝蔓密度大，易影响架面的通风透光。

④ 抹芽定枝费工。

4. 生长季修剪特点

葡萄一年生长中发出多次副梢，生长期又长，易影响通风透光，相应的夏剪就相当重要。

（1）抹芽和疏枝　新梢长到5～10cm时，可看出花序，可把多余的发育枝、隐芽枝及过密过弱的新梢抹去。一般一个芽眼只留一个壮梢。主蔓上每个结果母枝留1个结果梢，主蔓延长蔓上隔25cm留1个梢。

（2）结果枝摘心　在开花前5天左右将结果枝顶端摘去，目的是终止加长生长，使养分转流向花序，提高坐果率。结果枝摘心大约在花序以上留5～8片叶，要考虑结果枝的长势，长势弱新梢短的可适当短些。发育枝留12节左右摘心。

（3）副梢处理　结果枝只保留顶端一个副梢，其余均及时抹去，留下的副梢每次留2～3叶反复摘心。目的是减少树体营养消耗，改善通风透光，提高坐果率。

（4）疏花序和掐花序尖　在结果枝长到20cm至开花前均可疏花序。根据树势和结果枝强弱疏，一般鲜食品种，一个结果枝留1穗，少数壮的留2穗；加工品种，果穗较小，一个结果枝留2穗，原则是满足该品种达正常质量所要求的叶果比。

在开花前1周去掉花序副穗，并将花序顶端掐去全长的1/3～1/5，不同品种有差异，落花落果严重的品种，如巨峰可掐去1/3（图7-211）。目的是提高坐果率，使果穗紧凑，果粒大小整齐。

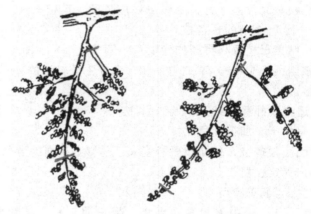

图7-211　去副穗和掐花序尖

5. 剪梢

将新梢过长的部分剪去30cm以上为剪梢。一般在7～8月间进行，目的是改善光照条件，充实枝条，增加贮藏养分。注意，剪梢过早过重会引起二次生长，降低品质；剪梢过迟效果不明显。剪后结果枝上仍要保留正常生长所需叶片数（一个结果枝保留14～20片叶）。树势弱的，通风透光好的不必剪梢。

6. 除卷须与新梢引绑

卷须的作用就是稳固新梢，如不加处理，使其在架面上乱缠，会给新梢引绑、果实采收、冬剪和上下架带来不便，故最好结合夏季修剪及时摘去卷须。当新梢长到40cm左右时，需将新梢引绑在架面上，利于通风透光和避免被风吹断，一般绑 30％的新梢即可。

（二）施肥技术

1. 基肥

基肥在果实采摘后土壤封冻前施入效果为好，以有机肥和磷、钾肥为主，根据树势配施一定量的氮肥。基肥施入量应随树龄增大而增加，幼龄树每株施农家肥 30～50kg，初结果树施 50～100kg，成龄果树施 100～130kg。成龄葡萄园基肥施入量与产量有关，一般来说，亩产 2000～3000kg 的葡萄园，可施入基肥 4000～5000kg。

2. 追肥

一般丰产葡萄园全年需氮肥 12～18kg/667m²、钾肥 30～40kg/667m²、磷肥 70～110kg/667m²。

追肥分以下 4 次进行：①萌芽前追施氮肥。②对花穗较多的葡萄树，在开花前追施氮肥并配施一定量的磷肥和钾肥，有增大果穗、减少落花的作用，用量为年施用量的 1/5 左右。③开花后，当果实如绿豆粒大小的时候，追施氮肥有促进果实发育和协调枝叶生长的作用，用量根据长势而定，长势较旺时，用量宜少；长势较差时，施用量应大一些。一般为年施用量的 1/10～1/5。④在果实着色的初期，可适当追施少量氮肥并配合磷、钾肥，以促进浆果的迅速增大和含糖量的提高，增加果实色泽，改善果实的内外品质，施肥以磷、钾肥为主。

二、猕猴桃

【学名】*Actinidia* Lindl.

【科属】猕猴桃科、猕猴桃属

【主要产区】

全属 54 种以上，我国是优势主产区，有 52 种以上，集中产地是秦岭以南和横断山脉以东的大陆地区。

【形态特征】

落叶、半落叶至常绿藤本。新梢青褐色，密生灰棕或锈色茸毛，或被红褐色钢毛。叶为单叶，互生，膜质、纸质或革质，多数具长柄，叶缘有锯齿，很少近全缘。花白色、红色、黄色或绿色，雌雄异株；花有单生、聚伞花序、腋生等；雄蕊多数，花药黄色、褐色、紫色或黑色；子房上位；种子多数。果长圆形至圆形，浆果，果皮多棕褐色、黄绿色或青绿色，无毛或被柔软的茸毛，或被刺状硬毛。花期4～5，果实成熟期为9～10月（图7-212）。

图7-212 猕猴桃形态特征

【生长习性】

1. 温度

大多数猕猴桃品种要求温暖湿润的气候，主要分布在北纬18°～34°的广大地区，年平均气温在11.3～16.9℃，极端最高气温42.6℃，极端最低气温约在－20.3℃，10℃以上的有效积温为4500～5200℃，无霜期160～270天。

2. 土壤

猕猴桃喜土层深厚、肥沃疏松、保水排水良好、腐殖质含量高的沙质壤土。它对土壤酸碱度的要求不很严格，但以酸性或微酸性土壤上的植株生长良好，pH值适宜范围在5.5～7。

3. 光照

多数猕猴桃种类喜漫射光，忌强光直射，自然光照强度以

40%～45%为宜。猕猴桃对光照条件的要求随树龄变化而变化，幼苗期喜阴，晴天需适当遮阴，尤其是新移植的幼苗更需遮阴。成年结果树需要良好的光照条件才能保证生长和结果的需要，光照不足则易造成枝条生长不充实、果实发育不良等，但过度的强光对其生长也不利，常导致果实日灼等。

4. 水分

猕猴桃是生理耐旱性弱的材种，对土壤水分和空气湿度的要求比较严格。凡年降水量在 1000～1200mm、空气相对湿度在 75%以上的地区，均能满足猕猴桃生长发育对水分的要求。猕猴桃的抗旱能力比一般果树差。水分不足，会引起枝梢生长受阻，叶片变小，叶缘枯萎，有时还会引起落叶、落果等。猕猴桃怕涝，在排水不良时，影响根的呼吸，时间长了根系组织腐烂，植株死亡。

【品种介绍】

猕猴桃属植物有 54 个种 21 个变种，栽培品种较多，常用以下分类方法。

① 按来源分类：中华猕猴桃、美味猕猴桃、软枣猕猴桃、毛花猕猴桃、杂交种品种。

② 按用途分类：鲜食品种、加工品种、观赏品种。

③ 按果肉颜色分类：绿色品种、红色品种、黄色品种。

④ 按性别分类：雌性品种、雄性品种。

（一）红肉猕猴桃品种

（1）楚红　是从中华猕猴桃野生资源中选出的早熟新品种，果实长椭圆形或扁椭圆形，平均单果重 80g，最大单果重 121g，果皮深绿色，无毛；果肉绿色，子房红色，果心黄色（图 7-213，彩图见文前），肉质细嫩多汁，香味浓郁，风味浓甜，软熟后可溶性固形物含量平均为 16.5%，酸含量 1.47%；果实 9 月上旬成熟。

（2）红阳　中华系，9 月上、中旬成熟，果实圆柱形，整齐度较高，商品性能好，果皮绿褐色、无毛。果肉黄绿色，果实中心柱呈放射状红色条纹，极美观（图 7-214，彩图见文前）。单果重 82g，较耐贮运。生产中应注意溃疡病的防治，加强管理，防止

图 7-213　楚红

图 7-214　红阳

早衰。

（3）红美　果实圆柱形，少数具缢痕，密被黄棕色硬毛。果实大小中等，平均单果重 73g，最大 100g。果肉横切剖面中心红色呈放射状（图 7-215，彩图见文前）。肉质嫩微香，口感好，易剥皮，可溶性固形物含量 19.4%，总糖含量 12.91%，总酸含量 1.37%，维生素 C 含量 115.2mg/100g，10 月中旬成熟（晚熟）。

（4）红华　中华系，是以红阳猕猴桃为母本选育而成的杂交种，9 月中旬成熟，果实整齐，正圆柱形，果皮黄绿色，密被浅茸毛，果心呈放射状红色条纹，充实而不空心，平均单果重 93g（图7-216，彩图见文前）。可溶性固形物含量 18%～19%，风味独特，酸甜适中，货架期长。

图 7-215　红美

图 7-216　红华

（二）绿肉猕猴桃品种

（1）翠玉　中华系，10 月上旬果实成熟，果实圆锥形，单果重 90～129g。果肉翠绿色（图 7-217，彩图见文前），肉质致密，极耐贮藏，细嫩多汁，风味浓甜，可溶性固形物含量为 15.9％～19.5％，品质上等。其贮藏性与海沃德相似，远超过其他各主栽品种。翠玉还有一个突出的优点，即果实无需完全软熟便可食用。

（2）海沃德　美味系（硬毛），新西兰品种，目前是世界各国的主栽品种。果实宽椭圆形至阔长圆形，果形正而美观，单果重 80～100g，果肉绿色（图 7-218，彩图见文前），甜酸适度，有浓

图 7-217　翠玉

香。可溶性固形物含量 12%～18%，维生素 C 含量 0.48～1.2mg/g。果实成熟期为 11 月上旬。果色较其他品种深，果肉绿色，香味浓，属晚熟品种。

海沃德适应性广，果实风味和耐贮性均优于其他品种。但进入结果期迟，产量偏低，树势稍弱，易产生枯枝，抗风能力差，春季栽植生长缓慢。该品种最大优点是果形美，耐贮藏，货架期长，以鲜食为主。

图 7-218　海沃德

（3）徐香　江苏省徐州市选育。果实圆柱形，果皮黄绿色，被褐色硬刺毛。单果重 75～110g，最大果重 137g。果肉绿色（图7-219，彩图见文前），浓香多汁，酸甜适度。维生素 C 含量0.99～1.23mg/g，可溶性固形物含量 15.3%～19.8%。其早果性、丰产

图 7-219　徐香

性均优于海沃德，但贮藏性和货架期不及海沃德。成熟采收期长，从 9 月底到 10 月中旬。

（4）翠香　果实长椭圆形，果皮绿褐色，果皮薄，易剥离，果肉翠绿色（图 7-220，彩图见文前），质地细而果汁多，果实香甜可口，味浓有香气，平均单果重 82g，最大单果重 130g，果实 9 月底成熟。可溶性固形物含量 11.57%，可食果可溶性固形物含量 17% 以上。常温下贮存 25 天，综合性状优于其他各个优系，风味好，且早熟，是优良的早熟资源。

图 7-220　翠香

（三）黄肉猕猴桃品种

（1）金阳　中华系，平均单果重 85g，最大果重 155g，长椭圆形，果形整齐；果肉黄色（图 7-221，彩图见文前），肉质细腻，风味甜，可溶性固形物含量 15.0％，品质优。在徐州地区，9 月中、下旬成熟。常温下可存贮 15 天，冷藏条件下贮藏期 50 天左右。

图 7-221　金阳

（2）新美　中华系，系新引入的日本高糖型猕猴桃新品种，果实 10 月初成熟，平均单果重 106g。果形长圆，端正，软毛。果肉黄色（图 7-222，彩图见文前），肉质较细，含糖量 18％，风味浓甜。该品种丰产、稳产、抗逆性强，在当前日本也是重点推广品种。

图 7-222　新美

（3）金桃　果实长圆柱形，果皮黄褐色，果面光洁无毛。果顶微凹，外观好。平均单果重 82g，最大 121g，果心小而软，果肉金黄色（图 7-223，彩图见文前），质地脆、细而多汁。酸甜适中，

图 7-223 金桃

含维生素 C 1470~1520mg/kg，可溶性固形物含量 18.0%，有机酸含量 1.69%。产量高，在武汉 9 月中、下旬采果，常温下可贮藏 40 天左右。授粉品种为"磨山 4 号"。

（4）金果 新西兰最新品种，10 月上旬成熟，果实长椭圆形，单果重 90~121g，果皮呈深绿色，果面无毛。果心小而软，果肉金黄色（图 7-224，彩图见文前），质地细而多汁，香甜可口。开始结果早，嫁接苗第 2 年 80%可结果。丰产性好，风味好，维生素 C 含量高。

图 7-224 金果

（四）毛花猕猴桃

华特：绿肉，10 月下旬至 11 月上旬成熟，平均单果重 95g，最大 138g；果实长圆柱形，果面密布白色长茸毛（图 7-225，彩图见文前），果实酸甜可口，风味浓郁。植株长势强，适应性广，抗

图 7-225 华特

逆性强，耐高温、耐涝、耐旱和耐土壤酸碱度的能力均比中华猕猴桃强；结果性能好，各类枝蔓甚至老蔓都可萌发结果枝；丰产、稳产，可食期长，贮藏性好，常温下贮放 2 个月，冷藏可达 4 个月以上。

（五）雄性品种

(1) 马阿图　1950 年新西兰选育，与大多数雌性品种花期相遇，可作早中花期品种的授粉树（图 7-226）。

图 7-226 马阿图

图 7-227 陶木里

(2) 陶木里（Tomuri）　1950 年新西兰选育，花期晚，主要用作海沃德、秦美等晚花性品种的授粉树（图 7-227）。

（3）磨山 4 号 武汉植物研究所选育的中华猕猴桃雄性品种，花量多，花期长达 15～20 天，可与大多数中华猕猴桃雌性品种的花期相遇，是较理想的授粉树（图 7-228）。

图 7-228 磨山 4 号

【繁殖方法】

（一）砧木繁殖

1. 种子的采集和处理

采收充分成熟的果实，待其后熟变软后，用干净的纱布或布袋包好、捣碎，用清水将果实冲洗干净，取出种子，置通风处晾干贮藏。播种前要进行层积处理，否则不易发芽。具体方法是在播种前 40～60 天，将种子放入 35℃温水中浸 24h 捞出，与 2 倍的湿沙混合，然后放入容器中，埋于背阴处。每隔 1 周检查、翻动 1 次，使湿度均匀，透气良好。当有 30%～50% 种子开始萌动露白时即可播种。

2. 圃地选择与苗床准备

苗圃地应选择土质疏松、排灌方便的沙质壤土，pH 5.5～7.0。整地做床时，深翻土壤 20～30cm，每 667m² 施入底肥 100kg 磷肥或优质有机肥 5000kg，并用呋喃丹 1kg、敌克松 4kg 撒入土中进行土壤消毒，拣去杂草碎石，做成宽 105cm 的苗床，长度随地势而定，床土要细碎、平整。

3. 播种

4 月上、中旬，当地温达到 15℃时进行播种，播前 2 天灌 1 次透水，将种子混在细沙中均匀地撒在苗床上，播种量为 1kg/667m²。取土用筛子筛在苗床上，覆土厚度为 2~3mm，以不见种子为宜，用稻草或塑料薄膜覆盖保墒，以保持土壤湿润、疏松，促进种子萌发出土。

4. 播后管理

播后 7 天左右种子可以伸出胚根，15~20 天可出苗。保持土壤湿度，以清晨或下午浇水为宜，同时注意排水防涝。出苗后，需搭棚适当遮阴，并在阴天或傍晚揭开棚膜。出苗 50 天左右、长出 2~3 片真叶时进行间苗，长至 6~8 片真叶时定苗，通常每 667m² 可成苗 3 万株，并逐步除去遮阴物。苗高 30cm 时，进行第一次摘心，以后长出副梢后留 6~8 片叶进行多次摘心。同时，要及时剪除基部的萌蘖枝，以保证主干粗壮，嫁接部位光滑。追肥要少量多次，追肥前除净杂草，不可把肥料撒在幼苗叶片上，从 6 月中旬至 8 月中旬追肥，每隔 10 天施肥 1 次，每亩施尿素 2~4kg。

（二）嫁接繁殖

1. 接穗与砧木选择

从落叶后至伤流期之前，一般在 12 月至翌年 4 月上旬为最佳嫁接时期。接穗宜选用 1 年生健壮、无病虫害、有饱满芽的成熟主梢或副梢（一次副梢）枝条。砧木多用充实、健壮、基部直径达 0.6~1cm 的猕猴桃实生苗。将砧木挖出在室内嫁接后，按（10~15）cm×（20~25）cm 的间距进行移栽，可提高嫁接苗的成活率和出圃率。

2. 嫁接方法

猕猴桃嫁接育苗可用枝接和芽接的方法，枝接可用切接、劈接、舌接的方法，芽接可用"T"字形芽接和带木质部的嵌芽接法，具体操作参见第三章嫁接苗的培育。

（三）扦插繁殖

1. 硬枝扦插

（1）插床准备　插床同上述实生育苗的自然苗床。其基质多选用疏松肥沃、通气透水的草炭土、蛭石或珍珠岩。蛭石和珍珠岩作基质时，一定要加 1/5 左右腐熟的有机肥，并充分拌匀。基质常用 1%～2% 的福尔马林溶液均匀喷洒后，覆盖塑料膜熏蒸 1 周，再打开膜，通风 1 周即可用。

（2）插穗准备　选择枝蔓粗壮、组织充实、芽饱满的 1 年生枝蔓，剪成 20cm 左右长的段，上下一致捆成小把，如不立即扦插，两端封蜡，层积保存。方法为一层湿沙，一层插穗。沙子湿度为手握成团，松开即散。长期保存时，注意每 1～2 周翻查湿度是否合适、有无霉烂情况。

（3）扦插　硬枝扦插多在冬季到翌年 2 月末之间进行。取出插穗，插穗下端斜剪，用 80～500mg/L 的生长素处理，处理时间 6h 至数分钟。处理时间短，浓度需大一些，浓度低则需时间长些。另外，中华和美味猕猴桃难生根，需用高浓度，处理时间长一些；而毛花、狗枣、葛枣、软枣猕猴桃等易生根，处理浓度低，时间短。生长素处理后的插穗先在 21℃ 左右的温床中埋 3 周，诱导愈伤组织，然后扦插。扦插时将插穗的 2/3～3/4 插入床土，留一个芽在外，直插、斜插均可。可用木棍或竹棍引路，以防插伤表皮。插距为 10cm×5cm，插后搭拱棚遮阴。其后管理同实生育苗。

2. 绿枝扦插

（1）插床准备　绿枝扦插的插床基本同于硬枝扦插插床，有两点不同，一要有充足的光照条件；二要有弥雾保温设备。光照为插穗的叶片提供光合能量，弥雾保湿可减少叶片的蒸腾作用，防止插穗干枯。

（2）插穗准备　选用生长健壮、充实、无病虫害的木质化或半木质化新梢，随用随采。为了促进早生根，可用生长素处理下部剪口。常用药剂及处理浓度有 100～500mg/L 吲哚丁酸处理 0.5～3h；200～500mg/L 萘乙酸处理 3h。

（3）扦插　绿枝扦插方法同上述硬枝扦插，注意保湿，特别在前 2～3 周内，湿度决定着扦插的成败。为了减少水分散失，可将叶片剪去 1/2～2/3，弥雾的次数及时间间隔以苗床表土不干为度，弥雾的量以叶面湿而不滚水即可。过干会因根系尚未形成，吸不上水而枯死，过湿会导致各种细菌和真菌病害发生蔓延。绿枝扦插的喷药次数较多，大约 1 周 1 次。多种杀菌剂交替使用，以防病种的多发性，确保嫩枝蔓正常生长。

插后 3～4 周，根系形成。此后，逐步减少喷水次数，逐渐降低空气湿度。绿枝扦插苗生根后 1～2 周，约在插后 40 天，即可移栽。

3. 根插

猕猴桃的根插成功率比枝插高，这是因为根产生不定芽和不定根的能力均较强。根插穗的粗度也可细至 0.2cm，插时不用蘸生根粉或生长素。根插的方法基本同于枝插，插穗上端仅外露 0.1～0.2cm。根插一年四季均可进行，以冬末春初效果好。初春插后约 1 个月即可生根发芽，50 天左右抽生新梢。

4. 根、嫩梢结合插

此法为利用根插后，将插穗上萌发的多余的黄色嫩梢从基部掰下，蘸或不蘸生根粉，带叶扦插。因为根和黄色嫩梢都含有较高水平的生长素，对生根很有利，所以此方法的成功率很高。注意插后前期搭塑料小拱棚保湿。

【栽培管理技术】

（一）架式

猕猴桃生产中常用的架式有 3 种，分别为篱架、"T"形架和平顶架。

（1）篱架　支柱长 2.6m，粗度 12cm，入土 80cm，地面净高 1.8m。架面上从下至上依次牵拉 4 道防锈铁丝，第一道铁丝距地面 60cm。每隔 8m 立一支柱，枝蔓引缚于架面铁丝上。此架式在生产中应用较多［图 7-229(a)］。

（2）"T"形架　在直立支柱的顶部设置一水平横梁，形成

"T"形的小支架。支柱全长2.8m，横梁全长1.5m，横梁上牵引3道高强度防锈铁丝，支柱入土深度80cm，地上部净高2m，每隔6m设一支柱［图7-229(b)］。

（3）棚架　架高2m，每隔6m设支柱，全园中支柱可呈正方形排列。支柱全长2.8m，入土80cm。棚架四周的支柱用三角铁或钢筋连接起来，各支柱间用粗细铁丝牵引网格，构成一个平顶棚架［图7-229(c)］。

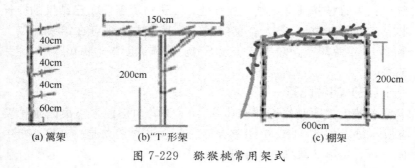

(a)篱架　　　　(b)"T"形架　　　　(c)棚架

图7-229　猕猴桃常用架式

（二）整形修剪

1. 整形

整形以篱架水平整形、少主蔓自由扇形、"T"形小棚架等树形为主，以轻剪缓放为主，加强生长季的修剪，缓势促花结果。

2. 修剪

（1）生长季修剪

① 抹除砧木上发出的萌蘖和主干或主蔓基部萌发的徒长枝，除留作预备枝外，其余的一律抹除。

② 春梢已半木质化时，对徒长性结果枝在第10片叶或最后一个果实以上7～8片叶处摘心；春梢营养枝第15片叶处摘心，如萌发二次梢可留3～4片叶摘心。

③ 疏除过密、过长而影响果实生长的夏梢和同一叶腋间萌发的两个新梢中的弱枝。

④ 幼树期对生长过旺的新梢进行曲、扭、拉，控制徒长，并

于 8 月上旬将枝蔓平放，促进花芽分化。

（2）冬季修剪

① 主要疏去生长不充实的徒长枝、过密枝、重叠枝、交叉枝、病虫枝、衰弱的短缩枝、无利用价值的萌蘖枝和无更新能力的结果枝。②结果母枝上当年生健壮的营养枝是来年良好的结果母枝，视长势和品种特性留 8～12 个芽短截，弱枝少留芽，强枝多留芽，极旺枝可在第 15 节位后短截。③已结果 3 年左右的结果母枝，可回缩到结果母枝基部有壮枝、壮芽处，以进行更新。④已结果的徒长枝，在结果部位上 3～4 个芽处短截，长、中果枝可在结果部位上留 2～3 个芽短截，短果枝一般不剪。留作更新枝的保留 5～8 个芽短截。

（三）品种配置

一般大果园雌雄株按（10～12）∶1 均匀搭配，小果园雄株要求多一些，按 8∶1 或 6∶1 的比例搭配。具体栽法是：在每 3 行中间一行，每隔 2 雌株栽 1 雄株。

（四）肥水管理技术

1. 基肥

10 月下旬至 11 月下旬果实采摘后，立即在树盘周围挖深 35cm、宽 30cm 的环状沟或沿植株行向开沟，施入腐熟的有机肥并加入饼肥、磷肥，然后灌水覆土。亩施有机肥 1500～3000kg，加饼肥 150～200kg 和磷肥 100～150kg。

2. 追肥

① 萌芽前追肥：2 月下旬至 3 月上旬追肥，施以氮肥为主的速效性肥料，并结合灌水，亩施尿素 6～10kg。②果实膨大期施肥：谢花后 1 周（5 月下旬至 6 月中旬），每株施复合肥料 100～150g、人畜粪水 6～10kg。③果实生长后期施肥：7 月下旬至 8 月上旬追肥，施以速效性磷、钾为主的肥料，要控制氮肥的施用，以免枝梢徒长，每株施磷、钾肥 200～250g。④在盛花期和坐果期追肥：用 0.3％的磷酸二氢钾或 0.2％的尿素液进行根外追肥。

3. 水分管理

猕猴桃根系分布浅，不耐旱，也不耐涝；其生长需要较高的空气湿度和保持土壤充足水分。故应做到以下几点：①春季萌芽前，结合施肥进行灌水，每株 25～30kg，视旱情，灌水 2～3 次；②伏旱期间，视旱情灌水 2～3 次；③秋雨期，要及时在果园内或植株行间开沟排水。

三、果桑

【学名】*Morus alba* L.

【科属】桑科、桑属

【主要产区】

该种原产中国中部和北部，现东北至西南各省区、西北直至新疆均有栽培。

【形态特征】

落叶乔木或灌木，高 3～10m 或更高，胸径可达 50cm，树皮厚、灰色，具不规则浅纵裂。叶卵形或广卵形，长 5～15cm，宽 5～12cm，先端急尖、渐尖或圆钝，基部圆形至浅心形，边缘锯齿粗钝，有时叶为各种分裂（图 7-230）。花单性，腋生或生于芽鳞腋内，与叶同时生出；雄花序下垂，长 2～3.5cm；花被片宽椭圆形，淡绿色（图 7-231）；雌花序长 1～2cm，总花梗长 5～10mm，无花柱，柱头 2 裂，内面有乳头状突起（图 7-232）。聚合果卵状椭圆形，长 1～2.5cm，成熟时红色或暗紫色。花期 4～5 月，果期 5～8 月。

【生长习性】

果桑喜光，幼时稍耐阴。喜温暖湿润气候，耐寒。耐干旱，耐水湿能力极强。对土壤的适应性强，耐瘠薄和轻碱性，喜土层深厚、湿润、肥沃土壤。根系发达，抗风力强。萌芽力强，耐修剪。有较强的抗烟尘能力。

【品种介绍】

（1）无核大十　即大 10，三倍体早熟品种。树形开展，枝条

图 7-230　桑树叶形态特征

图 7-231　桑树雄花

图 7-232　桑树雌花

细直，叶较大，花芽率高，单芽果数 5~6 个，果长 3~6cm，果径
1.3~2.0cm，单果重 3.0~5.0g，紫黑色（图 7-233，彩图见文
前），无籽，果汁丰富，果味酸甜清爽，含总糖 14.87%，总酸
0.82%，可溶性固形物含量 14%~21%。黄淮流域 5 月上旬成熟，
成熟期 30 天以上，亩产桑果 1500kg，产桑叶 1500kg 左右，抗病
性较强，抗旱耐寒性较差，果、叶兼用，桑果适合鲜食，也可加
工，我国南方和中部地区适宜种植。

　　（2）白玉王　中熟品种。树形开展，枝条粗壮，长势较慢，叶
较小，花芽率高，果长 3.5~4.0cm，果径 1.5cm 左右，长筒形，
单果重 4~5g，最大 10g，果色乳白色（图 7-234，彩图见文前），

图 7-233　无核大十

图 7-234　白玉王

有籽，汁多，甜味浓，含糖量高达 20%，黄淮流域 5 月中、下旬成熟，成熟期 30 天左右，亩产桑果 1000kg 左右，产桑叶 1500kg。适应性强，抗旱耐寒，是一个大果型叶果兼用品种，桑果适合鲜食，也可加工，我国南北方均可种植。

（3）桂花蜜　中熟品种。生长一般，枝条细直，叶片中等。桑果紫红色（图 7-235，彩图见文前），成熟时有桂花一样的香味，味道鲜、香、甜，有籽，果形不大，成熟期 28 天左右，一般亩产 1000kg。抗旱性一般，肥水要求较高，适宜良田种植。特别注意配种 5%的雄株，否则落花落果严重。

图 7-235　桂花蜜

图 7-236　日本甜桑

（4）日本甜桑　从日本引进，中熟品种。枝条粗长而直，叶片一般，生长旺盛，结果率高，单芽果数 6～8 个，一般亩产

1500kg。抗病性强，抗旱、耐寒性较强，适应性广，我国南北各地都可种植。

平均单果重 4g，最大单果重 7g，果长 3.5cm，直径 1.5cm，果紫黑色（图 7-236，彩图见文前），果汁含糖量高，香甜爽口，成熟期 28 天左右。

（5）台湾超长果桑　即台湾长果桑，又名超级果桑、秀美果桑、紫金蜜桑，台湾新引进品种。果形细长，果长 8～12cm，最长 18cm（图 7-237，彩图见文前），果径 0.5～0.9cm，果重可达 20g，外观漂亮，口感好，糖度高，含糖量 18%～20%，甘甜无酸，亩产 2500kg 以上，具有四季结果习性。台湾超长果桑是近年来最受市场欢迎的果桑之一，是观光采摘园不可缺少的珍贵品种，适合我国南方和中部地区种植。

图 7-237　台湾超长果桑　　　　图 7-238　四季红

（6）四季红　即台湾四季果桑，台湾新引进品种。果长 2.5～3.2cm，果重 3.5～4.8g（图 7-238，彩图见文前）。一般在自然状态下，一年只有春季能采收桑果，而台湾四季红果桑是一个很优秀的果桑品种，除了休眠期外一直开花结果，而且不需要人为干扰就能一直开花结果，从春季到初霜冻前均可采摘，以春季产量最大，春果成熟期在黄淮流域为 5 月初到 5 月 26 日，其他季节的产量为春季的 15%～25%，全年累计亩产果 2500kg，最高 5000kg。台湾四季红果桑抗病力强，结果早，采摘期长，当年种植当年挂果，当年获得收益，适合在城市郊区建立观光采摘园，是非常有发展前途的果桑品种。

【繁殖方法】

（一）扦插繁殖

1. 硬枝扦插

选充实健壮且没有病虫为害的当年生枝，剪成 20cm 左右、含有 2～3 个饱满芽的插穗，将其基部用 0.5% 的高锰酸钾消毒后，每 30～50 枝一捆，用 1000～1500mg/L 的萘乙酸溶液浸泡基部 1～2min，然后放入 28～32℃ 的温床中催根，当露出白色根尖后，转移到苗床即可。

2. 绿枝扦插

将半木质化的新梢采下后去叶留柄，用 300～500mg/L 的 NAA 浸泡基部后立即插入苗床；或者将每个插穗顶部保留 1～2 片叶，各叶均剪去 1/3～1/2，其余叶片全部去掉插入遮阴苗床即可。插床棚内气温高于 30℃ 时，要及时喷水降温，一般 25 天左右生根，40 天左右开始炼苗，60～70 天可向外移栽。

（二）嫁接繁殖

1. 砧木苗的培育

（1）苗地选择与整地 选择土层深厚、土质肥沃、地面平整、阳光充足、靠近水源的土地作为苗圃地，且要求前作没有育过桑苗。除尽杂草，施肥（每亩施腐熟细碎有机肥 2000～2500kg），然后把土团充分耙碎、耙平，然后做畦，畦高 10～15cm，宽100～120cm。

（2）播种时期 分为春播和秋播，以春播为主。清明前后地温 20℃ 时即可播种，最迟在 5 月下旬前播种结束为好。春播桑苗生长时间长，易长成壮苗，管理比较方便。

（3）播种方法 采用撒播法，每亩用种量 0.25～1.0kg，种子与细泥土拌匀并分成 5 等份来回均匀撒在畦面上，薄盖一层细土，稍镇压，盖上稻草，淋水使泥土湿润。

（4）苗期管理 播后 7～10 天，注意淋水补湿，保持苗地充分湿润，促使桑种出芽齐全。长出 1 片真叶时，在阴天或傍晚分批把

稻草揭去。

从出 2 片子叶到 4～5 片真叶为缓慢生长期，主要工作是灌溉、排水、追肥、间苗、补缺、除草。追肥以速效农家肥为主，化肥为补，一般以 0.5％尿素或 10 倍人粪尿隔周淋一次。用肥量先稀后加浓，多次薄施。

长到 5 片真叶后进入旺长期，主要工作是除草、施肥，每月施肥 2～3 次，每次每亩施粪水 1500～2000kg，加少量尿素，苗高 30cm 后，根据苗木生长情况确定是否施肥。

播种后经过 3～4 个月的管理，一般苗高 60cm、苗茎径 3mm 以上时，可根据需要有计划地起苗移栽。

2. 嫁接

桑树绿枝为空心，影响成活，常在落叶后到春季发芽前进行嫁接。桑树嫁接方法很多，但应用较普遍的方法是袋接。袋接具有操作简便、成活率高、适于大量繁殖桑苗、苗木生长快等特点。

(1) 剪砧木　在砧木根颈稍下方的光滑部位，剪成 45°左右的平滑斜面。砧木细的，斜面应稍大些。要求剪口平滑，皮层不破，否则重剪。

(2) 削接穗　削接穗时，应选择饱满完好的冬芽，一个穗头用四刀削成。第一刀在芽的反面下方 1cm 处起刀，削成 3cm 长马耳状的斜面；第二刀将削面前端过长的部分削去，要露出形成层；第三、第四刀沿着斜面两侧各向下斜削一刀，使两侧的形成层露出。削好的接穗要三面露青。最后在芽上方 1cm 处剪断即成。接穗削好后，要求削面平滑，舌尖宽窄适当（约 5mm），尖端皮层与木质部不分离（图 7-239）。

(3) 插接穗　用手捏开砧木斜面皮层，与木质部分离成口袋状，然后将接穗斜面对着砧木皮层缓缓插入袋内（图 7-239），直至插紧，但不能用力过猛，防止插破皮层。如发现破裂，必须重新剪插。插接穗时，粗砧木要选粗接穗，细砧木选细接穗。

(4) 壅土　接穗插好后，随即壅湿润细土埋住嫁接部位。壅土时两手壅紧嫁接部位，用力要均匀，防止动摇接穗。然后，再用细

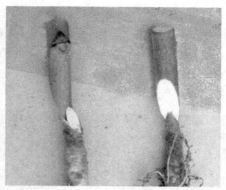

图 7-239 桑树袋接法

土壅没接穗1～2cm呈馒头状。壅土要作到底脚大、中间紧、上部松。干旱、沙土或大风地区壅土宜厚，潮湿、黏土或多雨地区可稍薄。盐碱地嫁接宜覆淡土。

此外，桑树还可以采用腹接、劈接、切接、芽接等方法（图7-240），具体方法参见第三章嫁接苗的培育。

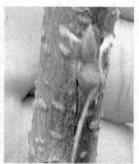

(a)腹接 　　　　　(b)劈接 　　　　　(c)芽接

图 7-240 果桑嫁接方法

【栽培管理技术】

（一）整形修剪

1. 整形

1年生树整形，留30～35cm主干，并在主干不同方位留3～5

条新枝作为骨干枝培养，其余部分剪除。当新枝生长到 30cm 时摘心，以促进分枝粗壮，加快树形的形成。如发现果蕾要及早摘除以减少营养损耗。整形时间一般为 3 月底，每年都在桑葚采收后短截，逐步形成低干树形，一般株高不超过 2.5m，以利第 2 年果实采摘方便（图 7-241）。

图 7-241　果桑常用树形

2. 摘心

2 年生以上投产树，当枝条顶部有 6 片新叶左右时摘心，留 4 摘 5。中下部生长缓慢，一般不需摘心。摘心时间在 3 月底 4 月初，此时有利于养分由营养生长转入果实生长。

3. 夏伐

2 年生以上结果树，果实采摘完后（6 月上旬）进行夏伐。控制主干高度，剪去过多下垂枝，所有的结果母枝均留 2～3 个芽短截，促其萌发新梢，作为来年的结果母枝。短截宜早不宜迟，以保证新梢有充足的时间生长，积累营养以进行花芽分化。

4. 冬剪

冬季修剪时将夏季萌发的弱小枝、退化的结果母枝适当短截，一般剪去枝梢顶端 20～25cm。

（二）肥水管理

每年冬季于行间开 20cm 深的沟施肥，每亩施腐熟农家肥

3000kg、复合肥 50kg。夏剪后亩施碳酸铵 50kg 或尿素 20kg。始花期和幼果期分别叶面喷施 1 次 0.3％的磷酸二氢钾溶液（叶子正反两面都要喷施），以提高产量和品质。

果桑需水期主要是春剪后萌芽期和夏剪后萌芽期，这两个时期应及时补充水分。

四、草莓

【学名】*Fragaria ananassa*

【科属】蔷薇科、草莓属

【主要产区】

草莓原产于南美洲，主要分布于亚洲、欧洲和美洲。我国草莓主要分布在四川、河北、安徽、辽宁、山东等地。

【形态特征】

草莓是多年生草本，高 10～40cm。茎低于叶或近相等。三出复叶，小叶具短柄，质地较厚，倒卵形或菱形，稀近圆形，长 3～7cm，宽 2～6cm，顶端圆钝，基部阔楔形，上面深绿色，下面淡白绿色。聚伞花序，有花 5～15 朵，花两性，直径 1.5～2cm；花瓣白色，近圆形或倒卵椭圆形（图 7-242）。聚合果大，直径达 3cm，鲜红色，宿存萼片直立，紧贴于果实。花期 4～5 月，果期 6～7 月。

图 7-242　草莓形态特征

【生长习性】

草莓喜光，喜潮湿，怕水渍，不耐旱，喜肥沃、透气良好的沙壤土。春季气温上升到5℃以上时，植株开始萌发，最适生长温度为20~26℃。

【品种介绍】

草莓栽培品种很多，全世界共有20000多个，但大面积栽培的优良品种只有几十个。我国自己培育的和从国外引进的新品种有200~300个。

(1) 大将军　美国品种。植株大，生长强壮，叶片大，匍匐茎抽生能力中等；抗旱、耐高温，抗病、适应性强；花朵大，坐果率高。果实圆柱形，果个特大，最大单果重122g，一级序果平均重58g。果面鲜红，着色均匀；果实坚硬；特别耐贮运（图7-243，彩图见文前）；果味香甜，口感好；果实成熟期比较集中。丰产，日光温室栽培可以连续结果3次，结果期长达4个月，亩产可达3000kg。适合促成栽培。

(2) 红颜　别名红颊、日本99。休眠浅，比丰香略深，植株分茎数较少，单株花序3~5个，花茎粗壮坚硬直立，花量较少，顶花序8~10朵，侧花序5~7朵，花朵发育健全，授粉和结果性好，果实长圆锥形，顶果略短圆锥带三角形，颜色鲜红漂亮，果形美观，顶果特大，最大顶果达100g以上（图7-244，彩图见文前），果硬度较好、耐贮运，含糖量高，口味好，对白粉病抗性较强，耐低温，不抗高温，在冬季低温条件下连续结果性好，畸形果少。易发生炭疽病和叶斑病，夏季育苗困难。丰产性好，亩产3500~4000kg。

(3) 甜查理　美国品种，果实呈圆锥形或楔形，大小整齐，畸形果少，表面深红色有光泽（图7-245，彩图见文前），味甜，香味较浓郁，硬度中等，较耐贮运。一级果平均单果重41g，最大的果重105g以上。休眠期在45h左右。高抗灰霉病和白粉病的草莓苗种类，且对其他病害抗性也很强。丰产性较好，亩产可达4000kg以上。适应性强，适合北方设施栽培，也适合南方大棚、露地种植。

(4) 草莓王子　荷兰培育的高产型中熟品种，也是欧洲最著名

图 7-243　大将军

图 7-244　红颜

的鲜食主栽品种。果实圆锥形，果个大，最大单果重 107g，一级序果平均单果重 42g，果面红色，有光泽（图 7-246，彩图见文前）；果实硬度好，贮运性能佳；果香甜，口感好。产量特别高，拱棚栽培亩产可达 3500kg，露地栽培可达 2800kg。

图 7-245　甜查理

图 7-246　草莓王子

（5）阿尔比　欧美品种。植株长势较强，叶片椭圆形。果实圆锥形，颜色深红有光泽（图 7-247，彩图见文前），髓心空，质地细腻，果实酸甜适中。果个大，一级序果平均单果重 31g，最大单果重 60g。为四季性草莓，适合生长条件下可全年产果。果实硬度高，耐贮运，货架期长。综合抗性强。世界各地大面积种植。

（6）香绯　系美国培育的日中性草莓新品种，在欧洲积极推广。果实圆锥形，果个大，果形规整；果面红色，有光泽（图

7-248，彩图见文前）；果实紧硬，适合长途运销；果味香甜，口感好，风味浓，品质好。植株小，生长健壮，叶片厚，匍匐茎抽生中等；抗旱、耐高温，抗病，丰产、稳产，有广泛的适应性，适合我国北方日光温室和南方广大地区用于秋冬季收获种植，是目前替代"安娜"的理想四季草莓新品种。

图 7-247　阿尔比

图 7-248　香绯

【繁殖方法】

草莓的繁殖方法有多种，主要有匍匐茎繁殖、分株繁殖、种子繁殖、组织培养繁殖。

（一）分株繁殖（又称分墩法）

生产上草莓要换地重新栽植时采用此法。在草莓园果实采收后加强对植株的管理，当老株上新茎基部发生较多新根时，及时将老株挖出，剪除新茎基部未发新根又已衰老的根状茎，然后将每一带有新根的新茎分开，成为若干株新茎苗，以供栽植。

（二）种子繁殖

生产上不宜用此法，而在选育新品种时采用。采种是用刀片将果皮连同种子一起削下，成片铺在纸上，晾干后即可将种子刮下，收集备用。播前低温层积处理 1~2 个月，能促使其发芽整齐一致。

（三）组织培养繁殖

组织培养可培育脱毒苗，进行脱毒苗的扩繁，也适于未脱毒草莓苗的快速繁殖，可以在短期内繁殖出大量品种纯正的秧苗。在无菌条件下将茎尖、匍匐茎等接种于适宜培养基上，然后不断转移增殖，一株苗 2 周内可得到 10～15 株苗（图 7-249）。

图 7-249　草莓组培苗

1. 草莓茎尖培养

草莓茎尖培养技术，不仅用于草莓优良品种的快速繁殖、对严重感染病毒的品种提纯复壮，还能结合辐射诱变进行品种的改良和选育。目前草莓的茎尖脱毒技术已在全国许多单位应用。适合茎尖培养的培养基是 MS＋6-BA 1～2mg/L＋NAA 0.1～0.2mg/L。

2. 匍匐茎培养

切取草莓植株带芽匍匐茎茎段 2cm 左右，接种在 MS＋6-BA 1.0mg/L＋NAA 0.1mg/L 芽诱导培养基上，25 天后长出 1～2 片幼叶，诱导率达 60%。在 MS＋6-BA 1.0mg/L＋NAA 0.1mg/L 增殖培养基上，1 个月左右增殖倍数达 15。当继代苗长至 4～5cm 时，转入 MS＋1/2MS＋IBA 0.5mg/L 生根培养基，大约 10 天新生根出现，接种后 15 天左右，平均每株生根 2～3 条。

（四）匍匐茎繁殖

匍匐茎繁殖是生产上草莓繁殖的主要方法。匍匐茎大量发生期在 6～8 月，匍匐茎发生要求高温长日照条件。影响匍匐茎发生数量的因素有母株长势、环境条件、休眠、品种等。

1. 建立母本园

生产园结果后又让其抽生匍匐茎形成匍匐茎苗，必然会影响第2年的产量。在有条件的情况下，应专门建立母本园。一般母本园年龄不宜超过3年，3年之后应进行轮作，另换地块重建母本园。亩栽800～1000株，行距1～1.5m，株距0.3～0.5m。

2. 育苗圃科学管理

(1) 加强肥水管理，促进幼苗生长。

(2) 摘除花茎，减少营养消耗，促发匍匐茎和形成健壮子株。

(3) 育苗地要经常整理和固定匍匐茎，可将其引向空处，在匍匐茎的叶丛处用土压茎，去除母株后发匍匐茎小苗，从而达到株丛间通风透光，保证子株有足够的营养面积。

(4) 喷施10mg/L的赤霉素溶液，每株5～10ml，有利于匍匐茎发生。

(5) 经常摘除衰老叶片和病叶，保持母株5～6片绿叶和匍匐茎子苗4～5片绿叶，促进子苗加快生长。

3. 营养钵压茎

在繁殖优良品种时，可在匍匐茎大量发生时期，将口径为10cm的营养钵埋在母株四周，钵内盛肥沃的培养土，将匍匐茎苗压在钵土中，保持适宜的湿度以利生根，生根后可以在苗圃地集中管理。定植时带土移栽，有利于生长发育。

4. 优质苗标准

具有5～7片叶，色深、叶厚，苗高25～30cm，单株苗重25g以上，新茎粗1cm以上，根系发达无病虫（图7-250）。

【栽培管理技术】

(一) 整地、施肥

1. 施底肥

园地耕作前要施足底肥（亩施3000～5000kg），以腐熟有机肥为主，适量配合其他肥料，如土壤缺素还应补充相应微肥。底肥要全园撒施，翻耕后与土壤充分混匀。整地做到平整、沉实。

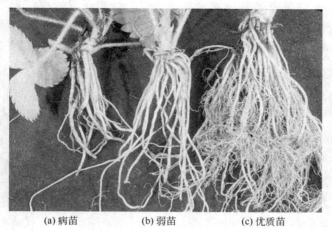

　(a)病苗　　　　　(b)弱苗　　　　　(c)优质苗

图 7-250　草莓苗质量

2. 做畦

北方高垄栽培，垄高 20～30cm，垄面宽 40～50cm，垄沟宽 30cm。每垄栽 2 行。南方常用高畦栽培，畦宽 1.5m，畦沟宽 30cm，深 15cm，畦长 15～20m。每畦栽 4 行（图 7-251、图 7-252）。

图 7-251　草莓高垄栽植

图 7-252　草莓高畦栽植

3. 栽植技术

（1）行距 40cm，株距 20～25cm，亩栽 8000～10000 株。

（2）注意草莓栽植深度影响成活，栽植深度掌握"浅不露根、深不埋心"（图 7-253）。

（3）注意栽植方向，花序伸向同一方向，便于管理（图 7-254）。

花序从弓背处离心生出

图 7-253　草莓栽植深度　　　　图 7-254　草莓栽植方向

4. 提高移栽成活率措施

①浇透苗圃带土移栽。②避过高温，阴天栽。晴天下午气温下降后进行。③激素蘸根。栽前用 10mg/L 萘乙酸液蘸根。④摘除老叶减少蒸发。⑤深度合适，不露根。⑥随起随栽，不栽隔夜秧苗。⑦随栽随浇，第一水要浇透，此后的 4～5 天之内最好每天早晚各浇 1 次小水。⑧栽后最好用遮阳网、草帘等遮阳。

5. 植株管理

（1）除匍匐茎　果实发育期发生的匍匐茎，应及时摘除，人工摘除匍匐茎费工，可试做多效唑、青鲜素或矮壮素等，来抑制匍匐茎的发生。

（2）疏蕾　花蕾分离至一、二级序花开放时，根据限定的留果量，疏除后期未开的花蕾。

（3）摘叶　适时适量地摘除老叶，及时摘除残叶和病叶，并将其带出园外销毁或深埋。

（4）垫果　草莓垫果最好采用地膜覆盖，结合土壤管理，一举多得。没有地膜，也可在现蕾后铺上切碎的稻草或麦秸垫果。垫果材料在果实采收后应及时撤除，以利于中耕施肥等田间管理。

（5）采收　草莓果实以鲜食为主，必须在 70% 以上果面呈现红色时方可采收，冬季和早春温度低，要在 8～9 成熟时采收；早春过后温度逐渐回升，采收期可适当提前。采摘应在上午 8～10 时或下午 4～6 时进行，不摘露水果和晒热果，以免腐烂变质。

草莓设施栽培时，植株除以上管理技术外，还要进行赤霉素处理、辅助授粉。

（6）赤霉素处理　扣棚加温后，植株长出 1～2 片幼叶时喷 10～20mg/L 赤霉素，每株喷 5ml 药液，间隔 1 周，按长势强弱可酌情喷 2～3 次，促进生长发育。

（7）辅助授粉　开花前 1 周一个 667m^2 温室放 1～2 箱蜂，放蜂时间在整个花期进行，授粉期间棚内白天温度保持在 20～25℃。

6. 土壤消毒

草莓重茬病严重，温室连续种植时，需土壤消毒。方法是 7 月上旬至 8 月初，清除草莓枯苗和杂草，铺施富含有机质的堆肥（每亩 2000～3000kg）、石灰氮（每亩 50～60kg），灌透水后进行旋耕，用旧塑料棚膜覆盖地面，通过太阳能使地表温度升至 40℃ 以上，保持 2 周即能达到土壤消毒的目的。

第五节　柿枣类等

一、柿子

【学名】*Diospyros kaki* L.

【科属】柿树科、柿树属

【主要产区】

柿在中国是一种广泛种植的重要果树，主要种植地区在河南、山西、陕西、河北等地山区。

【形态特征】

落叶乔木，高达 20m。树冠阔卵形或半球形，树皮黑灰色裂成方形小块，固着树上，小枝密被褐色毛。叶阔椭圆形，表面深绿色、有光泽，革质，入秋部分叶变红。花雌雄异株或杂性同株，单生或聚生于新生枝条的叶腋中，花黄白色（图 7-255）。果形因品种而异，橙黄或橙红，萼片宿存。花期 5～6 月，果熟期 9～10 月。

图 7-255　柿树形态特征

【生长习性】

柿为强阳性树种，耐寒，能经受约－18℃的严寒。喜湿润，也耐干旱，能在空气干燥而土壤较为潮湿的环境下生长。忌积水。深根性，根系强大，吸水、吸肥力强，也耐瘠薄，适应性强，不喜沙质土。抗污染强。

【品种介绍】

柿子品种有 1000 多个，主要分为甜柿（亦称"甘柿"）与涩柿两类，前者成熟时已经脱涩，后者需要人工脱涩。

（一）涩柿

（1）磨盘柿　10 月成熟，果实扁圆，形似磨盘（图 7-256，彩图见文前），体大皮薄，无核汁磨盘柿多，平均单果重 230g 左右，最大可达 500g 左右，果皮橙黄至橙红色，细腻无皱缩，果肉淡黄色，适合生吃。脱涩硬柿，清脆爽甜；脱涩软柿，果汁清亮透明，味甜如蜜，耐贮运，一般可存放至第 2 年 2～3 月份。

（2）牛心柿　产于渑池县石门沟，因其形似牛心而得名。历史悠久，享有盛誉，是当地群众在长期的栽培实践中，筛选出来的一个优良品种。

图 7-256　磨盘柿　　　　　　图 7-257　牛心柿

6 月初开花，花期 7 ～ 12 天，自花授粉，果实牛心状（图 7-257，彩图见文前），且顶端呈奶头状凸起，果实由青转黄，10 月成熟果色为橙色，单果重 150g，果皮细，肉脆多汁味甜。脱涩吃脆酥利口，烘吃汁多甘甜，晒制的牛心柿饼，甜度大、纤维少、质地软，吃起来香甜可口，使人有食后复思的欲感。

长势快，结果早，寿命长，5 年内可结果，10 年后进入盛果期，盛果期可达数百年之久。

（3）镜面柿　菏泽古称曹州，曹州耿庄所产柿饼风味最好，被列为进献朝廷的贡品。果实中等大，单果重 150g 左右，果形扁圆（图 7-258，彩图见文前），大小均匀。果皮薄而光滑，橙红色，果肉金黄色，肉质松脆，味香甜，汁多，无核。曹州耿饼橙黄透明（见图 7-259，彩图见文前），肉质细软，霜厚无核，入口成浆，味醇甘甜，营养丰富，且耐存放，久不变质，历来为柿饼中上品。

（4）黑柿　原产于墨西哥。10 月上旬成熟，单果重 150g，最大 180g，心脏形，果实乌黑有光泽（图 7-260，彩图见文前），果肉橙黄色，硬柿肉质脆硬，可以完全软化，软柿肉质黏，汁液少，味浓甜，糖度可达 24%，维生素 C 含量达 60mg/100g 以上，比一般柿子高 1 倍多，品质上等。全果实黑色，独具特色。

（5）红灯笼柿　是普通小火罐柿子的实生优株，也叫"天生"

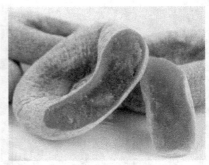

图 7-258　镜面柿　　　　　　　　图 7-259　曹州耿饼

小火罐柿子。平均单果重 63.8g，心形，橘红色（图 7-261，彩图见文前），可溶性固形物含量 16％～19％，果实软化后容易剥皮。味香极甜，脱涩容易，品质极上等，适于鲜食。5 月上旬开花，10月中、下旬果实成熟，单性结实，结果成串，很少生理落果，丰产性强；果实耐贮藏，室温下可贮藏至来年清明节前后。定植后第 2年结果，第 3 年即可有较大产量。

图 7-260　黑柿　　　　　　　　　图 7-261　红灯笼柿

（二）甜柿

（1）罗田甜柿　湖北省罗田县产的甜柿，是世界唯一自然脱涩的甜柿品种。果个中等，平均单果重 100g，扁圆形。果皮粗糙，橙红色（图 7-262，彩图见文前）。肉质细密，核较多，品质中上，在罗田 10 月上、中旬成熟。该品种着色后便可直接食用。较稳产，高产，且寿命长，耐湿热，抗干旱。果实最宜鲜食，也可制柿饼、柿片等，便于保存运输。

（2）富有　原产日本岐阜县。果实重 200～250g，扁圆形，橙红色，有白色果粉（图 7-263，彩图见文前）。果肉在果皮着色前为白色，以后逐渐转为黄色，果顶平。成熟期果实硬度高，质脆，汁液中等偏多，味甜，肉质细。耐贮运，自然条件下硬果可以保存 1 个月左右。10 月上旬为脱涩期，10 月下旬充分成熟。

图 7-262　罗田甜柿

图 7-263　富有

该品种树势强健，易形成花芽，丰产，大、小年不明显。但单性结实力差，应配置授粉树。

（3）次郎　原产日本静冈县。果实单重 200g，扁圆形，从蒂部至果顶有 4 条明显的纵沟（图 7-264，彩图见文前），果皮细腻，橙红色，软化后朱红色，果粉多，种子 2～5 粒。硬柿质地脆而致密，略带粉质，风味甜，含可溶性固形物 16%，品质上乘，宜鲜食。硬柿在常温下 28 天变软，软后皮不皱缩、不裂。软柿果肉橙色，黑斑小、少，汁液少，味甜。果实 9 月上、中旬开始着色，10 月中旬成熟。该品种树势稍弱，易形成花芽，短截后靠近基部的芽也能够形成花芽。

（4）甘秋　果实扁平，大中果型品种，果实大小均匀，平均单果重 248g；果皮橙红色，细腻，无锈斑，果面有蜡质光泽，外观漂亮（图 7-265，彩图见文前）；果肉肉质致密，果汁含量中等，糖度高，含可溶性固形物 18%～20%，肉脆、橙色，无涩味，风味极佳，果顶部比果底部有早成熟的倾向；耐贮运，货架期较长。该品种在 9 月初果实顶部着色变黄，10 月上、中旬果实成熟。

 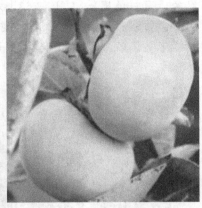

图 7-264　次郎　　　　　　　　图 7-265　甘秋

　　树势中等，树姿介于开张和直立之间，枝条粗壮，叶片大，雌花着生多，早果性强，栽后第 2 年结果，平均单株产量 1.1kg，4 年进入丰产期，平均亩产量达到 2000～2500kg。

【繁殖方法】

生产上主要用嫁接繁殖。

1. 砧木选择

　　柿树主要用嫁接繁殖，砧木主要为君迁子、本砧（野柿或栽培柿）、油柿等，君迁子与涩柿品种嫁接亲和性均好，在与甜柿品种嫁接时，次郎、西村早生、罗田甜柿等嫁接亲和力均强，但与富有亲和性较差，在接后数年内能正常生长，若管理不当，以后逐渐衰弱或枯死。

　　君迁子播种后发芽率高，生长快，根系发达，移栽后容易成活，缓苗也快，比柿本砧耐寒，管理得当 1 年便可达到嫁接的粗度，所以在北方多被利用。

2. 种子采集与处理

作砧木用的种子应采自充分成熟的君迁子（或野柿等）果实。君迁子一般在 10 月下旬果实变为暗褐色时采收，采下后堆积软化，搓烂，淘去果肉碎渣和杂质。漂洗干净的种子阴干后便可播种。春播的种子，一般都要经过沙藏处理，具体方法参见第二章实生苗的培育。

没有经过沙藏处理的种子，在 3 月下旬，用两开兑一凉的温水（30~40℃）浸泡 2~3 天，每天换水 1 次，待种子吸水膨胀后，用指甲能划破种皮时即可播种。但未经沙藏处理的种子发芽率较沙藏的要低，应适当增加播种量，用 500mg/L 赤霉素浸泡种子 24h，再进行播种，出苗率和壮苗率均较高。

3. 整地

选择土壤疏松肥沃、有灌水条件的地方作苗圃。播前每亩施入腐熟的厩肥 1500~2500kg，耕翻耙平，整地做畦。少雨干旱区宜低畦；多雨湿润区需高畦。为了防止地下害虫，可喷撒呋喃丹、敌百虫等农药。

4. 播种

在 3 月下旬至 4 月上旬（即柿树发芽期）春播，宽窄行条播，播深 2~3cm，覆土厚度 1~2cm，再覆草或落叶，保持土壤湿度，防止板结，若用地膜覆盖效果更好，并能加快出土。播种量一般每亩 10kg。

5. 砧木苗管理

幼苗出土后待长出 2~3 片真叶时按株距 10~15cm 间苗或补苗，同时用移苗铲切断主根，促使发生侧根。以后要注意肥水管理、中耕除草、防治病虫害，苗高 30cm 后摘心或扭梢，使苗加粗生长，以便嫁接。

移栽不久的砧木苗虽能嫁接，但生长不旺，与未移栽的嫁接苗高度相差 1 倍以上，最好待来年再接。

6. 嫁接

柿树含单宁甚多，氧化后在嫁接面形成黑色的隔离层，影响成活。柿子芽基部隆起，节间弯曲，木质较硬，因而柿树较苹果、梨、桃等果树嫁接难度高，所以需要把握嫁接时期和熟练的技巧。

柿树嫁接一般在春季 3～4 月砧木树液流动至展叶时进行，切忌在砧木尚未萌动而接穗早已发芽的情况下嫁接。枝接方法有切接、腹接、劈接、插皮接等，如果砧木较粗而已离皮时，用插皮接法较为理想。

秋季嫁接在 9 月中、下旬进行，在接穗枝条表皮已呈褐红色、芽已充实饱满时进行。芽接可用方块芽接、"T"字形芽接方法，参见第三章嫁接苗的培育。

【栽培管理技术】

（一）整形修剪技术

柿树常用的树形有疏散分层形、自然开心形、变则主干形等，疏散分层形、自然开心形树形特点和整形过程参见山楂。

1. 变则主干形

（1）树形特点　干高 50～100cm，4～6 个主枝错落着生在中心干上，相邻两主枝间隔 30～50cm，主枝下大上小，主枝基角 50°～70°。每主枝上有 1～2 个侧枝，相距 50cm 左右，在主枝选留完后，在最后一个主枝上部落头开心（图 7-266）。

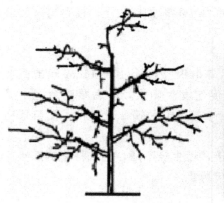

图 7-266　变则主干形树形特点

（2）整形过程　变则主干形整形过程见图 7-267～图 7-270。

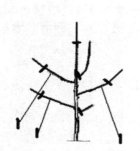

图 7-267　第 1 年冬季修剪

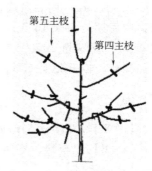

图 7-268　第 2 年冬季修剪

图 7-269　第 3 年冬季修剪

图 7-270　第 4～5 年冬季修剪

2. 修剪特点

树冠高大或枝条交叉荫蔽的成年投产树，要在冬季落叶后进行适度回缩修剪，采用短剪为主、疏缩结合的方法，剪去密生枝、交叉枝、徒长枝和病枯枝，促使枝条分布合理，剪成合理树势。

（二）施肥技术

基肥一般采果前后结合深翻施入，有条件的宜在采收前施入，株施土杂肥 100～150kg，施肥方法参见第六章的果园土肥水管理。

在果实横径 4～5cm 大小时和果实大小基本定型时追施壮果肥和采前肥，以速效速溶氮、磷、钾肥为主，5 年生以上的结果树每株施尿素 1.5～2kg、磷酸二氢钾 0.75～1kg，或施氮、磷、钾复合肥 1～1.5kg，雨后撒施，或对清水 60～80kg 后淋施。在柿子树结果中后期，每隔 15 天左右，叶面喷施一次 0.1％硫酸镁、0.2％尿素、0.3％磷酸二氢钾混合液，连喷 3～5 次，均匀喷湿所有的枝叶和果实，以开始有水珠下滴为宜。

二、枣

【学名】*Ziziphus jujuba* Mill.

【科属】鼠李科、枣属

【主要产区】

在我国广为栽培，北到吉林、辽宁，南到云南、广东，西至新疆，东至浙江、江苏均有栽培。主要产区有河北、山东、陕西、新疆等。

【形态特征】

落叶小乔木，稀有灌木，高达 10m，枝条有枣头、二次枝、枣股、枣吊：枣头是枣树的发育枝；二次枝在枣头上成之字形生长；枣股是短缩枝，主要抽生枣吊；枣吊是枣树的结果枝，是一种脱落性枝条，秋季与叶片一起脱落。叶纸质，卵形、卵状椭圆形、或卵状矩圆形；长 3～7cm，宽 1.5～4cm，顶端钝或圆形，稀锐尖，基部稍不对称，近圆形，边缘具圆齿状锯齿，上面深绿色，下面浅绿色。花黄绿色，两性，单生或 2～8 个密集成聚伞花序；萼片卵状三角形；花瓣小，倒卵圆形；花柱 2 半裂（图 7-271）。核果圆形或长卵圆形，成熟时红色，后变红紫色，味甜。花期 5～7 月，果期 8～9 月。

【生长习性】

枣树喜光，适应性强，喜干冷气候，也耐湿热，对土壤要求不严，耐干旱瘠薄。

【品种介绍】

我国枣树种质资源丰富，品种繁多，分类方法多种，按用途可分为制干、鲜食、加工；按果实大小可分为大枣、小枣；按果形可

图 7-271　枣形态特征

分为长枣、圆枣。

（1）金丝小枣　是我国栽培面积最大的干鲜兼用型品种。主要分布在山东、河北、天津一带。一般单果平均重 4～6g，果皮薄，果面光亮，深红色（图 7-272，彩图见文前），肉厚，汁多，肉质清香甘甜，含糖量 75% 左右，品质上，沧州金丝小枣以皮薄核小、肉厚而韧、含糖量高而著称，因干枣掰开后能拉出缕缕金丝而得名。

图 7-272　金丝小枣

金丝小枣树高 5.5～6.5m，冠径 5m 左右，树势较弱，结果稳定，丰产性好。金丝小枣抗旱耐涝，耐盐碱，适应性强。缺点是果实转红时遇雨易裂果。

(2) 骏枣 原产于山西交城县边山一带。树势强健,树体高大,树冠呈自然圆头形,枝条粗壮,中度密,干性强,树姿半开张。果实大,柱形,平均果重22.9g,最大果重50g以上,大小不均匀。果皮薄,深红色,果面平滑(图7-273,彩图见文前)。果肉厚,白色或绿白色,质地细,较松脆,味甜,汁液中等,品质上等,鲜食、制干、加工蜜枣、酒枣兼用。鲜果含可溶性固形物33%,在山西太谷9月中旬脆熟,9月下旬完熟。

图 7-273 骏枣

(3) 赞皇大枣 别名金丝大枣。原产于河北赞黄县。树势强,树体较高大,干性中等强,枝条较稀,粗壮,树冠多呈自然圆头形,树姿半开张。果实大,长圆形或倒卵圆形(图7-274,彩图见文前),平均果重17.3g,最大果重29g,大小较均匀。果皮中度厚,深红色,果面平滑。果肉厚,近白色,肉质致密细脆,味甜微酸,汁液中等多,品质上等,适宜鲜食、制干和蜜枣加工,制干率47.8%。鲜果含可溶性固形物30.5%。在原产地9月下旬果实成熟。

(4) 婆枣 也叫阜平大枣。主要产于河北西部的阜平、曲阳、唐县、新乐、行唐等太行山中段丘陵地带。树势强健,树体较高大,干性强,枝条中度密,树冠自然圆头形或乱头形,树姿半开张。果实中等大,长圆形,平均果重11.5g,最大果重34g,大小较均匀。果皮较薄,紫红色,果面平滑(图7-275,彩图见文前)。

图 7-274　赞皇大枣

图 7-275　婆枣

果肉厚，乳白色，肉质较粗松，味甜，汁液少，品质中等，适宜制干，制干率 53.1％。鲜枣含可溶性固形物 26％左右，在山西太谷9 月下旬果实成熟。

（5）相枣　原产于山西运城市（原安邑县）北相镇一带，故名"相枣"。树势中等或较强，树体较大，干性较强，枝条较密，树冠多呈自然半圆形，树姿半开张。果实大，圆形（图 7-276，彩图见文前），平均果重 22.9g，大小不均匀。果肉厚，绿白色，肉质致密，较硬，味甜，汁液少，适宜制干，干枣品质上等，制干率

53%。鲜枣含可溶性固形物 28.5%。在山西太谷 9 月下旬果实脆熟。

图 7-276　相枣

(6) 圆铃枣　原产于山东聊城、德州等地。树势较强，树体大，枝条较密，树冠自然半圆形，树姿开张。果实大或中等大，近圆形或长圆形（图 7-277，彩图见文前），大小不均匀，平均果重12.5g。果肉厚，绿白色，肉质较粗，味甜，汁液少，适宜制干。干枣品质上等，制干率 60%～62%。鲜枣含可溶性固形物 31%～35.6%，在产地 9 月上旬果实成熟。

图 7-277　圆铃枣

(7) 冬枣　原产于河北黄骅、海兴、盐山和山东沾化、枣庄等市、县。果实中等大，近圆形，平均果重 13g，大小不均匀。果皮薄，果实阳面有红晕，赭红色，果面平滑（图 7-278，彩图见文前）。果肉较厚，绿白色，肉质细嫩酥脆，味甜，汁液多，品质极上，适宜鲜食。

树势中等，树体中等大，干性中等强、枝条较密，树姿较开张，树冠呈自然半圆形。冬枣适应性强，抗旱耐涝，耐盐碱，抗病能力强，产量高，适宜密植。

(8) 梨枣　原产于山西运城龙居乡东辛庄一带，为枣树中稀有的名贵鲜食品种。果实特大，近圆形，纵径 4.1～4.9cm，横径 3.5～4.6cm，单果平均重 31.6g，最大单果重 80g，果面不平，皮薄，淡红色（图 7-279，彩图见文前），肉厚，绿白色，质地松脆，汁液中多，味甜。鲜枣含糖量 22.75%，品质上等。

图 7-278　冬枣

图 7-279　梨枣

该品种结果早，丰产稳定。定植当年可少量开花结果，3 年进入丰产期，4 年进入盛果期。采前遇风较易落果。

(9) 胎里红　是国内珍稀品种，9 月中旬成熟，单果重 260g，最大 400g，果近葫芦形，果肉细密，清脆爽口，汁多无渣，果心小，浓甜，含糖 17.1%，微酸，气味芳香，风味极佳，品质极上，果中珍品。很耐贮运，常温下可贮存 4 个月。果实全面鲜红色，果面光洁，光彩夺目（图 7-280，彩图见文前）。该果从小到大一直是红色的（故名胎里红），其树姿优美，颇具观赏价值，是城乡园林绿化美化的果林兼用树种。它能耐 40℃的高温、潮湿，抗严寒，可抗—35℃的低温、干旱，我国南北大部分地区都可栽培。

（10）台湾青枣　常绿小乔木，与前面介绍的品种是同科、同属，但不同种，台湾青枣是毛叶枣种，前面品种是酸枣的变种。

果实卵圆形，单果重 80～100g，熟果淡绿色（图 7-281，彩图见文前），糖度达 13％～15％，果肉白色，质脆，味清甜有香味，风味独特。商品果售价最高。当年单株产果可达 10kg 左右，可实现当年种植、当年投产、当年收益。容器苗，全年均可种植，成活率可达 95％以上。

图 7-280　胎里红

图 7-281　台湾青枣

【繁殖方法】

（一）嫁接繁殖

1. 砧木苗培育

（1）种子处理　用酸枣种子进行沙藏处理（即层积处理，方法参见第二章实生苗的培育）。播种前 1～2 周检查种子，如果种子尚未露白，则应取出混沙堆放在向阳背风处催芽，适当浇水，每 2～3 天翻动 1 次，使温度和湿度保持均匀，当 30％种子裂缝露白时再进行播种。

（2）播种　层积处理后的种子播种时间通常是 4 月中、下旬。也可于采种当年的 10 月下旬至 11 月上旬进行秋播，时间应掌握在播种后立即封冻为好，使种子在田间越冬。

宽窄行播种，按株距 12～15cm 点播。由于酸枣核出苗率低，每穴宜播种 2～3 粒，覆土 2cm 厚。每亩用种子 5～10kg。出苗后再进行浇水。播后可用塑料薄膜覆盖，保墒、提高地温，这样 10 天左右开始出苗，20 天出齐，可促进幼苗出土生长。

（3）砧木苗管理　当苗高 3～5cm 时，开始间苗。间苗时宜去弱留强，去密留稀，每穴选留 1 株。苗高 20cm 时，每亩施尿素 5kg 或碳酸氢铵 15kg，7 月份再次追肥，每亩施复合肥 15kg，施肥后应立即灌水。苗高 30cm 时进行摘心，控制高度，促进加粗生长。

2. 嫁接

第 2 年的 4 月下旬至 5 月进行嫁接，主要采取插皮接，嫁接前灌水，促进砧木形成层活动，好离皮。未接活的 7 月份可用带木质芽接进行补接，具体方法参见第三章嫁接苗的培育。

（二）分株繁殖

分株法是利用枣树易生不定芽，长成新株的特性，培育根蘖苗的方法。根蘖苗属于营养繁殖，基本保持母株的特性，很少变异，且方法简便。但育苗量有限，每株大树出根蘖苗 10～20 株，500～800 株/亩，且单株间差异很大。分株法又分为全园育苗、开沟育苗和归圃育苗。

1. 全园育苗

适合根浅、易生根蘖苗的品种。冬季封冻前，早春解冻后全面浅刨行间，深 15～20cm，近树干稍浅，伤细根，不伤大于 2cm 的粗根，刺激伤口使其附近产生不定芽，抽生根蘖苗。第 1 年自生根少，第 2 年形成较多的自生根，落叶后可出圃。出圃时，每株带 20cm 长的一段母根，根蘖苗以距树干 1～2m 处的生长好。

2. 开沟育苗

适合根深、萌生根蘖苗少的品种。春季发芽前，在冠外挖育苗沟，宽 30～40cm，深 40～50cm，切断 2cm 以下的小根，并削平伤口，然后在沟内铺松散湿土，盖没所有断根，5 月间根蘖苗自伤口处萌发出土。6 月根蘖苗高 20～30cm 时间苗，每丛留 1～2 株壮苗，然后向沟内填土 1 次，同时施肥 1 次，每母株施圈肥 50～100kg。旱时沟内浇水，保持湿润。第 2 年秋末，长出一定不定根，即可出圃。

开沟断根育苗率与母根粗度有关，金丝小枣＞2cm、＜0.5cm 根蘖苗生长差。另外，沟两侧出苗率相差很多，距母株远的一侧比距母株近侧高 1～3 倍。

开沟断根后，其他部位根蘖苗数量也增加。分株法育苗伤母株根系，且消耗大量母株营养，必须同时多施肥。

3. 归圃育苗

归圃育苗是把田间散生的根蘖苗收集入圃，继续培养，2 年后再进行移栽的育苗方法。

（三）硬枝扦插

1. 插穗的采集

进入冬季，结合枣树的修剪，收集生长健壮的当年生枝条，剪除细弱枝条，剪成长 20～25cm（保留 2～3 芽）的插穗，上端平剪，下端斜剪，50～100 根捆成一捆，放阴凉潮湿处准备沙藏。

2. 插穗沙藏

剪截好的插穗，要即时沙藏，以保持穗条充足的水分。在背阴处用干净湿河沙，铺于地面 10cm 厚，然后将成捆的插条竖直摆放在沙面上，摆好一层后用干净湿河沙覆盖填满插条空隙后再盖一层湿河沙，厚度不少于 5cm 为宜，然后再摆放第二层穗条，摆好后重复第 1 次做法覆盖湿河沙，重复摆放 4～5 层穗条后，最上层覆盖河沙 10～20cm。

3. 扦插

3 月底 4 月初，土壤解冻后开始整地做畦进行扦插育苗。整地前施足基肥，每亩施腐熟的有机肥 3000～4000kg。畦宽 1.2m，长随育苗地而定。扦插密度为 0.1m×0.3m，每畦插 4 行。采用竖直方式扦插，深度达穗条长度的 2/3 为宜。踏实后灌足水。随着气温的回升，要及时进行育苗地松土除草。除草时避免碰动插条，育苗地干旱时及时灌水。枣硬枝扦插插穗用 100mg/L 吲哚丁酸处理16～24h，可促进插穗生根。

（四）绿枝扦插

1. 插床准备

5月下旬至8月下旬都可进行扦插，只要插床基质维持在日均温19~30℃均能成功。插床建在保湿、散热性能好的温室、塑料大棚或小拱棚内，要求排水良好、土壤和水质呈中性或微酸性，床面用800倍多菌灵和0.2%辛硫磷杀菌灭虫，上面铺15cm厚的细沙和煤渣灰（按1:1的比例掺合），用0.2%高锰酸钾水溶液喷淋消毒，堆置2h后再用水淋洗1遍。

2. 插穗处理

选取当年生半木质化枣头的一次枝、二次枝均可，上端平剪，下端斜剪。插穗长15~20cm，具2~5节，剪除下端3~5cm的叶片，保护好上部存留的叶片。将插穗每50根捆成一捆备用。将剪好的接穗用800倍多菌灵水溶液浸泡1~2min消毒。用1000~2000mg/L的吲哚丁酸溶液浸渍接穗基部5~10s。

3. 扦插

按株行距8cm×8cm用细竹签垂直打孔，孔深6~7cm，随后将插穗插入深2~5cm，轻轻按实。

4. 插后管理

及时喷水是控温保湿的有效措施。扦插生根期间保持基质湿润，使空气相对湿度保持在90%以上，最高气温在32℃以下。插床基质达19℃以上时，开始发根时间为10~13天；低于17℃时，插穗不生根，可借助喷水，保持基质和空气湿度，每天喷3~4次水。有稳定电源的地方，可以安装自动喷雾设备调节湿度，遇高温天气，适当增加喷水次数，阴雨冷凉天气适当减少喷水次数，插穗生根后一般1~2天喷水1次即可。

插穗生根期间应遮阴，以透光20%~30%为宜，阴雨天可适当增加光照，9月下旬以后天气转凉可将遮阴帘去掉，使之处于全光条件下。一般一次枝生根率90%，二次枝生根率70%。

【栽培管理技术】

（一）整形修剪技术

枣树常用树形有疏散分层形、自然开心形、自然圆头形、纺锤形等，树形特点与整形过程参见山楂和苹果。

1. 定干和主侧枝的培养

一般大枣干高 $1.2\sim1.4m$，小枣干高 $1.0\sim1.2m$，不进行枣粮间作的地区，树干可适当矮些。定干剪口处二次枝由基部疏除，以刺激主芽萌发枣头（图 7-282），培养中干延长头和主枝。主、侧枝的培养原则是有分生枣头的可直接选留，无分生枣头的就重截。

2. 结果枝组的培养

一个有健壮二次枝的枣头，就是一个结果枝组。结果枝组与主、侧枝培养方法大体相同。盛果期后注意更新结果枝组，据山东果研所研究，金丝小枣每年要保留具有 5 个以上的健壮二次枝（图 7-282）的枣头 $30\sim40$ 个，平均每立方米分布枣股（图 7-282）$90\sim120$ 个，低于这个指标产量会明显下降。

枣头是枣树的发育枝，枣头上有多个二次枝，二次枝上长枣股，枣股上长枣吊，枣股是结果母枝，枣吊是结果枝。

3. 盛果期后注意调整骨干枝

在 $3\sim4$ 年内有计划地疏除过密枝、重叠交叉枝和衰老骨干枝，改善通风透光，使保留的骨干枝按适当方向生长。对疏枝部位发出的枣头根据需要进行抹芽、摘心等处理。

4. 合理进行生长季修剪

生长季将没用的枣头疏去；盛花期将枣头、二次枝顶端幼嫩部分摘去，节约养分，提高坐果率；盛花期对结果大树进行主干环剥，从离地 $10\sim20cm$ 的地方开始环剥，每年向上隔 $3\sim5cm$ 剥一圈，宽度 $0.3\sim0.7cm$，抑制旺长，提高坐果率。

（二）施肥技术

枣果中干物质、糖分含量都高，比苹果高 $1.2\sim1.8$ 倍，且枣花量大，花芽分化、开花消耗大量的养分，因此需肥多。按丰产理

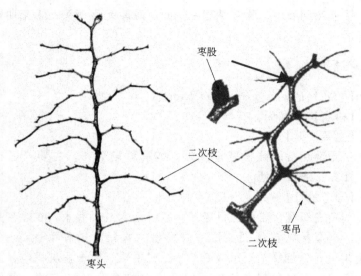

图 7-282　枣树各种枝条

论计算，产 50kg 鲜枣的施肥量：氮 0.8kg，磷 0.55kg，钾 0.4kg（苹果是 0.15kg、0.04kg、0.16kg），而实际生产中枣树施肥量比这少得多，这是枣落花落果多的重要原因之一。

1. 基肥

基肥秋施为好，北方寒冷地区注意早施，以便春季能分解利用。株施 50~100kg 农家肥＋1~2kg 复合肥。

2. 追肥

追肥以发芽和幼果期为主。发芽期以氮肥为主，幼果期氮、磷、钾肥结合施用。另外，花期喷尿素、微量元素可提高坐果率。前期株施 0.5~1kg 尿素，后期 1~2kg 二铵，加 1~2kg 磷酸二氢钾。

（三）提高坐果率

枣树落花落果非常严重，坐果率小于 1%，生产上提高坐果率的措施有：①秋季增施有机肥，生长季追施速效肥；②盛花期的晴天傍晚喷水，增加空气湿度，或喷施 3000 倍液硼肥，促进花粉发

芽；③盛花期环剥；④花期枣头摘心、疏除无用枣头；⑤花期果园
放蜂。

三、石榴

【学名】*Punica granatum* Linn.

【科属】石榴科、石榴属

【主要产区】

中国南北各地除极寒地区外，均有栽培分布，主要产区在山东、江苏、浙江等地。

【形态特征】

别名安石榴、若榴、丹若等。落叶灌木或小乔木，在热带是常绿树。树冠丛状自然圆头形，根际易生根蘖。树高可达 5～7m，一般 3～4m，但矮生石榴仅高约 1m 或更矮。树干呈灰褐色，上有瘤状突起，干多向左方扭转。树冠内分枝多，嫩枝有棱，多呈方形。小枝柔韧，不易折断。叶对生或簇生，呈长披针形至长圆形，或椭圆状披针形，长 2～8cm，宽 1～2cm，顶端尖，表面有光泽。花两性，有钟状花和筒状花之别；花瓣倒卵形，花有单瓣、重瓣之分。花多红色，也有白色和黄、粉红、玛瑙等色。子房下位，成熟后变成多室、多子的浆果，每室内有多数籽粒；外种皮肉质，呈鲜红、淡红或白色，多汁，甜而带酸，即为可食用的部分；内种皮为角质，也有退化变软的，即软籽石榴。果石榴花期 5～6 月，果期 9～10 月（图 7-283）。

【生长习性】

石榴性喜光，有一定的耐寒能力，在春寒料峭的早春应该做好防寒工作。喜湿润肥沃的石灰质土壤。

【品种介绍】

(1) 大青皮石榴　果实扁球形，单果重 400～600g，最大果重 1520g。果面黄绿色，向阳面有红晕（图 7-284，彩图见文前）。籽粒粉红色或鲜红色，百粒重 30～44g，味甜多汁，可溶性固形物含量 14%～15.5%，品质极上。成熟期 9 月上、中旬，耐贮运。该

图 7-283　石榴形态特征

品种树体高大，树势较强，丰产，适应性强。但内膛小枝易枯死，大枝光腿现象明显。多年生枝结果后易弯曲下垂。

（2）大红袍石榴　也叫状元红石榴，是我国的一个传统品种，在我国河北、山东、安徽、江苏、陕西等石榴产区都有种植。果实呈扁圆形，果间比较平，果实表面光滑，果皮呈鲜红色，向阳面呈棕红色，熟透后果实有棱角（图 7-285，彩图见文前）。大红袍一般单果重 750g 左右，最大者可达 1250g，果皮厚为 0.3～0.6cm，较软，百粒籽重约 56g，籽粒呈水红色、透明，含可溶性固形物 16%，汁多味甜，初成熟时有涩味，存放几天后涩味消失。可食部分为 48% 左右。

（3）泰山红石榴　产于山东泰安，由山东省果树研究所选出。果实近圆形或扁圆形，单果重 400～450g，最大果重 750g。果面鲜红色，光洁而有光泽，外形极美观（图 7-286，彩图见文前）。籽粒鲜红色，粒大肉厚，平均百粒重 54g。味甜微酸，含可溶性固形物 17%～19%，风味、品质极佳。9 月下旬至 10 月初成熟，较耐

图 7-284 大青皮石榴　　　图 7-285 大红袍石榴

贮运。树体高大，树势健壮，早实、丰产、稳产，抗旱，耐瘠薄。

（4）天红蛋石榴　产于陕西临潼。果实扁圆球形，单果重250～350g，最大果重600g。果面底色黄白、具粉红或红色彩霞，光洁，外形美观（图7-287，彩图见文前）。籽粒粉红色，百粒重26.4g，味甜多汁，含可溶性固形物14%～16%，品质上等。9月上、中旬成熟。树冠较大，树势强健，耐瘠薄，抗旱耐寒。果实采收期遇雨易裂果。

图 7-286 泰山红石榴　　　图 7-287 天红蛋石榴

（5）突尼斯软籽石榴　是从突尼斯引进的籽粒最软的石榴品种。花瓣红色，有5～7片。总花量较大，完全花率约34%，坐果率在70%以上。果实圆形，微显棱肋，平均单果重406g，最大单果重1100g，果皮接近成熟由黄变红，成熟后外围向阳处果实全红，果皮光洁明亮（图7-288，彩图见文前）。籽粒紫红色，较软，百粒重56.2g。出籽率为61.9%，肉汁率为91.4%，含糖15.05%，含酸0.29%，含维生素C 1.97mg/100g，风味甘甜。

该品种成熟期早，8月上旬开始成熟，9月上、中旬完全成熟，比一般石榴早熟15天以上。抗旱、抗病、耐瘠薄，对土壤要求不严。早果丰产性好，栽植后第2年可挂果，第3年亩产量可达1500kg。

（6）大果黑籽甜石榴　果实近圆球形，果皮鲜红，果面光洁而有光泽，外观极美观（图7-289，彩图见文前），平均单果重700g，最大单果重1530g。籽粒特大，百粒重68g。仁中软，可嚼碎咽下。籽粒黑玛瑙色，颜色极其漂亮吸引人，汁液多，味浓甜略带有红糖味，出籽率85%，出汁率89%，籽粒可溶性固形物含量32%，含糖量26%，含酸量7%，品质特优。9月下旬成熟，耐贮藏。

图7-288　突尼斯软籽石榴

图7-289　大果黑籽甜石榴

大果黑籽甜石榴树冠大，半圆形，树冠紧凑，较其他石榴品种适应性更强，耐寒抗旱，抗病，耐瘠薄，在不超过-19℃的低温下可正常生长，低于-19℃则发生冻害。

（7）红如意软籽石榴　枝条较密，成枝率较强；幼枝红色、四棱，老枝多细长、枝梢多数卷曲，枝刺少。叶狭长椭圆形、浓绿色；花红色，5～7瓣。果实近圆形；果皮薄，果个大，平均单果重 410g,籽软可食。红如意石榴果皮全红（图 7-290,彩图见文前）。要求在冬季温度不低于－14℃的地方栽植。

（8）三白石榴　花、果皮、籽粒三者皆白（图 7-291,彩图见文前），较为少见,堪称石榴中的珍品。其为普通石榴品种天然突变的结合体。果实圆球形,中等大,平均单果重 170～230g,果皮薄,果面光洁,成熟后黄白色。籽粒大,汁液多,味浓甜并有香味,品质优良。

图 7-290　红如意软籽石榴　　　　图 7-291　三白石榴

三白石榴树形紧凑,树冠较低,15 年生树高仅 2.1m,适于矮化密植栽培。结果早,一般栽后 2 年挂果,双果率为 15%～23%,单株产量可达 17.5kg（15 年生）。耐寒、抗旱性强,属于矮密早型的优良品种。

（9）大马牙甜石榴　属中型果,果实扁圆形,果肩陡,果面光滑,青黄色,果实有数条红色花纹,上部有红晕,中下部逐渐减弱,具有光泽,萼洼基部较平或稍凹（图 7-292,彩图见文前）。一般单果重 450g 左右,最大者达 1400g,果皮厚 0.45cm,百粒籽重 60g,皮重约占 42.1%,籽粒粉红色有星芒,透明（图 7-292,彩图见文前）,特大,味甜多汁,形似马牙,故名马牙甜石榴。可溶性固形物含量 16% 左右,核较硬,可食部分约占 57.9%。大马牙甜石榴为晚熟品种,易丰产,适应性强。

图 7-292　大马牙甜石榴

【繁殖方法】

（一）分株繁殖

春季萌芽前将优良品种母树下的表土挖开，在暴露出的水平大根上，每隔 10～20cm 进行深达木质部刻伤，然后封土、灌水，即可促使大量根蘖苗生长。在 7～8 月沿已萌发的根蘖苗，挖去表土，将母树与相连的根蘖苗切断，再行覆土、灌水，促进已脱离母株的根蘖苗多发新根，落叶后可挖出根蘖苗移栽。

（二）压条繁殖

春、秋季均可进行，不必刻伤，芽萌动前将分蘖枝压入土中，经夏季生根后割离母株，秋季即可成苗。露地栽培应选择光照充足、排水良好的场所。生长过程中，每月施肥 1 次。

（三）硬枝扦插

1. 苗圃地的准备

扦插苗圃应选择地块平整、土层深厚、土质肥沃、灌溉条件良好的壤土和沙壤土。

2. 插条的采集及贮存

插条采集应在上一年的秋季进行，从优良的成龄健壮单株上，剪取发育充实的 1 年生营养枝，按不同品种每 50～100 根捆成一捆，挂上标签。种条采集后，采用沟藏法贮存。沟藏地点应选在苗围地附近排水良好的背阴处,挖宽 1～1.5m、深 1～1.2m 的贮藏沟,长度根据种条数量而定。贮藏种条时,先在沟底铺一层湿沙,将种条一捆一捆平放入沟内,一层种条一层湿沙,沙子的湿度以能够握成团为宜。最上层种条距地面 20～30cm,最后覆土略高于地面。

3. 插条剪截与处理

春季取出种条,放置在清水中浸泡一昼夜,剪去干缩的部分,按 3～4 节剪成长 15cm 的段,上端平剪,下端斜剪。50 根捆成一捆,下端整齐一致,备用。

插穗用 50mg/L 的萘乙酸浸泡 12h,然后放在电热温床上催根,电热线的铺设方法、温湿度的调控参见葡萄育苗。一般 20～30 天后插穗基部生出愈伤组织或露出幼根,即可扦插。

4. 扦插

扦插宜在土层 10～20cm、温度稳定高于 10℃时进行,可采用畦插、垄插、营养袋扦插。

(1)畦插 整地做低畦,畦宽 1.2m,浇一水,待半干时,铺膜。扦插时用小木棒,将地膜插破,插入插穗。一畦插 4 行,株距 10～15cm,扦条斜插入土中,上芽落出地面,插后从薄膜孔内少量灌水,使插穗与土壤密接,然后用一把土盖住插穗。

(2)垄插 整地做高垄,垄宽 40～60cm,垄高 20～30cm,垄上部铺地膜,每垄插 2 行,株距 10～15cm,扦插方法同畦插。

(3)营养袋扦插 2 月底至 3 月上旬,在设施内进行营养袋扦插。袋直径 8cm,高 18cm,袋内基质为 3 份园土加 1 份腐熟的有机肥,过筛后混合均匀,用 800 倍液多菌灵消毒。营养袋扦插前,袋内先浇 1 次透水,使袋内营养土充分吸水变软,便于扦插。扦插移栽深度以插条顶芽基部与袋内土面平齐为准。扦插后再喷洒 1 次水,以便插条与基质密接。

(4)插后管理 露地扦插,插后 10 天尽量不浇水,如墒情不足,只浇小水补墒。营养袋扦插,插后每 1～3 天喷 1 次水,4～5周后,每周喷 1 次水。

待新梢长至10cm时，留一个生长健壮的新梢，其余的萌蘖全部掰除。追施2次化肥，可进行叶面喷肥1～2次，8月下旬后，控制肥水。

（四）绿枝扦插

1. 整地做畦

选择土质好、肥力高的土地作育苗地。育苗前先深翻，并结合施入土杂肥，一般亩施5000～10000kg，耙匀整平，筑成高15～20cm、宽120cm的小畦，用800倍多菌灵进行全面消毒。

2. 插穗剪截和处理

选择生长健壮的半木质化的粗壮枝条，粗度在0.8～1.5cm范围内。将枝条剪截成长15～20cm的枝段，上部只保留两片叶，其余叶片去掉。剪好后每100根捆成一捆，放入500mg/L吲哚丁酸中浸1～2min。

3. 扦插

插穗催根处理好后立即扦插。按10cm×30cm的株行距将枝条斜插土中，枝条入土2/3，上端露出1/3，插后立即浇水。

4. 插后管理

插后在畦以上50～70cm处搭荫棚。插穗生根前，要保持土壤水分充足，另外，每隔1周用800～1000倍多菌灵消毒1次，用0.2%～0.5%的尿素液进行叶面喷肥，插后一般25～30天插条即可生根发芽，此时可揭去荫棚。对成活枝条只保留一个壮芽，并酌情摘心和去副梢。

【栽培管理技术】

（一）整形修剪技术

石榴常用树形有自然开心形、“V”字形、三主干开心形等，自然开心形、“V”字形的树形特点和整形过程参见桃树。

1. 三主干开心形

（1）树形特点　有三个主干，主干与地面夹角40°～50°，每主干上配置3～4个侧枝，第一侧枝距根际60～70cm，其他相邻侧枝间距离50～60cm。每主干上分别配置15～20个大、中型结果枝组。冠幅、树高控制在 3.5～4m，成自然圆头形（图 7-293）。适宜株行距 3m×4m。其优点是树冠较大，枝组较多，通风，株产高，品质优，管理方便。

图 7-293　石榴三主干开心形

（2）整形过程　栽后第 1 年选留 3 个方向适宜的壮枝培养主干，并及时清除基部萌枝或萌蘖。第 2 年，每主干上选 3～4 个旺枝短截 1/3，培养侧枝，其余所发枝条一般缓放不动，对长枝、旺枝进行夏季摘心，降低发枝部位。第 3 年春采用撑、拉、拐、吊等方法开角度，使树冠开心，促生有效短枝，不断扩大树冠，使其形成半圆形。对生长偏旺树，注意疏除徒长枝和竞争枝，减少养分消耗，使其形成花芽，增加结果枝量。

2. 石榴修剪特点

石榴混合花芽多着生在健壮短枝顶部或近顶部。幼树除对少数徒长枝和发育枝实行短截外，一般均以疏除为主。对 4 年生以上结果树，冬剪重点是清除根蘖和剪除徒长枝、过密枝、细弱枝、病虫枝、下垂枝、交叉枝、重叠枝等。有重点地短截，回缩冗长枝和有空的徒长枝或衰弱枝，以便恢复树势，培养结果枝组，改善通风透光条件，达到连年丰产。

夏季修剪中，在冬剪的基础上，根据坐果后的情况，及时疏除徒长枝，短截细弱枝，通过抹芽、摘心培养结果枝组。

（二）肥水管理

基肥秋施，一般在采果后至落叶前结合深翻改土进行，每生产1kg果施入1kg有机肥，并加入一定量的磷肥，一般株施有机肥25～30kg。

追肥每年多分3次进行。第1次在花前施入，以氮肥为主，配合磷肥，株施尿素和磷酸二铵各0.5kg，以促进营养生长，提高坐果率。第2次在7月份果实膨大期施入，每株施磷酸二铵0.5kg，以促进果实膨大，提高产量。第3次在果实转色期施入，以磷、钾肥为主，可促进花芽形成，提高果实品质。

（三）花期管理

（1）花期喷肥 从初花期到盛果期，可喷布果树丰产素，据试验可提高坐果率21.8%，提高产量18.7%。

（2）放蜂和人工授粉 放蜂可提高筒状花坐果率30%，人工授粉可达45.8%，而自然授粉坐果率为21.5%。

（3）环割或环剥 在开花初期对花量少的旺树或大辅养枝基部应环割2～3道，环间距应保持在4cm以上，可提高坐果率，并能促进花芽分化。对旺树也可环剥，干径应在5cm以上，环剥宽度0.3～0.5cm。

（4）疏花疏果 疏花可分2次进行。第1次在现蕾后，及时去掉发育不全的"钟状花"；第2次在2周后，仍以疏除不完全花为主。

第八章

南方果树繁育技术

第一节 木 本 果 树

一、柑橘

【学名】*Citrus reticulata* Blanco.

【科属】芸香科、柑橘属

【主要产区】

中国是柑橘的重要原产地之一，经济栽培区主要集中在北纬20°~33°之间，海拔 700~1000m 以下。全国主产柑橘的有浙江、福建、湖南、四川、广西、湖北、广东、江西、重庆和台湾等省（市、自治区）。

【形态特征】

常绿乔木、小乔木或灌木，高约 2m。小枝较细弱，无毛，通常有刺。叶长卵状披针形，长 4~8cm。花黄白色，单生或簇生叶腋（图 8-1）。果实球形、扁球形或椭圆形等，果皮橙黄色或橙红色，果皮薄厚、剥离难易因品种而不同。春季开花，10~12 月果熟。

图 8-1 柑橘形态特征

【生长习性】

柑橘为喜光植物，然而阳光过分强烈，则生长发育不良。适宜生长的年平均温度在 15℃以上，最佳生长温度为 23~29℃，超过

35℃停止生长，-2℃即受冻害。

【品种介绍】

柑橘属植物是柑橘类果树中最主要的一群植物，共有17个种，分成6个种群，即大翼橙类、宜昌橙类、枸橼柠檬类、柚类、橙类和宽皮橘类。柑橘类水果包括橘子、柑、柚、枸橼、甜橙、酸橙、金橘、柠檬等一大家族。

柑子果实较大，近于球形，皮显黄色、橙黄色或橙红色，果皮粗厚，海绵层厚，质松，剥皮稍难，种子呈卵形。味甜酸适度，耐贮藏。

橘子种类很多，有八布橘、金钱橘、甜橘、酸橘、宫川、新津橘、尾张橘、温州橘、四川橘等品种。果实较小，常为扁圆形，皮色橙红、朱红或橙黄。果皮薄而宽松，海绵层薄，质韧，容易剥离，囊瓣7~11个。味甜或酸，种子呈尖细状，不耐贮藏。

橙子品种有锦橙、脐橙等，常见的主要指甜橙。果实呈圆形或长圆形，表皮光滑，较薄，包囊紧密，不易剥离。肉酸甜适度，富有香气。

柚子是柑橘类中果实最大的，果实大的一个可达1.5~2kg。又名朱栾、雷柚、气柑等。有白心柚子、红心柚子、沙田柚3种。果实部分非常紧密，很难掰开，一般要用刀切开，果实汁液一般较多，甜度因品种而不同。

（1）砂糖橘　又名十月橘。原产广宁、四会一带，主产地有四会、广宁、云浮、清远、德庆等，是当地柑橘主栽品种之一，因其味甜如砂糖故名。砂糖橘果实扁圆形，顶部有瘤状突起，蒂脐端凹陷，色泽橙黄（图8-2，彩图见文前）。砂糖橘尤以四会市黄田镇出产的正宗，唯其鲜美而极甜，囊壁薄，易剥离，化渣，口感细腻，实为极品。

（2）金橘　又被人们称为"金蛋"，它是柑橘家族中个头最小的成员。金橘树也比其他品种要小得多。金橘果实成熟得比较晚，每年春节前正好是它丰收的时节。金橘皮色金黄、皮薄肉嫩、汁多香甜，皮肉难分，洗净后可以连皮带肉一起吃下（图8-3，彩图见

图 8-2　沙糖橘　　　　　　　　图 8-3　金橘

文前）。

（3）本地早　原产浙江黄岩，又名天台山蜜橘。树势强健，树冠高大，呈圆头形或半圆头形，且整齐，分枝多而密，枝细软；果实扁圆形（图 8-4，彩图见文前），单果重 80g 左右，色泽橙黄，果皮厚 0.2cm；可溶性固形物含量 12.5%；质地柔软，囊衣薄，化渣，品质上乘，可鲜食，也可加工。10 月下旬至 11 月上旬成熟。抗寒、抗湿，丰产、稳产，但不耐贮藏。

图 8-4　本地早　　　　　　　　图 8-5　宫川蜜橘

（4）宫川蜜橘　早熟品种，10 月中、下旬成熟，果实端正，肉嫩多汁，甘甜适口，品质佳，2003 年国家农业部认定其为优质产品（图 8-5，彩图见文前）。

（5）大浦蜜橘　特早熟品种，树势较强，果实扁平（图 8-6，彩图见文前），品质优良，单果重 140g 左右，9 月中、下旬采收，亩产可达 4000kg，2003 年国家农业部认定其为优质产品。

(6) 兴津蜜橘　早熟品种，10 月中、下旬成熟，果实扁圆形（图 8-7，彩图见文前），果色鲜艳，果肉橙色，品质上乘，亩产 4500kg，2003 年国家农业部认定其为优质产品。

图 8-6　大浦蜜橘　　　　　　　　图 8-7　兴津蜜橘

(7) 纽荷尔脐橙　纽荷尔脐橙原产美国。树势较弱，树冠矮小，扁圆形或圆头形，枝条密生。果实椭圆形或长椭圆形（图 8-8，彩图见文前），较大，单果重 180～250g，果面光滑，果色橙红，外观美，可溶性固形物含量 11%～13%。果实 11 月中、下旬成熟，耐贮藏。丰产，适应性广，不易裂果。

(8) 冰糖橙　冰糖橙又名冰糖包，原产于湖南黔阳。树势中等，开张，树冠圆头形。果实近圆形或椭圆形（图 8-9，彩图见文前），单果重 120～150g，果色橙黄，光滑，果肉浓甜脆嫩，化渣，

图 8-8　纽荷尔脐橙　　　　　　　图 8-9　冰糖橙

可溶性固形物含量 13%～15%。果实 11 月下旬成熟，无核耐贮。

（9）早红脐橙　是早熟脐橙的芽变。果实长圆球形，完熟时，果皮橙红有光泽，果实大小整齐。果肉红色，颜色鲜艳（图 8-10，彩图见文前），果肉质地同温州蜜柑，但具有脐橙香味，无籽，汁多，化渣。丰产，耐贮性中等，抗逆性较强。

早红脐橙　　　　　　　红肉脐橙　　　　　　　脐橙

图 8-10　早红脐橙与其他脐橙的比较

（10）红肉脐橙　原产秘鲁，又名"卡拉卡拉"。果肉橙红（图 8-10，彩图见文前），汁液金黄，视觉效果极佳，适合制作拼盘及作礼品柑橘栽培。树势较强，果皮橙红，果实近圆形，甜酸适度，具清香。结果早，较丰产，耐贮藏。12 月上旬成熟。

（11）椪柑　又名芦柑，果实扁圆形或高扁圆形，果面橙黄色或橙色，色泽鲜美（图 8-11，彩图见文前）；皮薄易剥，果肉橙红色，汁多，组织紧密，浓甜脆嫩，化渣爽口，籽少。果实 11 月中、下旬至 12 月成熟，较耐贮藏。椪柑适应性广，丰产稳产。

（12）无核椪柑　原产湖南黔阳。无核性状稳定，果实品质好，早果、丰产，树势中等，对环境适应性强。果实扁圆，单果重160g 左右。果皮橙红，光滑（图 8-12，彩图见文前），肉质脆嫩，多汁化渣，可溶性固形物含量 13%，味浓而甜，兼具清香。11 月下旬成熟，可贮藏 4 个月左右。

（13）寿柑　枝条健壮，较直立，叶长而尖，树势生长偏旺，丰产性强。果实扁圆形，皮较薄、光滑、红色（图 8-13，彩图见文前），单果重 200g 左右。味纯甜，易化渣，品质好，耐贮藏。果

图 8-11　椪柑

图 8-12　无核椪柑

实 12 月中、下旬成熟。

　　(14) 丑柑　学名"不知火"，原产地为日本。风味极好，品质特优，因长得丑，也叫"丑柑"。果实味甘，皮厚而大，茎处有皮瘤（图 8-14，彩图见文前）。花的大小比椪柑大。有花粉，但花粉量少，且多数是畸形花。无核果率很高，即使有核，种子数也极少。单性结果强。单果重 200～280g，是宽皮柑橘中的大果形。

图 8-13　寿柑

图 8-14　丑柑

　　(15) 沙田柚　沙田柚原产于广西容县沙田。树势强，树冠高大，树形半开张或开张，枝梢较直立且密。果实葫芦形或梨形（图 8-15，彩图见文前），单果重 600～800g。果肉白色，脆甜，富香气，汁较少，可溶性固形物含量 14% 以上。果实 10 月下旬成熟，耐贮藏。

（16）金香柚　金香柚又名甜柚、冬瓜柚，原产湖南慈利县，石门县栽培较多。树冠高大，树势强健，枝粗壮，稍直立。果实呈长倒卵形（图 8-16，彩图见文前），较小，平均单果重 600g 左右，果色金黄，果皮松软，中等厚。果肉黄色，汁多味甜，可溶性固形物含量 10%～11%，品质上等。果实 9 月下旬至 10 月上旬成熟。

图 8-15　沙田柚　　　　　　　　　图 8-16　金香柚

【繁殖方法】

柑橘类果树育苗方法有实生、压条、扦插和嫁接等多种，以嫁接法最优。

（一）砧木苗的培育

1. 砧木选择

常用的砧木有枳、酸橘、红橘、枸头橙、朱栾、香橙、本地早和酸柚等。

（1）枳　用作甜橙和温州蜜柑的主要砧木。抗寒、抗旱、抗瘠，抗脚腐病、流胶病、线虫。矮化树冠，可早结果，丰产稳产，提高品质。枳砧不抗裂皮病，不耐湿，不抗盐碱。

（2）红橘　用作橘类和甜橙的砧木，根系发达，嫁接后树性较直立，结果较枳砧晚 2～3 年，但进入盛果期产量高，抗裂皮病。

（3）酸橘　具耐涝、抗风特性，根系发达，抗脚腐病，是广东、广西等南亚热带地区蕉柑、椪柑的优良砧木。

2. 砧木种子采集

一般选择充分成熟的果实种子，枳壳种子宜采用嫩籽播种，即花后 110～120 天，嫩籽即取即播，以免影响发芽率。远距离调运种子，为防止种子过湿霉变和失水干燥，应根据实际情况将种子拌木炭灰或掺少量清洁河沙包装运输，装箱时不可密封或装得过紧。

3. 种子处理

剔除瘪种子、种皮破裂和其他受伤种子，然后进行种子消毒。消毒时首先用铁网或纱网袋将种子装好置于 50～52℃ 热水中预热 5～6min 后立即投入（55±0.5）℃ 的恒温水中浸泡，浸泡时要进行搅拌，让其均匀受热，50min 后取出摊晾。待表皮发白时或用草纸吸干水后放入 700U 医用链霉素液中搅拌 3min 捞出沥干水。待种皮发白后再放于 0.1% 的次氯酸钠溶液中搅拌 3min 后，立即用清水反复冲洗 4～5 次，沥干水待播。枳壳嫩籽消毒不宜用热水处理，采用链霉素、次氯酸钠消毒操作程序即可。

4. 播种时间

嫩籽为当年 8 月中旬至 9 月初；老籽为当年 12 月初至翌年 2 月上旬。

5. 播种方法

苗床宽 1.4m，苗床营养土底层厚度 15cm，用木板扒平，并轻轻压实，每亩播种量 50kg，播完种后及时覆盖营养土 3cm，并立即浇水让营养土充分湿透，2h 后用 1000 倍甲基托布津液对床面喷雾进行土壤消毒。

6. 播种后的管理

当营养土表层现白时应及时浇水；当日气温降至 22℃ 时，即盖膜保温；当膜内温度大于 30℃ 时，即掀膜降温。

当出苗数达 1/3 时，选择对症农药防治立枯病，每间隔 5～7 天 1 次，连防 3 次。待苗齐后，拔除细弱苗、白化苗、皮层黄化苗、根颈部弯曲苗。

从砧木发芽到 5 月中旬移栽前，每月施肥 2～3 次，以尿素为主、复合肥为辅，交替追肥，每次每亩 10～15kg，雨天待叶片雨水干后撒施；晴天在下午 4～5 时撒施，施后立即喷水。

7. 砧木苗的移栽

移栽时期在 5 月中旬，但必须达到苗高 15cm、茎粗 0.15cm 以上时进行。起苗前一天下午将苗圃浇足水，软化土壤减少根系损伤；起苗时按苗木生长情况分级分批起苗，剪去垂直根长度 1/3，苗木随起随栽。栽植密度，宽皮橘类株行距 10cm×18cm，橙类株行距 10cm×20cm。栽后立即浇足定根水，扶正苗木，对个别根须暴露的，应及时加盖营养土。

柑橘容器育苗应宜选黑色专用育苗容器（图 8-17），规格为高 35cm、口径 12cm，底边、下侧边要有渗水孔。在容器内营养土装至 4/5 时，用木棒在容器中挖一个孔，将砧木苗放入，使根系舒展，接着填满营养土并挤压至实，浇足定根水。

图 8-17　柑橘容器苗

砧木移栽 20 天后，施稀薄肥水，间隔 10 天重复 1 次，其他肥水管理、病虫防治与嫁接苗管理同。

（二）苗木嫁接与管理

1. 嫁接时期

以秋季芽接为主、春季切接为辅，秋接从 8 月中旬至 9 月中旬，春接从 3 月初至萌芽前。嫁接高度为从地面起 7cm 以上，砧木嫁接口粗度达 0.5cm 以上。

2. 接穗采集与运输

选择无病毒的母株，从树冠外围中上部选取充分成熟、健壮的 1 年生营养枝，每枝接穗应具备 5 个以上有效芽，芽接接穗最好随采随接。接穗按 50 支一捆，挂好品种标签，打捆时做到基部整齐。将麻袋在水中充分浸湿，取出后晾至不滴水时将捆好的接穗装入麻袋中，长途运输时按上述方法保持麻袋湿度，到达目的地后，要及时取出接穗，放置于铺在地面的一层麻袋上，上面盖一层湿麻袋即可。

3. 嫁接前准备工作

将接穗放入 1000U/ml 盐酸四环素液中浸泡 2h，清水冲洗，晾干表面水分即可嫁接。嫁接员工进场前必须换洗衣服，嫁接员工的手和工具均用 75% 医用酒精消毒 1 次（防止传染柑橘病毒病），嫁接现场备清水一盆，以便包接穗的毛巾清洗保湿。

4. 嫁接方法

秋季芽接用"T"字形芽接法（图 8-18），春季枝接用切接、腹接等法，参见第三章嫁接苗的培育。

图 8-18 柑橘容器苗芽接

5. 嫁接苗的管理

（1）剪砧 秋季芽接的苗木在 2 月底至 3 月中旬剪砧，剪砧时要求从接穗芽眼上方 0.5cm 处以 45°斜剪；高边为芽眼上方（图 8-19）。

图 8-19　柑橘容器苗芽接后剪砧

（2）解绑　春接的苗木要等夏梢老熟时才能除膜，夏接的待第一次梢老熟时除膜。

（3）除萌　砧木苗的萌蘖随长随抹。接穗的春夏梢待其顶部芽长 3cm 左右，能分辨优劣时，选留一个粗壮且直立的芽作延长枝，其余全部抹除。

（4）摘心　春梢长至 6~8 片叶、夏梢长至 40~50cm 时摘心。秋梢萌芽时，在其苗高 40cm（蜜柑类 30cm）以上部位选留 3~4 个着生位置适当且粗壮的芽头，作主枝培养。萌发的晚秋梢、冬梢应及时抹除。

（5）肥水管理　春梢催芽肥亩施尿素 12kg，壮梢肥亩施菜饼发酵液 800kg（饼水比例 1∶10，沤制 20~30 天）加复合肥 12kg 液施（禁用含氯复合肥）。夏梢催芽肥亩施尿素 18kg，壮梢肥亩施菜饼发酵液 1000kg 加复合肥 18kg 液施。秋梢催芽肥亩施尿素 18kg，壮梢肥亩施菜饼发酵液 800kg 加 15kg 复合肥液施。催芽肥在每季梢萌芽前 20 天施，壮梢肥在芽长 3cm 时施。

一般情况下待表层土发白时喷水，喷水量不宜过多，防止肥料流失。夏季高温要防止高温灼伤，一般上午 10 时喷 1 次水，下午

5 时以后喷 1 次水。

（6）病虫防治　在嫁接苗剪砧时加盖 200 目防虫网，防止传染柑橘病毒病（图 8-20）。待春梢芽长 1cm 时主防炭疽病、疮痂病兼治食叶性害虫。每隔 7 天左右防治 1 次。夏、秋梢芽长 0.5cm 时主防潜叶蛾，兼防凤蝶幼虫，每隔 5 天防治 1 次，高温干旱时主防红蜘蛛，连续防治 2 次，间隔 7～10 天。

图 8-20　柑橘现代化无病毒育苗基地

（7）防寒防冻　及时掌握天气变化，在冻害天气来临前，拆除防虫网、遮阳网，对苗木灌足 1 次水。在苗床上做小拱棚，再盖棚膜保温，膜周边用土压实。

【栽培管理技术】

1. 整形修剪

柑橘整形修剪的目的是"早结果、多结果、结好果、长结果"。正确的整形和修剪能促进树体生长，使之尽早成形，枝干分布合理，树冠通风透光，树体结果稳定，便于田间管理，提高生产工效，降低生产成本，增加经济效益。对不同树龄的树来说，幼树尽量做到早结果、早丰产；成龄树做到优质、丰产，延长结果期限；衰老树种尽量做到及时更新，促进生长，保持产量。

2. 施肥技术

定植前未充分施用磷、钾肥的果园，应逐年增加磷、钾肥的施用；幼树定植后 1 个月，新根开始活动，可施稀粪水，施肥量宜少不宜多，宜淡不宜浓，尤其是化肥，施用时更应注意，以免伤根。每次新梢抽发前和生长期均要施 1～2 次速效肥，力争 1 年抽 3～4 次梢，即 2 月底至 3 月初施春梢肥，5 月中、下旬施夏梢肥，7 月上、中旬施早秋梢肥，11 月下旬施好冬肥。在易受冻害的地区，8～10 月应停止施肥，以防晚秋梢和冬梢的抽发，避免消耗养分产生冻害。

定植后第 2 年，应逐渐加大施肥用量，结合改土施用有机肥料，增加磷、钾肥用量，酸性土加入适量的石灰，以培养密集根群和健壮的秋梢，为第 3 年结果打下基础，2～3 年生树施肥，要抓住各次梢生长期间连续追肥，抽梢前半个月左右施攻梢肥，发梢少的应追施 1 次攻梢肥；梢剪截或摘心后，追施 1 次壮梢肥，秋梢转绿后，追加 2 次粪水。

二、荔枝

【学名】*Litchi chinensis*

【科属】无患子科、荔枝属

【主要产区】

原产于中国西南部、南部和东南部，尤以广东、广西和福建南部栽培最盛。

【形态特征】

常绿乔木，高通常不超过 10m，有时可达 15m 或更高，树皮灰黑色；小枝圆柱状，褐红色，密生白色皮孔。叶连柄长 10～25cm 或过之；小叶 2 或 3 对，较少 4 对，薄革质或革质，披针形或卵状披针形，有时长椭圆状披针形，全缘，腹面深绿色，有光泽，背面粉绿色。荔枝是雌雄同株异花的树种，花序顶生，阔大，多分枝；花梗纤细，长 2～4mm，有时粗而短；雄蕊 6～7，有时 8，花丝长约 4mm；子房密覆小瘤体和硬毛。果卵圆形至近球形，长 2～3.5cm，成熟时通常显暗红色至鲜红色；种子全部被肉质假种皮包裹。花期春季，果期夏季（图 8-21、图 8-22）。

图 8-21 荔枝形态特征

图 8-22 荔枝结果状态

【生长习性】

荔枝树对土壤的适应性强，一般土壤均可栽培，喜中性或微酸性土壤，其中以土层深厚、有机质丰富、排水良好的沙壤土最适。在发育期间，需较高的温度和湿度，入秋之后，需有低温刺激和比较干燥的气候，才易形成花穗。

【品种介绍】

(1) 桂味 又名桂枝、带绿，因含有桂花香味而得名，是优良品种之一，广州市郊和广西灵山县所产最佳。桂味有全红及鸭头绿两个品系。果实圆球形，果壳浅红色，薄而脆；龟裂片突起小而尖，从果蒂两旁绕果顶有圈较深环沟（图8-23，彩图见文前），此两者为桂味的特征；肉黄白柔软饱满，核小，味很甜，7月上旬成熟。

（2）糯米糍　又名米枝，为广东价值最高的品种，是闻名中外的广东特产果品。果实心脏形，近圆形，果柄歪斜为其品种特征；初上市黄蜡色，旺期鲜红色；龟裂片大而狭长，呈纵向排列，稀疏，微凸，缝合线阔而明显；果顶丰满，蒂部略凹（图8-24，彩图见文前）；肉厚，核小，肉色黄白半透明，含可溶性固形物达20％，味极甜，香浓，糯而嫩滑，品质优良。最适宜鲜食和制干。7月上旬成熟。有红皮大糯和白皮小糯两个品系。

图 8-23　桂味

图 8-24　糯米糍

（3）挂绿　为广东增城的荔枝珍品，也是广东荔枝的名种之一。果皮暗红带绿色（图8-25，彩图见文前）；龟裂片平，缝合线明显；肉厚爽脆，浓甜多汁，入口清香，风味独特。6月下旬至7月上旬成熟。增城"西园"有棵挂绿老树，该树已有400多年历史，每年结果甚少，其特点是外壳颜色四分微绿六分红，有条绿线纵贯果身，果肉清脆口有微香，剥去外皮纸包不湿纸。

（4）陈紫　为福建荔枝绝品，成熟时散发出阵阵幽香，沁人心脾。果实椭圆形，中等大，平均单果重17.0g。果皮鲜红，果肩一边平，一边微耸，果顶圆。龟裂微隆起，排列较整齐，龟裂片大小不一；裂片峰毛尖；裂纹浅而窄；缝合线不明显（图 8-26，彩图见文前）。肉质滑软，褐色部分薄，果汁多，风味甜带微酸。

图 8-25　挂绿

图 8-26　陈紫

（5）黑叶　别名乌叶、冰糖荔。叶色浓绿近黑，故称黑叶。果实短卵圆形，果顶浑圆或钝，果属平；皮深红色，壳较薄，龟裂片平钝，大小均匀，排列规则，裂纹和缝合线明显（图 8-27，彩图见文前）；肉质坚实爽脆，香甜多汁，多数为大核。6 月中旬成熟。较耐贮存。

（6）淮枝　又名密叶、凤花、古凤、怀枝等，是广东栽培最广、产量最多的品种。鲜食、干制皆宜。果实圆球形或近圆形，蒂平；果壳厚韧，深红色，龟裂片大，稍微隆起或近于平坦，排列不规则，近蒂部偶有尖刺，密而少（图 8-28，彩图见文前）；肉乳

图 8-27　黑叶

图 8-28　淮枝

白，软清多汁，味甜带酸，核大而长，偶有小核。7月上旬成熟。

(7) 水晶球　产地广东，果实近心形或近圆形，果肩略耸，果顶钝圆，中等大小，平均单果重 18～20.6g。果皮浅红色，皮薄，龟裂片较疏，裂片峰锐尖刺手，缝合线不明显（图 8-29，彩图见文前）。果肉乳白色，半透明，尤显晶莹，肉质特别爽脆，清甜带微香，果核细小，是一个有数百年栽培历史的优质品种。

(8) 妃子笑　四川叫铊提，台湾称绿荷包或玉荷包。妃子笑的特点是果皮青红，颜色对比特别明显，经常是一颗荔枝上红一块绿一块的，整体颜色发绿（图 8-30，彩图见文前）。果个大，肉色有如白蜡，脆爽而清甜，果核小。

图 8-29　水晶球　　　　　　　图 8-30　妃子笑

【繁殖方法】

（一）嫁接繁殖

1. 苗圃地选择与整地做畦

圃地要求阳光充足，地形开阔，水源充足，排灌方便，水利沟渠、田间道路配套完善。为起苗固土需要，苗床土壤要求偏黏，对黏性不强的土壤，可适当掺红黏土，并进行土壤的深耕熟化。土壤瘠薄的要培肥，亩施腐熟羊粪 500～600kg、普钙 50～100kg、复合肥 50～100kg、石灰 50kg、与土壤充分混合均匀。

苗圃地土壤培肥熟化 2 个月后，整地做高畦，畦面宽 2m，长度依田块而定，沟宽 30cm、深 30cm。畦面碎土、整平，畦上建盖遮阴棚。

2. 砧木培育

老品种荔枝对水东、小黑、三月红、妃子笑等品种具有很好的亲和性，砧木选择本地老品种荔枝作为嫁接砧木。

（1）种子收集　待4～5月果实成熟后，集中收集老品种荔枝核，育10万株苗需要种子13万个左右。荔枝种子不能长时间放置，应分批收集催芽播种。

（2）催芽方法　选一块平整土地，在上面堆3～5cm的湿沙，把洗净的种子平放在沙面上，不要让种子重叠，再在种子上面盖5cm厚的稻草，经常淋水，保持稻草湿润，经4～5天种子胚根露出后即可取出播种。

（3）播种　播种株行距18cm×12cm，先按行距开播种沟，沟深3cm左右，按株距将种子平放于沟中，淋水，水渗下后覆土2cm。

（4）砧木苗的管理　播种后晴天要经常淋水，保持土壤湿润，利于种子出苗。在幼苗第1片真叶转绿时，开始施入稀薄粪水，以后轻施三元复合肥和硫酸钾，冬季低温期间，应用塑料薄膜覆盖畦面，提高苗床温度。做好地下害虫的防治，发现枯死苗及时拔除。

3. 嫁接

（1）接穗选择　应选择3～5年生、长势旺盛的结果母树，选择树冠外围中上部生长充实、芽眼饱满、叶片全部老熟的1～2年生枝条。最好随采随接，需放置一小段时间的要用新鲜的荔枝叶包扎接穗条，然后再包一层湿毛巾，并装塑料袋内，放在阴凉处。

（2）嫁接时间　荔枝枝接应选择在每年的3～4月份，当年9～10月份进行补接。

（3）嫁接方法　苗圃地苗木嫁接采用劈接、切接的方法（图8-31），具体方法参见第三章嫁接苗的培育。

（4）嫁接苗管理　在嫁接后20天检查成活情况，不成活的应及时补接；嫁接成活后，及时解绑；应及时抹除砧木上的萌芽，以保证接穗生长。当苗高40～50cm时，要整形修剪，选留3～4条分布均匀的壮枝培养为主枝。加强肥水管理，可适当增施尿素、硫酸钾、复合肥等化肥，施肥量因地力及苗情而定。

图 8-31 荔枝切接

4. 种苗出圃标准

（1）苗木出圃标准 砧穗亲和良好，嫁接口上下发育均匀，没有基部肿大或因解缚过迟引起的绞缢主干、叶片黄化等不良现象。嫁接部位在 30～35cm，不能过高，主干粗直，苗高 50～60cm，具有 3～4 条分枝，生长健壮，叶片整齐，叶色浓绿。枝干粗壮，根系发达（图 8-32）。

图 8-32 荔枝嫁接苗

（2）起苗出圃 起苗方法是先制作铁质圆筒形起苗器，起苗时以苗木主干为中心，将起苗器从苗两侧插入土中，用大铁锤打起苗器，直至起苗器全部插入土中，然后握紧起苗器铁柄，把起苗器连泥带苗一同拔起，剪去过长的主根，打开起苗器便成为带圆筒形泥团的荔枝苗；再把挖起的苗木用薄膜将整个泥团包好，用纤维带把薄膜扎紧，即可出圃运输。

（3）运输　当嫁接苗第一个新梢老化成熟即可出圃种植，装运过程中要整齐摆放，可分两层装放，当天出苗在 3 天内即要移栽定植，常年出圃时间为 6～10 月份。

（二）高压繁殖

荔枝高压苗育苗方法简单，容易操作，育苗时间短，种植后结果早。在母树种源能满足的情况下适宜采用。但此方法繁殖系数低，在优良母树少的情况下，不能满足苗木的需求，苗木定植后，管理稍有不善，成活率低，而且缓苗期长。

4～6 月份选择 3～5 年生壮树，直径 1.5～2cm 能见到阳光的健壮无病虫害枝条为宜。在选定的枝条上环剥，宽 3cm 左右，用 5000mg/L 的吲哚丁酸涂抹切口，包扎促根基质（如地衣与含有腐殖质的细泥混合物），用塑料薄膜捆绑。一般经 30～40 天即可在包扎物外见到新长出的白色嫩根，50～60 天长出 2～3 次根，围绕在包扎物外成根团，此时高压苗即可割离母体成为新植株，进行假植或定植（图 8-33～图 8-35）。

【栽培管理技术】

（一）整形修剪技术

1. 常用树形

幼树整形多采用自然圆头形，在定植后 2～3 年内完成。树形特点和整形过程参见杏树。

2. 修剪特点

（1）幼树修剪与整形同步进行　在新梢萌发前用摘心、短截、疏删、抹芽等方法抑制枝梢生长和促进分枝。宜轻不宜重，主要剪除交叉枝、过密枝、弯曲枝、弱小枝，以及不让其结果的花穗，使养分有效地用于扩大树冠，修剪后给伤口涂抹愈伤防腐膜，使其伤口快速愈合。

图 8-33 荔枝高压繁殖

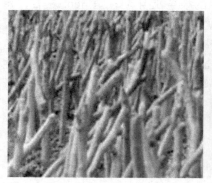

图 8-34 高压苗在大棚内假植

图 8-35 荔枝高压苗成活

（2）秋梢是荔枝的结果母枝，一般只培养 1～2 次新梢。第 1 次放梢掌握在 7 月中、下旬；第 2 次放梢应在 9 月下旬。根据植株需求合理浇水施肥，喷施新高脂膜保肥保墒。

（3）在采果后，及时剪掉果柄和采果时损伤的干枝、枯枝和不理想枝，以及处暑后抽发的晚秋梢；尽量保留阳枝、强壮枝及生长良好的水平枝。

（二）肥水管理技术

1. 幼树的管理

施肥以勤施薄施为原则。荔枝每年可抽生新梢 4～5 次，宜掌握 "一梢二肥" 或 "一梢三肥"，即枝梢顶芽萌动时施入以氮为主的速效肥，促使新梢正常生长。当新梢伸长基本停止、叶色由红转淡绿色时，施第二次肥，促使枝梢迅速转绿，提高光合效能，增粗枝条、增厚叶片。当有新梢转绿后施第三次肥，加速新梢老熟，缩短梢期，利于多次萌发新梢。施肥量视土壤性质、幼树大小而定，定植后树小少施，第 2 年起施肥量相应提高，比上年增加 40%～60%。

幼年荔枝根少且浅，受表层土壤水分的影响较大。1 年生荔枝幼树常发生 "回枯" 现象，故旱天应注意淋水保湿，雨天防止树盘积水。

2. 成龄树管理

应重视有机肥的使用，在秋季采果后和冬末春初施入。追肥全年分为三个时期：①花前肥，在 11 月底至 12 月上旬施下，作用是促进花芽分化、提高坐果率，此期氮、钾约占全年施用量的 20%～25%，磷占 25%～30%；②壮果肥，花谢后 10～15 天施下，作用是及时补充开花时的消耗、保证果实生长发育所需养分、减少第二次生理落果、促进果实增大，此次以钾为主，氮、磷配合，钾约占全年施肥量的 40%～50%，氮、磷占 30%～40%；③采果前后肥，在采果前 7～10 天施下，作用是采果后加快恢复树势、促发秋梢、培养壮健结果母枝、奠定翌年丰产基础，此期以氮为主，磷、钾配合，氮施用量约占全年施肥量的 45%～55%，磷、钾占 30%～40%。

三、芒果

【学名】*Mangifera indica* L.

【科属】漆树科、芒果属

【主要产区】

主要产区为云南、广西、广东、福建、台湾。

【形态特征】

常绿大乔木，高 10～20m；树皮灰褐色，小枝褐色，无毛。叶薄革质，常集生枝顶，叶形和大小变化较大，通常为长圆形或长圆状披针形，长 12～30cm，宽 3.5～6.5cm，先端渐尖、长渐尖或急尖，基部楔形或近圆形，边缘皱波状，无毛，叶面略具光泽，侧脉 20～25 对。圆锥花序长 20～35cm，多花密集，被灰黄色微柔毛，分枝开展；花小，杂性，黄色或淡黄色；花瓣长圆形或长圆状披针形，长 3.5～4mm，宽约 1.5mm；雄蕊仅 1 个发育，长约 2.5mm，花药卵圆形，不育雄蕊 3～4，具极短的花丝和疣状花药原基或缺；子房斜卵形，径约 1.5mm。核果大，肾形（栽培品种其形状和大小变化极大），成熟时黄色，中果皮肉质，肥厚，鲜黄色，味甜，果核坚硬（图 8-36）。

图 8-36　芒果形态特征

【生长习性】

芒果性喜温暖，不耐寒霜。我国能正常生长结果的产区年均温为 19.8～24.1℃，但以年均温 21～22℃、最冷月大于 15℃、几乎全年无霜的地区为多。5℃以下，幼苗、嫩梢和花穗受寒，0℃左右幼苗地上部、成年树的花穗和嫩梢、外围叶片都会受害，严重时枯死。

芒果喜光，充足的光照可促进花芽分化、开花坐果和提高果实品质。树冠郁闭、光照不足芒果结果少，果实外观和品质均差。

芒果在年雨量 700～2000mm 的地区生长良好，华南地区年雨量分布不均常对其生长发育带来影响。花期和结果初期如空气过分干燥，易引起落花落果；雨水过多又导致烂花和授粉受精不良；夏季降雨过于集中，常诱发严重的果实病害；采收后的秋旱多影响秋梢的萌发生长。

【品种介绍】

国内外已培育出百余个品种，仅中国目前栽培的已达 40 余个品种。

(1) 桂七芒　又名桂热 82 号，俗称桂七芒。树势中等，枝条开张花期较迟，属晚熟品种，成熟期 8 月中、下旬。丰产稳产。果重 200～500g。果形为 "S" 形，果皮青绿色（图 8-37，彩图见文前），成熟后绿黄色，果肉乳黄色，肉质细嫩，纤维极少，味香甜，含糖量 20%。耐贮运。该品种系田东县主栽品种。

(2) 台农 1 号　台农 1 号芒是台湾凤山园艺所自育品种。早熟种，树冠粗壮，生势壮旺，直立，开花早，花期长。较抗炭疽病，适应性广。果实扁圆形，向阳面呈淡红色，果实光滑美观（图 8-38，彩图见文前），肉质嫩滑、纤维少，果汁多，味道清甜爽口。

图 8-37　桂七芒　　　　　　　图 8-38　台农 1 号

(3) 青皮芒　又称泰国芒，树势中等强壮。果实 6 月上、中旬成熟，果形肾形，成熟果皮暗绿色至黄绿色，有明显腹沟

（图 8-39，彩图见文前）。果肉淡黄色至奶黄色，肉质细腻，皮薄多汁，有蜜味清香，纤维极少。单果重 200～300g，可食部分占72％左右，品质极优，是理想的鲜食品种。

（4）金煌芒　金煌芒是台湾自育品种，树势强，树冠高大，花朵大而稀疏。果实特大且核薄，味香甜爽口，果汁多，无纤维，耐贮藏。平均单果重 1200g，成熟时果皮橙黄色（图 8-40，彩图见文前）。品质优，商品性好，糖分含量 17％。中熟，抗炭疽病。

图 8-39　青皮芒

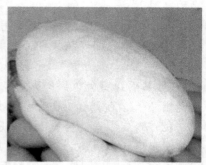

图 8-40　金煌芒

（5）凯特芒　该品种树势强壮。果实呈卵圆形，果皮淡绿色，向阳面及果肩呈淡红色（图 8-41，彩图见文前），单果平均重 680g，皮薄核小肉厚，果肉橙质，含糖分 17％，迟熟种，成熟期 8 月至 9 月中旬。该品种有一定的面积和产量。

（6）红象牙芒　该品种是广西农学院自白象牙实生后代中选出。长势强，枝多叶茂。果长圆形，微弯曲，皮色浅绿，挂果期果皮向阳面鲜红色，外形美观（图 8-42，彩图见文前）。果大，单果重 500g 左右，可溶性固形物含量 15％～18％，可食部分占 78％，果肉细嫩坚实，纤维少，味香甜，品质好，果实成熟期在 7 月中、下旬。

（7）玉文芒 6 号　果实大，平均单果重达 1000～1500g，果形艳丽，呈紫红色（图 8-43，彩图见文前），较多纤维质，种核薄，可食率高，果肉细腻，口感佳，可溶性固形物含量达 17％～19％，

图 8-41　凯特芒　　　　　　　　　图 8-42　红象牙芒

丰产性能较好。

（8）贵妃　"贵妃"芒果在台湾经专家研制推出，至今不到 10 年历史。1997 年，台商廖健雄先生到三亚创立鼎立公司，将"贵妃"引入海南。表皮青里透红，无任何斑点（图 8-44，彩图见文前）；果质适度适中，核小无纤维，水分充足。

图 8-43　玉文芒 6 号　　　　　　　图 8-44　贵妃

（9）金穗芒　该品种 1993 年刚引进种植，具有早结、丰产稳产的特性。果实卵圆形，果皮青绿色，后熟后转黄色（图 8-45，彩图见文前）。果皮薄，光滑、纤维极少，汁多，味香甜，肉质细嫩，可食部分占 70%～75%。成熟期 7 月中、下旬。品质中上，是鲜食、加工均佳的品种。

（10）爱文　原名欧文。由美国佛罗里达州培育，1954 年引入中国台湾后又名苹果芒,为台湾的主栽品种。1984 年由澳大利亚引入湛江南亚热带作物研究所,编为红芒 1 号。果实卵圆形,成熟时果皮紫红色(图 8-46,彩图见文前),果肉黄色,无纤维,含糖 14％～16％,可溶性固形物含量 15％～24％,味道香甜,口感极佳。

图 8-45　金穗芒

图 8-46　爱文

(11)金兴　2002 年从台湾引进。果实呈红黄色,显透明状,有一种透视果肉的感觉,如琥珀色般(图 8-47,彩图见文前),肉质与品质属极品,甜度 19％左右,果实特大,可达 1000g 以上。

(12)腰芒　是芒果中的小成员,个头很小,50g 左右,果皮黄色(图 8-48,彩图见文前),味道与别的芒果相似,纤维较少,口感好。

图 8-47　金兴

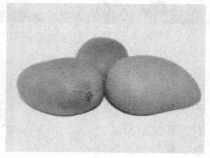

图 8-48　腰芒

【繁殖方法】

（一）砧木培育

1. 砧木的选择

目前以在来种品种为最佳，现在种苗圃所用的砧木约有 90％都是在来种。嫁接用的砧木以 1～2 年生、茎粗 1cm 的苗木为最佳，发育快速，嫁接成活率高。如果在 7 月播种，生长良好的幼苗到次年 3 月时，其生育期约 250 天即可用作砧木。

2. 苗圃的选择

选择地势较为平坦、向阳、避风的平地或缓坡地。土壤以土层深厚且排水良好、富含有机质的沙质壤土为宜。

芒果苗圃在整畦时应注意排水，因为在育苗期的幼苗很怕浸水，连续多日浸水，易导致幼苗发育不良或死亡。整畦时应视土壤肥力状况，施腐熟的有机质肥料及过磷酸钙作基肥。

3. 种子处理

种子要选自生长健壮的母树上的果实，且要充分成熟、新鲜。种子自果实中取出以后，要立即洗净果肉、晾干（不能在烈日下暴晒），并在 1 周内播种（注意不宜露空放置，否则半个月将使发芽率严重下降）。播种前宜剥去种子硬壳，以提早出苗和提高出苗率。方法是种子晾干以后，用小刀剔开腹部和缝合线（注意勿伤胚根），然后沿缝合线把种壳掰开，便可取出种仁（图 8-49、图 8-50）。

图 8-49 芒果种子

图 8-50 取出种仁

将种仁一个挨一个地横排在沙床上，种脐向下，再用细沙覆盖，厚度以盖过种仁 1cm 为度，经常保持沙床湿润和防止日光直晒（图 8-51）。

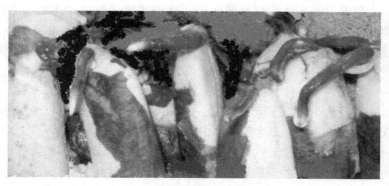

图 8-51　种仁催芽

4. 播种

当催芽 10～20 天后，幼苗叶片尚未展开呈红色时即可上床，苗床可用双行式或四行式，株行距 20cm×20cm。如用容器育苗，则把幼苗移入盛有营养土的容器中。移苗时应注意勿伤幼苗根系，移苗后稍加遮蔽。有些品种为多胚，一个种仁可长出几株苗，为使苗木健壮，每穴只留一苗，其余及早除去。移苗后每天浇水 1 次，如遇天旱，必须每天上、下午各浇水 1 次，至抽芽为止。此时，即可施稀薄粪水或 0.5%～1% 硫酸铵或尿素水溶液，以后每抽梢 1 次施肥 2 次（梢前、梢后），施肥前应先除草、松土。到第 2 年春末夏初，苗木茎粗 0.7～1cm 以上时，即可嫁接。

（二）嫁接

1. 嫁接时间

芒果嫁接以 4～5 月和 9～10 月最为适宜。

2. 接穗选择

接穗宜选已结果的优良母树的树冠外围粗壮、无病虫害和芽眼饱满、色绿而老熟的 2 年生枝条。

采穗的时间以上午为最佳，接穗采后，台农 1 号须在 1h 内嫁接，如果接穗有乳胶流出时，嫁接成活率高，反之则低。采穗后应立即剪去叶片，留 0.5cm 的叶柄，并应立即嫁接。如需运输应以塑胶袋包扎，贮藏时可放冰箱冷藏室，贮藏时间约 5 天，放置愈久，接活率愈低。

采穗前 7 天，将拟供作接穗用枝条的顶端摘心，约 7 天后枝条上的芽会渐渐突起，此时剪下作接穗，将会提高接活率。

3. 嫁接方法

芒果嫁接可用芽接法或枝接法，枝接可用劈接、切接等方法，芽接可用"T"字形芽接、方块芽接等，参见第三章嫁接苗的培育。

【栽培管理技术】

1. 种植技术

一般芒查种植期以春季为宜，当寒潮已过、气温明显回升、空气湿度大、果苗新芽尚未吐露时栽种，成活率高（3～5 月种植最适宜）。秋植气温高，容易发梢，但较干旱，日照又强，蒸腾量大，应选择有秋雨的时候种植，方能提高成活率。

带土苗移植易成活，恢复生长较快；裸根苗如果注意起苗质量，根系蘸好泥浆，在运输途中保持根部湿润，定植后加强淋水管理，成活率会很高。

2. 土壤管理

芒果的根系与根菌共生，相互促进，而根菌需要较多的有机质和通透的土壤环境才能生长良好。除了增施农家肥和土杂肥以提高土壤有机质的含量外，宜采用生草栽培，具体方法参见第六章的果园土肥水管理。

3. 施肥

幼树施肥应少量多次，即"薄肥多施"，1 年可施 6～8 次肥，肥料以速效的液肥为主。定植成活后，每隔 30～40 天施肥 1 次，以水肥直接淋施在树冠外围。如果施用干肥，就要在树干 20cm 以外挖条状沟或环状沟，将肥料均匀撒施在沟内，覆土后灌水。

结果树合理施肥时其氮、磷、钾、钙的比率应是 6：4：9：6 或 6：3：10：6。芒果对于微量元素如锰、硼、镁、锌等也是很敏感的，如果土壤中缺乏这些元素的供应，往往会出现这样或那样的生理病害。

(1) 壮花肥　在 2 月底 3 月初现蕾前施入，可提高树体营养水平，促进花穗发育，增强抗寒能力，提高坐果率。以氮肥为主，配合磷、钾肥，数量约占全年施肥量的 30%。

(2) 壮果肥　在谢花后幼果期施用，以钾肥、钙肥为主，适当配合氮肥，施肥量占全年的 5%～10%。也可以结合防病喷洒农药时加喷 0.3% 的磷酸二氢钾，必要时还可补充硼、镁等微量元素。

(3) 采后(前)肥，可迅速恢复树势，促发壮梢为翌年的结果母枝。早熟的品种可在采果后及时施用，而晚熟品种则应在采果前施用。要求 8 月下旬前施用完毕，以保证在 9 月上、中旬能抽生第 1 次秋梢。这次肥料以有机肥为主，结合氮、磷、钾复合肥，施肥量占全年的 50% 以上。

(4) 越冬肥　在 11 月中、下旬施用，以促使早冬梢迅速老熟，有利于花芽分化和增强抗寒能力，还可以提供翌年开花期的部分养分供应。这次肥料以迟效的有机肥料为主，施肥量占全年的 10%。

4. 合理排灌

芒果各生育时期对水分要求不同，需水关键期在果实膨大期和秋梢抽发期。在幼果膨大期间，一般年份华南地区雨量较充足，无需灌溉。但在果实发育的中期，往往会由于高温骤雨，导致裂果和落果，这个时期应注意适当灌溉，经常保持湿润，防止因土壤干湿变化过剧，带来产量损失。在果实发育后期至采收前需要有较干燥的环境，有利于提高果实品质。夏末秋初在华南地区常会出现干旱少雨的天气，气温高，蒸腾量大，土壤和空气的湿度都较低，这时正是采后修剪促梢的关键时期，应保持土壤足够的水分，以促使秋芽萌动及秋梢整齐抽生和健壮生长发育的需要，因此要进行灌溉，使土壤保持湿润。当末次梢开始老熟时，应停止灌溉，这时适度的干旱可使枝梢及时停止生长，积累养分，提高细胞液浓度，有利于花芽分化。但是，这时过分的干旱会促使早开花，花质差，两性花的比率低，坐果也差。因此在冬春季节如遇干旱，仍需适量灌溉，可每隔 15～20 天灌薄水 1 次，以使树盘土壤微湿为度。

5. 适度修剪

芒果是一种较耐修剪的果树，按时间可分为春季修剪和秋季修剪。

（1）春季修剪　为了调节营养生长与生殖生长之间的平衡，有利于均衡生产和提高果品质量，应控制花穗量。在抽穗至开花期间进行疏花，疏去过多的花穗，一般使花穗在末级梢上抽生的占 70％即足够，其余 30％应使之抽生春梢，保证有一定的营养生长量。如花穗过长，应疏除部分小花枝，保留 1/2～2/3 的花量已足够。

如果幼果期坐果太多，应及早把部分小果疏去，每穗仅留 5～6 个发育较好的小果，以待日后稍大时再决定去留。同时，应及时剪除空怀的花枝、病弱枝，防止果实与之碰撞摩擦，影响果实的外观。

挂果偏少的幼龄结果树往往会抽生夏梢，对养分的竞争会引起大量落果，严重影响本来已少的结果量。因此，为了保证果实的正常发育，在夏梢萌发 3～5cm 时应进行抹梢。

（2）秋季修剪　芒果的秋季修剪一般在采果后进行，所以又称采后修剪。这次修剪有促进秋梢抽生的作用。采果后要求最少要培育两次秋梢的抽生，末次梢的抽生不应迟于 11 月上旬，因此，秋季修剪应力争在 8 月底 9 月初完成。

秋季修剪要疏除密生枝、郁闭枝、多余枝、错乱枝、下垂枝、重叠枝、交叉枝、病虫枝等。调整骨干枝的部位和数量，按树形的要求，对长枝进行回缩、短截，并将外围结过果的残枝短截。

结果树的秋季修剪要注意在修剪前后必须结合重施肥料，保证营养生长所需养分供应，迅速恢复树势，积累养分进行花芽分化，为来年生产打下基础。

四、椰子

【学名】*Cocos nucifera*

【科属】棕榈科、椰子属

【主要产区】

主要分布在南北纬 20°之间，尤以赤道滨海地区分布最多。中国现主要集中分布于海南各地、台湾南部、广东雷州半岛、云南西双版纳。

【形态特征】

植株高大常绿，乔木状，高 15～30m，茎粗壮，有环状叶痕，基部增粗，常有簇生小根。叶羽状全裂，长 3～4m；裂片多数，外向折叠，革质，线状披针形，长 65～100cm 或更长，宽 3～4cm，顶端渐尖；叶柄粗壮，长达 1m 以上。花序腋生，长 1.5～2m，多分枝；佛焰苞纺锤形，厚木质，最下部的长 60～100cm 或更长，老时脱落；雄花萼片 3 片，鳞片状，花瓣 3 枚，卵状长圆形；雌花基部有小苞片数枚；萼片阔圆形，宽约 2.5cm，花瓣与萼片相似，但较小。果卵球状或近球形，顶端微具三棱，长 15～25cm，外果皮薄，中果皮厚纤维质，内果皮木质坚硬，基部有 3 孔，其中的 1 孔与胚相对，萌发时即由此孔穿出，其余 2 孔坚实，果腔含有胚乳（即"果肉"或种仁）、胚和汁液（椰子水）。花果期主要在秋季（图 8-52）。

【生长习性】

椰子为热带喜光作物，在高温、多雨、阳光充足和海风吹拂的条件下生长发育良好。年平均温度在 24～25℃以上，温差小，全年无霜，椰子才能正常开花结果，最适生长温度为 26～27℃。1 年中若有 1 个月的平均温度为 18℃，其产量则明显下降，若平均温度低于 15℃，就会引起落花、落果和叶片变黄。

水分条件应为年降雨量 1500～2000mm 以上，而且分布均匀；有灌溉条件，年降雨量 600～800mm 的地区也能良好生长；干旱对椰子产量的影响长达 2～3 年，长期积水也会影响椰子的长势和

图 8-52　椰子形态特征

产量。

椰子适宜的土壤是海淀冲积土和河岸冲积土，其次是沙壤土，再次是砾土，黏土最差。地下水位要求 1.0～2.5m，排水不良的黏土和沼泽土不适宜种植。就土壤肥力来说，要求富含钾肥。土壤 pH 为 5.2～8.3，但以 7.0 最为适宜。

【品种介绍】

椰子栽培历史悠久，在长期自然选择和人工选择中，形成许多类型和变种。现常以栽培品种角度分析、鉴别，认为有野生种和栽培种，栽培种中又可分为高种、矮种和杂交种。

1. 高种椰子树

该品种是目前世界上最大量种植的商品性椰子，植株高大粗壮，树干围径 90～120cm，树高可达 20m 以上，茎干基部膨大称"葫芦头"。树冠圆形、半圆形、Y 形，由 30～40 片叶组成；叶长 5～6m。结果迟，植后 7～8 年开花结果，经济寿命达 60～80 年，自然寿命长达 100 多年。雌雄同序，花期不同，先开雄花，后开雌花，异花授粉。所有植株均为杂合体。椰果较大，椰干品质率高。椰干每公顷产量 1000～1500kg。

高种椰子根据叶片和果实颜色差异可分为红椰、绿椰两种。高种椰子以果实形状和体积又可分为大圆果、中圆果、小圆果三个类型。

（1）大圆果　果实围径 70～90cm，果重 2.4～3.1kg，椰子重 0.49～0.63kg，椰水重 0.74～1.15kg，椰壳重 0.32～0.36kg，果实圆形、椭圆形。单株产量低。在高种中为数不多。

（2）中圆果　果实围径 60～70cm，果重 1.87～2.0kg，椰肉重 0.39～0.42kg，椰子重 0.41～0.45kg，椰壳重 0.24～0.26kg，果圆形、椭圆形。产量中等，在高种椰子中为数最多。

（3）小圆果　果实围径 50～60cm，果重 1～1.5kg，椰肉重 0.25～0.30kg，椰水重 0.55kg。果实圆形、椭圆形。产量高，为数少。

高种椰子特殊类型有以下几种。

（1）雄性树（雌雄不育）　又称超优势公树。其特征是椰叶不完全羽裂，4～5 片小叶黏合在一起，小叶较宽7cm 左右（正常4～5cm），叶片长度较短为 400cm（正常 450～500cm），花序较短70～90cm（正常 110～120cm），雄花数量多，雌花少或没有，发育不正常，植株不结果。

（2）雌性树（雄性不育）　花序较短 40～80cm，花轴较短17～25cm（正常 40cm），花枝数量少 15～17 条（正常 36～40 条），花枝较短 12～15cm（正常 36～40cm），花枝上仅着生雌花，雄花极少或没有，植株结果，产量低，植株之间差异大。

（3）雌花特多椰树　特征是花序上雌花特别多，每个花序雌花达 104～214 个，每个花枝雌花 7～12 个，比正常高种椰子树多3～4 倍。花枝和花序较短，雄花数量少，产量低。

（4）双层花苞椰树　佛焰花苞双层（正常单层），有的双层花苞一样长，有的一层长一层短，叶片和花序及花枝较短，单株差异较大。

（5）多层花苞椰树　佛焰花苞多层，花序较短，80cm，花枝多层分枝（正常不分枝）。花序枯干之后不随叶片枯干脱落，树干上挂满残留花序，有的花序全是雄花，有的雌雄同序，产量低，罕见。

（6）早熟椰子　苗龄仅 3～4 个月就开花，苗高约 40cm，叶片约 10 片，全是船形叶（未羽裂）。从中心抽出花序，雌雄同序，雌、雄体积比正常小，开花后不久植株死亡，不能繁殖后代。

（7）多胚椰苗　正常椰果只有一个胚发育成一株苗，但有的椰果两个胚以上发育成苗。双胚苗常见，4～6 株苗少见，最多达 20 多株苗，罕见。

高种椰子最高可达 25m，矮种椰子最高只有 15m 左右。高种椰子的经济寿命比矮种椰子长得多：高种椰子经济寿命约 80 年，而矮种椰子只有 20～40 年。但矮种椰子结果早，产量高。矮种椰子只需 3～4 年方可开花结果，年产量约每棵 80 个，而高种椰子要 6～8 年才开花结果，年产量每棵 40～60 个。杂交种椰子则吸收了高种、矮种椰子的优点，具有高度低、寿命长、产量高的特点。杂交椰子的年产量为每棵 180～200 个。此外，杂交椰子还具有很强的抗风、抗虫害特点。

2. 迷你椰子树

喜高温高湿及半阴环境，不耐强光，耐寒性不强。本种株形小巧玲珑，形态优美高雅，叶色翠绿而有光泽，耐阴性强，富有热带风情。具有很好的观赏价值。

3. 酒瓶椰子树

常绿小乔木，株高 3～5m，基部犹如酒瓶般肥大，最大外径可达 38～60cm，褐色有环纹状。酒瓶椰子树形如其名，基部犹如酒瓶般肥大，生性强健，喜高温多湿，日照需充足，不耐寒。

4. 大王椰子树

大王椰子树特征：单干直立，干高可达 18m，上具环纹，中央部分稍肥大，膨大部分是含水多的地方，乃为适应旱地生活所产生。茎底部常长出一些不定根。羽状复叶长可达 3～4m，叶鞘绿色，环抱茎顶，长为叶长的 1/3～1/2。肉穗花序着生于最外侧的叶鞘着生处，花乳白色，雄花萼 3 片，花瓣 3，雄蕊 6～12，雌花有 6，假雄蕊呈齿牙状突起，3 房 3 室，柱头 3。果为浆果，含种子 1 枚。常植为园景树或为行道树。

【繁殖方法】

1. 种子催芽方法

椰子催芽要注意不同品种、不同类型发芽时间的不同，才能得到最佳发芽率。海南高种椰子播种后 30 天左右开始发芽，90 天发芽率达到高峰，150 天后不发芽种果应予以淘汰；马黄矮、矮种椰子播种后 30 天开始发芽，80 天左右达到发芽高峰期，110 天发芽率开始下降，150 天不发芽种果应予以淘汰；马哇杂交种椰子播种约 90 天开始发芽，180 天发芽率达到高峰，240 天后种果不发芽则给予淘汰。

椰子品种不同，其发芽时间也不同，这是某一品种固有特性的表现，可以遗传给后代，如马哇杂交种，其父本为西非高种，种果发芽比较迟，故杂交种马哇发芽时间也迟，持续时间也长，不能采用自然催芽方法催芽，种果采收之后，应立即在催芽圃播种催芽、淋水、管理，才能达到满意结果。

(1) 悬挂种果催芽法　把种果串起来吊在空中，让其自然发芽，长出芽的种果取下育苗，不发芽的种果卖给工厂加工各种产品。

(2) 穿株堆叠催芽法　用竹篾或铁线把种果 10 个串成一串，然后一串一串堆叠成柱状，高度 0.5～0.8m，在树荫下或空旷地上，让其自然发芽，待种果大部分发芽后，取出果芽育苗，不发芽种果出售加工。

(3) 自然堆叠法催芽　种果随意堆成堆，让其自然发芽，芽长 15cm 时取出育苗。该法发芽不整齐，畸形苗多。

以上 3 种为自然催芽法 (图 8-53)，是过去农民习惯的传统催芽方法，只能用于高种椰子，不适用于矮种椰子和杂交种椰子或种果较小的椰子，以及发芽迟的椰子品种。自然催芽法，虽然不建催芽圃，省地省工，管理费用低些，但由于种果摆放不当，发芽率低，畸形苗和劣质苗多，持续时间长，种苗质量差，易遭鼠害，故不宜采用。

(4) 半阴地播催芽 (图 8-54)　选择半荫蔽、通风、排水良

图 8-53 椰子自然催芽

好的环境，清除杂草树根，耕深 15～20cm，开沟，宽度比果稍宽，将种果一个接一个地呈 45°斜靠沟底，埋土至果实的 1/2～2/3。

这种方法大大改善了自然催芽方法中的光、温、水分和通气条件，并可提早 1 个月发芽，催芽 7 个月发芽率就可达到 70％以上，同时又可避免鼠害，且能及时分床育苗，提高了成苗率，改善了幼苗的生长状况。

（5）露天地播催芽（图 8-55） 播种前要将椰果的果蒂摘除，发现有果蒂湿润、响水轻微的果实，应拣出来，分别催芽，以利掌握情况提早处理加工。6～8 月采收的种果，适当划松果肩椰衣和切除果顶一面约鸭蛋大小的部分椰衣，简称松衣、去顶。这种处理法，有利于种果通气和吸收水分，对促进发芽和根系入土、加速幼苗生长均有良好效果。但在 9～10 月采收的种果，则不宜松衣，以

图 8-54　椰子半阴地播催芽

图 8-55　椰子露天地播催芽

免冷空气侵入，影响其发芽速度和幼苗生长。

　　选择有水源条件、光照充足之处建苗圃，要求土壤疏松、排水良，圃地要清除杂草树根，深翻 20cm 以上，开沟，宽度比果稍宽，将种果一个接一个地呈 45°斜靠沟底，埋土至果实的 1/2～2/3。在开始发芽后，每隔 1～2 天喷灌或浇灌种果 1 次，6 个月的发芽率提高到 90% 左右，并且椰苗抽叶快，羽化早，生长健壮。因此，这是目前最好的催芽方法。

　　2. 移栽

　　种子催芽后，芽长 10～15cm 时，就应及时移栽到苗圃中育苗，也可以采用容器育苗（图 8-56）。此时已长出船形叶，种苗优劣外观上可以鉴别，种果刚开始出根，移苗时伤根少，起苗和育苗操作比较容易。由于种果发芽不整齐，持续时间较长，品种不同发芽时间也有所差异。因此，移苗时应按其规律分期、分批移苗和育苗。

图 8-56　容器育苗

种果发芽率一般为 70%～80%，其中混杂一些劣苗。因此，每次移苗必须严格选择优良壮苗，淘汰劣苗。一般后期发芽的苗多属劣苗，往往是低产类型。在选择移苗数量达种果数的 70%～80% 时，就可停止移苗。余下种苗和种果均予以淘汰。优良种苗选择标准：健壮，笔直，单芽，发芽早，叶片羽化早，茎粗，生势旺盛。应淘汰的劣苗是瘦弱苗、畸形苗、白化苗、鼠尾苗、短叶苗和窄叶苗。

移芽到有适度荫蔽的苗圃中，注意浇水、排水、除草和施肥。一般 1 年左右、苗高约 1m 便可出圃定植。

【栽培管理技术】

椰子树需施全肥，以钾肥最多，其次为氮肥、磷肥和氯肥，但必须注意平衡施肥。椰树缺钾时，茎干细，叶短小，树冠中部叶片首先萎蔫，上部叶片向下簇伸，低部叶片干枯、下垂悬挂于树干；缺氮时，幼叶失绿、少光泽，老叶出现不同程度的黄化，结果量减少，椰肉干产量降低；缺磷会引起根系发展不良和果腐；缺氯会影响椰果大小、椰肉干产量以及氮的吸收和植株对水分的利用。因

此，施肥时要以有机肥为主，化肥为辅，并施一些食盐。每年可在
4～5 月及 11～12 月施肥，在距离树基部 1.5～2m 处开施肥沟，效
果较好。若用撒施法，应全面除草松土后再施肥。

第二节 草本果树

一、香蕉

【学名】*Musa nana* Lour.

【科属】芭蕉科、芭蕉属

【主要产区】

中国香蕉主要分布在广东、广西、福建、台湾、云南和海南，
贵州、四川、重庆也有少量栽培。

【形态特征】

多年生常绿大型草本，植株丛生，矮型的高 3.5m 以下，一般
高不及 2m，高型的高 4～5m；叶鞘下部形成假茎；假茎均浓绿而
带黑斑，被白粉，尤以上部为多。10～20 枚叶簇生茎顶，叶片长
圆形，长 1.5～2.5m，宽 60～85cm，先端钝圆，基部近圆形，两
侧对称，叶面深绿色，叶背浅绿色，被白粉；叶柄短粗，通常长在
30cm 以下。穗状花序下垂，花序轴密被褐色茸毛，苞片外面紫红
色，被白粉，内面深红色，但基部略淡，具光泽，雄花苞片不脱
落，每苞片内有花 2 列。花乳白色或略带浅紫色，离生。最大的果
丛有果 360 个之多，重可达 32kg，一般的果丛有果 8～10 段，有
果 150～200 个。果长 10～30cm，直径 3.4～3.8cm，果棱明显，
有 4～5 棱，果柄短，果皮青绿色，在高温下催熟，果皮呈绿色带
黄，在低温下催熟，果皮则由青色变为黄色，并且生麻黑点，果肉
松软，黄白色，味甜，无种子，香味特浓。第一次收获需 10～15
个月，之后几乎连续采收（图 8-57）。

【生长习性】

香蕉喜湿热气候，在土层深、土质疏松、排水良好的地里生长

图 8-57　香蕉形态特征

旺盛。香蕉要求高温多湿，年平均 21℃ 以上，生长季温度为 20～35℃，最适宜温度为 24～32℃，最低温度不宜低于 15.5℃。香蕉怕低温、忌霜雪，耐寒性比大蕉、粉蕉弱，生长受抑制的临界温度 10℃，降至 5℃ 时叶片受冷害变黄，1～2℃ 叶片枯死。果实于 12℃ 时即受冷害，催熟后果皮色泽灰黄，影响商品价值。

香蕉根群细嫩，对土壤的选择较严，通气不良结构差的黏重土或排水不良，都极不利于根系的发育，以黏土含量＜40%、地下水位在 1m 以下的沙壤土，尤以冲积壤土或腐殖质壤土为宜。土壤 pH 值 4.5～7.5 都适宜，以 6.0 以上为最好。土壤中可交换性钠离子若超过 300mg/L 时也不适宜。降雨量以每月平均 100mm 最为适宜，低于 50mm 即属干燥季节，香蕉因缺水而抽蕾期延长、果指短、单产低。如蕉园积水或被淹，轻者叶片发黄，易诱发叶斑病，产量大降，重者根群窒息腐烂以致植株死亡。

香蕉叶片大、假茎质脆、根浅生，容易遭受风害。风速 25～30km/h 时叶片撕烂、叶柄吹折，65km/h 时假茎折断或整株吹倒，

100km/h 时能将整个香蕉园摧毁。

【品种介绍】

(1) 大种高把　属高干型香牙蕉，又称青身高把、高把香牙蕉，福建称高种天宝蕉，为广东省东莞市的优良品种。植株高大健壮，假茎高 260～360cm，假茎茎部周长 85～95cm；叶片长大，叶鞘距较疏，叶背主脉披白粉；果穗长 75～85cm，果梳数 9～11 梳，果指长 19.5～20cm；果肉柔滑、味甜而香，可溶性固形物含量 20%～30%；一般情况下单株产量为 20～25kg，最高可达 60kg。该品种产量高、品质好，耐旱和耐寒能力都较强。受寒害后恢复生长快，但易受风害。

(2) 河口高把　属高干型香牙蕉，为云南河口县主要栽培品种。植株高大，假茎高 260～300cm，梳形整齐、果指数较多，通常每果穗有果 10 梳，果指 200 多个，果指长 15～21cm；果实品质柔滑香甜。在一般栽培条件下单株产量为 20～40kg，个别高产单株达 50kg。该品种产量高，品质好，十分适宜高温多湿及肥水充足的地区栽种。

(3) 矮脚顿地雷　属中干型香牙蕉，为广东高州市等地的主栽良种之一。植株假茎高 250～280cm，生势粗壮，叶片长大，叶柄较短；果穗较长、梳距密。小果多而大，果指长 18～22cm，可溶性固形物含量 20%～22%，品质和风味优于高脚顿地雷及齐尾，品质中上；一般单株产量为 20～28kg，个别可达 50kg。该品种产量稳定，适应性强，抗风力中等，耐寒力较强，遭霜冻后恢复较快。

(4) 广东香蕉 2 号　原名 63-1，属中干型香牙蕉。植株假茎高 200～265cm，叶片长 203～213cm，叶柄长 38cm，叶片稍短阔；果穗较长大为 70～85cm，果穗梳数及果指数较多，分别为 10～11 梳、165～210 个，果指稍细长为 18～23cm，单果重 125～145g，全糖含量 19.8%，品质中上；一般单株产量为 22～32kg，抗风力较强，近似矮干香蕉，抗寒、抗病中等，耐贮性中等，受冻后恢复生长较快。该品种丰产、果型好、品质较好、适应性强，但对水分、土壤要求较高。

(5) 天宝蕉　属矮干型香牙蕉，又称矮脚蕉、本地蕉、度蕉，原产福建省天宝地区，现为福建闽南地区主要栽培品种之一。假茎高 160～180cm，叶片长椭圆形，叶片基部为卵圆形，先端钝平，叶柄粗短；果肉浅黄白色。肉质柔滑味甜、香味浓郁，品质甚佳；单株产量一般为 10～15kg，抗风力强。该品种品质好，适宜密植，适于沿海地区栽种，为北运和外销最佳品种之一，但耐寒力较差、抗病力弱、品种存在退化现象，在栽培中应予注意。

(6) 广西矮　属矮干香牙蕉，又名浦北矮、白石水香蕉、谷平蕉等，为广西主栽香蕉品种。广西矮香蕉植株假茎高 150～175cm，周长 46～55cm，叶长 140～161cm，叶宽 65～78cm；果穗长 50～56cm，果梳 9～12 梳，果指数 135～183 个，果指长 16.2～19.2cm，品质上乘；单株产量一般为 11～20kg，抗风和抗病能力强但果指较小。

(7) 畦头大蕉　属大蕉类型，为广东新会的地方品种之一。畦头大蕉植株假茎高 350～400cm，茎周 85～99cm。上下大小一致，果梳及果指数多，果指长 11～13.5cm；可溶性固形物 24%～25%，品质与其他大蕉相同；单株产量一般为 15～27kg，抗风性好，但生育期较长。

(8) 美蕉　属龙牙蕉类型，又名龙牙蕉或过山香蕉，为福建省的主栽品种。植株假茎高 340～400cm，色黄绿，具少数褐色斑点；叶窄长，叶柄沟深；果形纹短而略弯。果指长 13.0～16.5cm、饱满、两端钝尖，果皮甚薄，成熟后皮色鲜黄美观、无斑点；果肉乳白色，果肉组织结实、肉质柔滑而香甜，可溶性固形物含量23%～26%；单株产量一般 15～20kg，耐寒。该品种产量一般，但品质好、适应性强、抗风力弱，易感巴拿马枯萎病。

(9) 西贡蕉　属粉蕉类型，又名粉沙蕉、米蕉、糯米蕉、蛋蕉，从越南引入，为广西南宁、龙州一带的主栽品种。植株假茎高 400～500cm，叶柄极长达 70cm，叶色淡而有红色斑纹。叶片背面密披蜡粉；果梳数多达 14～18 梳，果指数多，果形似龙牙蕉但较大，果指长 11～13.5cm，果皮薄，皮色灰绿，成熟时为淡黄色且易变黑；果肉乳白色、肉质嫩滑味甚甜，可溶性固形物含量 24%，最高达 28%，香气稍淡；一般情况下单株产量 15～20kg，抗风，耐寒耐旱，适应性强。该品种产量中等、品质优、抗逆性强，但皮薄易裂、不耐贮运，又易感染巴拿马枯萎病。

(10) 皇帝蕉　别名贡蕉、米香蕉、金香蕉，从越南河内引入，在海南岛、广东省肇庆、中山、东莞、广州市有少量试种。假茎高约 270cm，茎周约 55cm；叶片较直立，叶柄背部有褐色斑点；果穗近乎平生，果数少，果指短直（9～10cm）浑圆，成熟期常因果指肥大而散生；皮薄，未熟时皮黄绿色，熟后金黄色，品质特优，肉质结实幼滑，香甜有蜜味，可溶性固形物含量高达 26.5%～30.2%。单株产量低（5～10kg）。该品种生育期较短（约 10 个月），不耐寒，易感花叶心腐病，以早春植或秋植为宜。

(11) 红香蕉　该品种植株为无限生长型，生长势很强，茎秆粗壮，叶片肥厚；第 7～8 节着生第一花序，以后每隔 3 片叶着生一花序，每花序 6～8 朵花；果实形状类似香蕉，长约 10cm，直径 3～4cm，成熟后红色，脐部带尖，平均单果重 40～50g；果皮硬，果肉厚，约 0.9cm，特耐贮运，口感较好；中晚熟，不抗病毒病，抗叶霉、灰霉等叶部病害，适宜保护地栽培。一般每亩栽植3000～3500 株，亩用种量 10～12g，产量 3500kg 以上。

【繁殖方法】

香蕉是单性结实，通常没有种子，栽培上都是采用无性繁殖。

(一) 吸芽分株繁殖

香蕉的常规繁殖方法主要是用吸芽进行分株繁殖。当吸芽长至 40cm 以上时可以分株，留作下一代的母株或作种苗。分株时，应先将吸芽旁的土壤掘开，然后用铲将母株与吸芽间切开。苗掘出后，剪去过长和受伤的根，将切口阴干或用草木灰涂抹，就可栽植。吸芽繁殖是香蕉栽培较为普遍的育苗法。主要是用剑芽（红笋）和褛衣进行繁殖。供分株作种苗的吸芽一般要高达 40cm 以上。

1. 红笋

头大尾小，形似笋、剑，因此也称剑芽。一般在上一年的 11 月份长出，当年立春后天气转暖时露出地面，呈红色，通常在当年 3~5 月份种植时用。种植后特点是先出叶后长根（图 8-58）。

图 8-58 香蕉吸芽

2. 褛衣芽

褛衣芽一般在上一年的 8~10 月长出，因遇干旱，寒冷不长，冬天来临时叶变枯。由于低温、缺水，上部长得较慢，下部积累营养，因而养分充足，形状上小下大，根系多，一般在 2~3 月份种植时用。种植后是先发根后抽叶（图 8-58）。

（二）块茎（球茎）繁殖

块茎繁殖主要是为了在短期内培育大量芽苗而采用的繁殖方法。采用尚未开花结果的植株或大吸芽的地下茎（10~11 月份萌芽）为材料，切块时间最好在 11 月至翌年 1 月份，大部分可以发芽，4~6 月苗高 40~50cm 即可栽植。此繁殖方法的优点是可减少病虫害，成活率高，生长、结果整齐，初期植株比吸芽繁殖法矮，较为抗风，但有第一代产量低的缺点。

地下茎切块繁殖方法是，先将地上部植株切掉，挖起块茎，留假茎 12~15cm 高，然后把块茎切成小块，每块重量约 120g 以上，上带一个粗壮的芽眼，切面涂上草木灰防腐，接着按株行距 15cm，把切块平放于畦上，芽眼朝上，再覆土盖草，进行管理。芽苗出圃前 1 周，应连续喷射等量式波尔多液 2 次，以防叶斑病。如发现病苗应及时拔除，并撒施石灰消毒，以防传染。线虫危害严重的地方，事前将地下茎外面黑腐的表皮刮净，用54~55℃的热水（或5%的甲醛）浸20min，杀死线虫，然后育苗。

（三）组织培养

用于大规模种植的香蕉的种苗生产多采用组培快繁技术，不仅能在短期内获得大量试管苗，而且能脱去花叶病等病毒，有利于提高产量（图8-59~图8-61）。

图 8-59　香蕉增殖培养　　　　图 8-60　香蕉组培生根苗

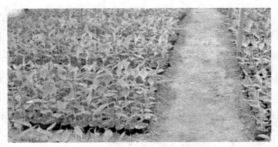

图 8-61　香蕉组培苗移栽

1. 外植体消毒和初代培养

操作时，在无传统病害的香蕉种植区，选用生势强健、挂果整齐、产量高的母株，挖取刚露出地面的吸芽作为诱导材料。消毒时先剥除吸芽外面的叶鞘，用水冲洗干净。在无菌条件下用75%酒精溶液消毒 30s，再用 0.1％的 $HgCl_2$ 消毒 20min，然后再用无菌水冲洗 7～8 次，切取其茎尖，将茎尖分为 2 份，放在 MS＋BA 3～6mg/L 的诱导培养基中，置于黑暗的光照培养箱中，保持温度 28～30℃，培养 40～50 天即可出芽。

2. 丛生芽的继代增殖

可将初代培养所得到的丛生芽在 MS＋BA 3～6mg/L＋NAA0.2mg/L 的培养基中进行继代增殖，在 28～30℃、1500lx 光照环境中培养 20～25 天即可继代增殖 1 次，并获得 2.0～2.7 倍的增殖率。在培养过程中应有充分的光照，每天 1500lx 光照时间应不少于 8h，如果没有光照或光照不足，则其假茎和叶柄的颜色退淡、转绿，甚至变为白色，影响增殖率。继代培养一般不超过 12 代，否则易引起突变。

【栽培管理技术】

1. 施肥

第 1 次在 3～4 月，每株用猪粪或农家肥 3～5kg、磷肥 0.2kg，淋施，施后盖薄土；第 2 次 6～7 月在蕉畦铺施肥料，每株施土杂肥 50kg、花生麸 0.2kg、复合肥 0.1kg，施后浅培土；第 3 次在 8 月上、中旬，每株施土杂肥 25kg、农家肥 5kg、麸肥 0.2kg。

另外，在小叶期每隔 7～10 天追施 1 次腐熟粪水，在大叶期每隔 10 天追施 1 次经沤制的花生麸水，也可用尿素 50g 加钾肥 0.25kg 或复合肥 0.1kg 兑水淋施。

根外追肥：蕉小叶期、抽蕾前后、小果期用 120 倍香蕉速长剂、农植宝、喷施宝、0.3％磷酸二氢钾喷施。

2. 排灌

蕉田要高畦深沟（图 8-62），以利排水和降低地下水位，又能灌溉。旺盛生长期间，要经常保持畦沟浅水层，以便旱季早、晚淋水。有条件的可采用滴灌，见图 8-63。

3. 留芽除芽

割除头路吸芽，待二路或三路吸芽抽生后确定留用适合的 1～2 个吸芽，其余吸芽全部去掉。

图 8-62　高畦

图 8-63　香蕉滴灌

4. 断蕾

香蕉抽蕾后，注意田间检查，当蕉轴顶端 1～2 梳不结实时，于晴天下午进行断蕾，减少养分消耗，待伤口树液停止时，用 500 倍多菌灵等杀菌剂涂刷伤口。

二、菠萝

【学名】*Ananas comosus* (Linn.) Merr

【科属】凤梨科、凤梨属

【主要产区】

中国菠萝栽培主要集中在台湾、广东、广西、福建、海南等地，云南、贵州南部也有少量栽培。

【形态特征】

菠萝学名为凤梨，多年生草本植物。菠萝茎短，叶多数，莲座式排列，剑形，长40～90cm，宽4～7cm，顶端渐尖，全缘或有锐齿，腹面绿色，背面粉绿色，边缘和顶端常带褐红色，生于花序顶部的叶变小，常呈红色。花序于叶丛中抽出，状如松球，长6～8cm，结果时增大；苞片基部绿色，上半部淡红色，三角状卵形；萼片宽卵形，肉质，顶端带红色，长约1cm；花瓣长椭圆形，端尖，长约2cm，上部紫红色，下部白色。聚花果肉质，长15cm以上。花期夏季至冬季（图8-64）。

图 8-64 菠萝形态特征

【生长习性】

菠萝原产南美洲热带高温干旱地区，性喜温暖，在年平均24～27℃生长最适宜，15～40℃范围内均能生长，15℃以下生长缓慢，10℃以下基本停止生长，5℃是受寒害临界温度。

菠萝耐旱性强，但生长发育仍需一定的水分，在年降雨量500～2800mm的地区均能生长，而以1000～1500mm且分布均匀为最适，我国产区年雨量多在1000mm以上，又多集中在生长旺盛的4～8月，基本满足了其对水分的要求。土壤缺水时菠萝植株有自行调节的功能，如降低蒸腾强度、减缓呼吸、节约叶内贮备水分，以维持生命活动；严重缺水时，叶呈红黄色，须及时灌溉，以防干枯；雨水过多，土壤湿度大，会使根系腐烂，出现植株心腐或凋萎。因此，大雨或暴雨后须及时排水。

菠萝原生长在半阴的热带雨林，较耐阴，由于长期人工栽培驯化而对光照要求增加，充足的光照下生长良好、果实含糖量高、品质佳；光照不足则生长缓慢、果实含酸量高、品质差。光照减少20%，产量下降10%。但光照过强，加上高温，叶片变成红黄色，果实也易灼伤。

菠萝对土壤的适应性较广，由于根系浅生、好气，故以疏松、排水良好、富含有机质、pH 5～5.5 的沙质壤土或山地红土较好，瘠薄、黏重、排水不良的土壤以及地下水位高均不利于菠萝生长。

菠萝矮生，风害直接影响较小，3级以下的风还有利于呼吸作用。强台风、大风也会吹倒植株、吹断果柄、扭折叶片，影响正常的生长发育；冬季冷风冷雨又会造成烂心。

【品种介绍】

通常菠萝的栽培品种分4类，即卡因类、皇后类、西班牙类和杂交种类。

① 卡因类：又名沙捞越，法国探险队在南美洲圭亚那卡因地区发现而得名。栽培极广，约占全世界菠萝栽培面积的80%。植株高大健壮，叶缘无刺或叶尖有少许刺。果大，平均单果重1100g以上，圆筒形，小果扁平，果眼浅，苞片短而宽；果肉淡黄色，汁多，甜酸适中，可溶性固形物含量14%～16%，高的可达20%以上，酸含量0.5%～0.6%，为制罐头的主要品种。

② 皇后类：系最古老的栽培品种，有400多年的栽培历史，为南非、越南和中国的主栽品种之一。植株中等大，叶比卡因类短，叶缘有刺；果圆筒形或圆锥形，单果重400～1500g，小果锥状突起，果眼深，苞片尖端超过小果；果肉黄至深黄色，肉质脆嫩，糖含量高，汁多味甜，香味浓郁，以鲜食为主。

③ 西班牙类：植株较大，叶较软，黄绿色，叶缘有红色刺，但也有无刺品种；果中等大，单果重500～1000g，小果大而扁平，中央凸起或凹陷；果眼深，果肉橙黄色，香味浓，纤维多，供制罐

头和果汁。

④ 杂交种类：是通过有性杂交等手段培育的良种。植株高大直立，叶缘有刺，花淡紫色，果形欠端正，单果重 1200～1500g。果肉色黄，质爽脆，纤维少，清甜可口，可溶性固形物含量11%～15%，酸含量 0.3%～0.6%，既可鲜食，也可加工罐头。

（1）无刺卡因 又称美国种、意大利种（广州）、沙拉瓦（福建、台湾）等。植株高大健壮，叶缘无刺、近叶尖及叶基部有刺，叶面光滑、中央有一条紫红色彩带，叶背被白粉。果重 1.5～2.5kg，最大达 6.5kg，长筒形；小果大而扁平，呈 4～6 角形，果丁浅（图 8-65，彩图见文前）；果肉淡黄或淡黄白，汁多，可溶性固形物含量 12%～14%，含酸 0.4%～0.5%，维生素 C 含量 4～14mg/100g。吸芽少、芽位高，托芽多，宿根性较差。由于果大、丁浅，最适制高档全圆片糖水罐头。要求较高肥水条件，抗病能力较弱，易感凋萎病。果皮薄，易遭日灼及病虫危害，不耐贮运。

图 8-65　无刺卡因　　　　图 8-66　巴厘

（2）巴厘（广东）　广西叫菲律宾，属皇后类。主产广西和广东的徐闻、海康，海南的文昌等地。植株长势中等，叶较开张，叶缘有刺，叶面中央有红色彩带，两边有狗牙状粉线，叶背被白粉；植株分蘖中等。果重 0.75～1.5kg，短圆形或近圆锥形，果丁较深（图 8-66，彩图见文前）；果肉黄或深黄，肉质较致密，稍脆；可溶性固形物含量 12%～1.5%，含酸 0.47%，维生素 C 含量 3～

13mg/100g，香味浓郁，品质上，以鲜食为主，也可制罐榨汁。本品种适应性强，比较抗旱，稳产，较耐贮运；但果丁深，加工成品率低，叶缘有刺，田间管理不便。

（3）神湾　又叫新加坡（广西、台湾）、毛里求斯等，属皇后类。植株较巴厘稍矮，株形较开张，叶较窄，叶缘有刺，叶面中线两侧有狗牙状粉线，叶背被白粉；植株分蘖力强。果重约0.5kg，短圆筒形（图8-67，彩图见文前）；果肉深黄、质脆、汁少，香味浓郁，品质甚佳，鲜食。可溶性固形物含量14％～15％，含酸0.5％～0.6％，维生素C含量2.9～12.8mg/100g。早熟，不耐贮运，吸芽特多，果小，产量低，栽培日渐减少。

（4）剥粒凤梨　即台农4号，系台湾以卡因为母本、神湾为父本杂交育成的杂交种。植株较直立，叶细密，每株有吸芽1～6个，裔芽1～7个。果短筒形，单果重1100～1200g（图8-68，彩图见文前），果肉金黄，肉质脆，香味浓郁，汁少，可溶性固形物含量16.1％，酸含量0.4％～0.5％。7月下旬成熟，果不用剥皮，可沿小果剥下食用。其不足是叶缘刺硬，影响田间操作。

图8-67　神湾

图8-68　剥粒凤梨

（5）香水凤梨　即台农11号。有三个特色：一是散发香水一样的独特香味；二是外形美观，口感好（图 8-69，彩图见文前）；三是耐贮不易腐烂。除了可食用外，也可像鲜花一样充当装饰品。

（6）甜蜜蜜凤梨　即台农 16 号。植株高大，生势旺盛，叶缘无刺，叶宽 5.8cm，叶长 80～90cm，果实圆筒形，单果重 1.2～1.5kg（不带冠芽），果眼大而平浅（图 8-70，彩图见文前），果肉黄色，肉质细嫩，汁多清甜香口，含糖分较高，折光糖度为 17.25，品质上等，是鲜食和加工兼用品种。该品种丰产性能好，适应性广，生长强壮，病虫害少，产量高，品质好，为晚熟品种，鲜食和加工均可。

图 8-69　香水凤梨　　　　　　图 8-70　甜蜜蜜凤梨

（7）牛奶凤梨　即台农 20 号。植株高大，叶缘无刺，果实大呈圆筒形，质细稍柔软，成熟后果皮暗口色（图 8-71，彩图见文前），纤维少，甜度高，酸度低，风味特佳，为高品质鲜食新品系。

（8）粤脆　无刺卡因×神湾的杂交种，广东省农业科学院果树研究所培育。植株高大，较直立，株高 72.5～93.0cm，冠幅 109.6～117.0cm，叶缘有较硬刺，叶狭长，硬直且厚。果形欠端正，单果重 1.3～1.5kg，最大达 3.5kg，果肉黄色（图 8-72，彩图见文前），肉质及果心均爽脆，纤维少，香味浓，食用口感较佳。鲜食果实品质优于巴厘种，加工性状优于卡因种，是适于鲜食和加工的优良品种。

【繁殖方法】

菠萝种苗，除了杂交育种用种子繁殖外，一般是用冠芽、托芽

图 8-71 牛奶凤梨

图 8-72 粤脆

(裔芽)、吸芽（见图 8-73）及茎部等进行无性繁殖。也可采用整形素催芽繁殖、组织培养育苗、老茎切片育苗等。无性繁殖的菠萝苗，也常发生各种不良的变异，如多冠芽、鸡冠果、扇形果、多裔果、畸形果等，甚至不结果，故在繁殖采芽时，应注意母株的选

图 8-73 菠萝无性繁殖的营养体

择。目前，海南生产上大部分都是采用托芽、吸芽和冠芽三种芽种进行无性系繁殖。

（一）分株法繁殖

集中果园中的小冠芽、小托芽、小吸芽，分类种植在苗圃中。具体做法是留出育苗地，整地做畦，施基肥后等待育芽；将采集来的小芽大小分级，以 5～10cm^2 的株行距假植，种植不宜过深，以利根叶伸展；待小苗长至 25cm 即可出圃供应定植。苗圃地宜选择离种植大田较近、土壤疏松、排水良好、土壤肥沃的坡地，先将圃地犁耙后，然后做高畦，畦长 15～20m、高 20cm、宽 1m，畦沟宽 30～50cm。

1. 冠芽分株繁殖

所谓冠芽，就是菠萝果实顶部的那部分，它是最有营养的，所以，最适合用来种植。切下冠芽，在交界的地方下刀就好，不要留有果肉。切面有圆点，那是根原基，以后会从这些地方长出根。注意，比较成熟的菠萝才会有根原基，甚至冒出根冠。小心地撕下底部的小叶片，露出白色部分，尽量不要破坏叶痕下的根原基（图 8-74）。

图 8-74　菠萝冠芽分株繁殖

2. 托芽（裔芽）分株繁殖

采果后留在果柄上的小裔芽仍能继续生长，长至高 25cm 时摘下作种苗，对于待更新地段推迟耕翻，并以正常施肥培土措施护理一段时间，如喷水肥或过后撒施速效肥，使小芽迅速粗壮，再切下裔芽以供定植。然后才翻地更新，可增加不少种苗。

3. 吸芽分株繁殖

种苗奇缺时，生产上常采取一些措施促进吸芽萌发生长，然后采下吸芽种植（图 8-75、图 8-76）。

图 8-75　整理采下的吸芽　　　　　图 8-76　种植吸芽

（1）植株挖生长点育苗　利用未结果的植株挖去生长点以增殖种苗（母本）。方法是待植株生长 20 片绿叶时，用刀挖除植株生长点，深度以破坏生长点为准，促使吸芽萌发、生长，达种植标准时分芽定植。植株越大，长出的吸芽越壮；以 5～8 月份处理最好；一般可长出吸芽 2～5 个。

（2）整形素催芽繁殖　常用整形素催芽繁殖。5～11 月选具 40cm 长绿叶的植株，通常卡因类 40 张叶，菲律宾品种 35 张叶。每株用 250mg/L 乙烯利加 1％尿素和 0.5％氯化钾的混合液 25ml 灌心催芽，处理后第 5 天和第 12 天分别再用 1200～1500 倍和 600～750 倍整形素溶液 25ml 灌心，促进吸芽萌发生长。

（二）组织培养繁殖

1. 繁殖材料

菠萝组织培养繁殖系数较大，繁殖的种苗较整齐，可以实现工厂化生产大规模繁育种苗。采用优良栽培品种的健壮植株，取其果形正、果实大的顶芽（开花后约 60 天），利用顶芽的茎端进行组织培养繁殖种苗。

2. 取样、消毒及接种

取大田中刚成熟果实上的顶芽，剥去叶片，只留 1~2cm 的叶柄，切去茎基部，流水冲洗后，在超净工作台上用 75% 的乙醇处理 5min，无菌水冲洗后用 0.1% 的氯化汞处理 20min，无菌水冲洗 5 次后，切成 5cm 带芽方块接种在培养基上。

3. 培养基

诱导培养基为 MS+6-BA 1.0mg/L+NAA 0.1mg/L；增殖培养基为 MS+6-BA 2.0mg/L+NAA 0.1mg/L，或者 MS+ 6-BA 2.0mg/L+KT 1.0mg/L+NAA 0.1mg/L；生根培养基为 1/2MS +NAA 0.2mg/L+活性炭 0.2%（见图 8-77）。

4. 培养条件

培养温度 20~30℃，每天给予 12h 的光照；如无控温设备的实验培养室，则可常温培养，但必须在气温稳定在 25~30℃时才能进行培养。

5. 瓶苗的移植

当瓶苗分化成具有叶和根的小苗，长至高 4~5cm、长有 4~5 片叶、2~4 条根时将瓶移出培养室外炼苗数天，将经炼苗后的瓶苗取出用自来水冲掉附着在根上的培养基，并洗净，按瓶苗大小分级种植在容器内或苗床（图 8-78），株行距为 3cm×4cm，深度宜浅、种稳为准，种后即淋透定根水；以后经常淋水或喷水，等长新

图 8-77 组培瓶苗

图 8-78 组培苗室内移栽

根以后在淋水或喷水时再加入 0.1% 尿素与硫酸钾。当苗长至 10cm 时，可将小苗再移植到大田苗圃种植。

【栽培管理技术】

（一）施肥技术

结果前属营养生长期，施肥应以氮肥为主，磷、钾肥为辅，目的是促进菠萝叶片抽生，增加叶面积，为生殖生长打下基础。抽蕾至果实成熟为生殖生长期，施肥以钾肥为主，氮、磷肥为辅。菠萝施肥上氮、磷、钾的施用比例大致是 3∶1∶2，每亩氮、磷、钾三要素的施用量（按纯量），氮为 35～60kg、五氧化二磷为 14～40kg、氧化钾为 13～50kg，每亩产量 1000～2800kg。

定植前的基肥用量，一般是每株施土杂肥 0.5kg，饼肥和复合肥每亩 20～100kg。采果后越冬前基肥用量，一般是每株施土杂肥 0.5kg，每亩再补施 10kg 饼肥或复合肥，具体用量要看苗的大小、生长势而定。越冬前基肥常用穴施结合培土进行。

追肥分根际追肥和根外追肥（即叶面追肥）两种。根际追肥每年最少两次。第 1 次在 12 月至第二年 2 月间（即抽蕾以前）进行，目的是促进花蕾发育；第 2 次在 7 月采果后进行，目的是促进吸芽生长。每次每亩用肥量是尿素 10kg、硫酸钾 10kg，混合后在根际周围穴施，或用腐熟稀薄的人畜粪尿 1000～1500kg，淋施在植株基部的叶腋内。

根外追肥，目的是促进植株生长和果实发育，主要在菠萝生长旺盛季节进行，大致在 4 月、6 月、7 月、9 月各进行 1 次，5 月和 8 月各进行 2 次。每次用 1% 尿素水溶液加 0.5% 硫酸钾，或稀薄（1∶10）的腐熟人畜粪尿，喷施、泼施在菠萝叶面。5 月和 8 月的根外追肥，每次每 $667m^2$ 还应加施硫酸钾 1kg。

（二）排灌技术

菠萝怕积水，开园整地时除修筑排灌沟外，大雨或暴雨后须及时疏通排水及灌水沟，以排除积水，排除畦沟与等高垄畦沟内的淤泥并培于畦上、等高梯壁外坡上及裸露的根系上。进入旱季或月降雨量少于 50mm 时，须灌溉或淋水，保证植株正常生长和果实发育。秋冬如果旱季淋水或灌溉和根外追肥，能增产 10%～15%。秋种菠萝苗适当淋水或灌溉，能促进根系恢复和萌发新根。

三、番木瓜

【学名】*Carica Papaya* L.

【科属】番木瓜科、番木瓜属

【主要产区】

原产于墨西哥南部以及邻近的美洲中部地区，我国主要分布在广东、海南、广西、云南、福建、台湾等省（区）。

【形态特征】

别名木瓜，番瓜、万寿果、乳瓜等。为热带、亚热带常绿软木质大型多年生草本植物，高达 8～10m。叶大，聚生于茎顶端，近盾形，直径可达 60cm，通常 5～9 深裂，每裂片再为羽状分裂；叶柄中空，长达 60～100cm（图 8-79）。

图 8-79 番木瓜形态特征

花单性或两性，有些品种在雄株上偶尔产生两性花或雌花，并结成果实，亦有时在雌株上出现少数雄花。植株有雄株、雌株和两性株。雄花排列成圆锥花序，长达 1m，下垂；花冠乳黄色，花冠裂片 5，披针形，子房退化（图 8-80）。雌花单生或由数朵排列成伞房花序，着生叶腋内，花冠裂片 5，分离，乳黄色或黄白色，长圆形或披针形（图 8-81）；子房上位，卵球形。两性花雄蕊 5 枚，着生于近子房基部极短的花冠管上，或为 10 枚着生于较长的花冠管上，排列成 2 轮。浆果肉质，成熟时橙黄色或黄色，长圆球形、倒卵状长圆球形、梨形或近圆球形，长 10～30cm 或更长，果肉柔软多汁，味香甜；种子多数，卵球形，成熟时黑色（图 8-82），外种皮肉质，内种皮木质，具皱纹。花果期全年。

图 8-80　番木瓜雄花

图 8-81　番木瓜雌花

图 8-82　番木瓜果实

【生长习性】

　　番木瓜喜高温多湿热带气候，不耐寒。最适于年均温度 22～25℃、年降雨量 1500～2000mm 的温暖地区种植，适宜生长的温度是 25～32℃，气温 10℃左右生长趋向缓慢，5℃幼嫩器官开始出现冻害，0℃叶片枯萎。温度过高对生长发育也不利。

根系较浅，忌大风，忌积水。对地热要求不严，丘陵、山地都可栽培，对土壤适应性较强，以酸性至中性为宜，在疏松肥沃的沙质壤土或壤土生长良好。

【品种介绍】

(1) 华抗二号 是杂交一代组培新品种。该品种植株矮生，抗风力强，叶柄紫红色，叶色浓绿，早蕾早花，坐果率高，果卵形，单果重 1.5～2.0kg，肉色橙黄，味甜，可溶性固形物含量 11%，由于该品种高抗环斑花叶病，生长后期植株不患病，所以可种植 2 年以上，第二年产量较高，年亩产可达 7000kg 以上。

该品种全为雌性株，在单独大面积种植该品种时，建议分散种植 5%～10%的"华抗一号"等授粉两性株品种，有利于提高产量和品质。

(2) 穗优二号 该品种高抗番木瓜环斑花叶病，全为长圆形两性株，在高温期花性趋雄程度较轻，坐果较稳定，果纺锤形、倒卵形。单果重 0.5～0.8kg，果肉红色，肉质嫩滑，味甜清香，可溶性固形物含量 13%以上，由于高抗环斑花叶病，可种植 2 年以上，第二年产量较高，单株年产可达 45～50 个。

该品种在正常栽培条件下，商品性长圆形两性果的比例可达 95%以上，产量稳定。春植宜在 2～3 月份，秋冬植宜在 8～11 月份，秋冬植翌年收获更能发挥该品种抗病、优质、早收获、高效益特性。

(3) 穗中红 株高 1～1.8m，具有早结、丰产、优质、花性稳定等优点，是广州地区推广的优良品种之一。亩产可达 2500～4000kg。定植当年即可结果，忌积水，在地下水位高、排水不良的地方不能生长。

(4) 岭南种 在短暂的－4℃低温下，有老叶遮盖嫩叶亦不致凋萎，是目前番木瓜品种中具有矮干、早结、丰产的品种。其两性株果形长、肉厚，单果较重，肉色橙黄、味甜，带桂花香味，可溶性固形物含量 12%，耐湿性较强。目前已从岭南种中选出岭南 5

号和岭南 6 号等优良品系。

(5) 蓝茎　茎干粗大有紫色斑，叶柄紫色，易于识别。叶大而厚，色浓绿。矮生，株高 50～60cm 即开始结果。果长圆形，个大，平均果重 2～4kg，果肉厚，橙黄色，味甜。植株对土壤适应性较强，抗逆性强，较岭南种耐花叶病。

(6) 泰国红肉　为近年引进的品种，茎干灰绿色，较细耐韧。叶大，缺刻少而深。雌花的果实呈心脏形，两性花果实长圆形。成熟时黄红色，果肉厚，红色，肉质滑，味清甜，可溶性固形物含量为 14%，产量中等，为优良品种之一。

(7) 墨西哥黄肉　由墨西哥引入，植株高大，茎干粗壮。果大，单果重 1.5～2kg，果肉黄色，质滑，甜味中等，有浓香，可溶性固形物含量为 8%～9%，抗逆性中等。

(8) 红妃　一代杂交，生育特别强健，结果期早，结果时株形低矮，第 1 果结果时，株高仅 80cm 左右。结果力强，一季一株可结 30 果以上，产量甚为丰高。果形大，果重通常为 1.5～2kg，最大果重达 2.5kg。雌株果实椭圆形，两性株果实长形。果皮光滑美观，果肉厚，肉色红美，糖分通常在 13% 左右。品质优良，气味芳香，运输力亦良好，且耐毒素病（轮点毒素病）。

(9) 日升　为早中熟品种，两性果为梨形，雌性果近圆形，单果重 500～750g，果肉红色，糖度 14%～16%，有独特香味，果肉厚，品质优。从移植大田至采收 8～10 个月，日平均温度在 16℃以上时产量及品质较为稳定，连续结果性强，高产，耐花叶病。

(10) 红铃番木瓜　株形紧凑、矮壮，株高 90～120cm。茎灰绿色，较细而韧。果实中等偏大，平均单果重 2.19kg。两性果长圆形，雌性果椭圆形，成熟时果皮橙黄色，果皮光滑，果肉浅红色，肉厚 3～3.3cm，可溶性固形物含量 10.96%，果皮韧，果肉紧实，较耐贮运。花性比较稳定，坐果高度 24～33cm，到 8 月上、中旬开花结果性能差。

【繁殖方法】

番木瓜是常绿多年生草本，常采用隔年生—熟制种植模式。培育壮苗是栽培的关键，必须达到"老、矮、壮"的种苗质量标准。"老"即保证有 130～150 天的苗期，叶片在 13～15 片以上，叶片厚而淡绿色；"矮"即苗高在 20～25cm 以下，节密，株高小于冠径；"壮"即茎秆粗壮，叶柄粗而坚挺，叶腋有侧芽，根系发达，2 片子叶仍没脱落。番木瓜常用实生繁殖法，杂交后代常用组培繁殖法。

（一）实生繁殖

1. 育苗时间

选择秋季（10 月份）温室大棚播种育苗，这样苗期气温低，生长缓慢，易于培育老壮苗，第 2 年 3 月份气温回暖时即可定植。幼苗过冬以苗高 10～15cm、具有 5 片完全展开叶片为好，抗寒性较强，如果幼苗过大，不利于安全越冬。

2. 种子处理

播前种子用 70% 甲基托布津 500 倍液浸种消毒 3h，洗净后用 200mg/L 赤霉素浸种 12～15h，捞出，用清水洗净后放进恒温箱（32～35℃）催芽，种子露白后播种。

3. 播种技术

由于番木瓜幼苗生长缓慢，采用集中育苗不仅有利于提高温室利用率，也有利于管理和温湿度调控；由于番木瓜裸根移栽，易感染病害，成活率降低，所以大都采用营养钵育苗方法（图 8-83），

图 8-83　番木瓜营养钵苗

一般选择直径 12cm、高 16～18cm 的塑料营养钵。育苗土选择充分腐熟、富含有机质、无病虫床土。播前先浇透水，每钵播种 2～3 粒，然后覆盖 1cm 厚沙土。然后淋足水，盖上薄膜，控制温度在 30～40℃。幼苗拱起后控制苗棚温度在 20～30℃为宜。

4. 苗床管理

播种后要经常保持土壤湿润。当幼苗长出 2～3 片真叶时，适当减少水分，苗棚内最适温度为 20～25℃。抽出 4～5 片真叶时开始施肥，喷施 0.2% 的磷酸二氢钾和尿素，每周 1 次，轮换喷，连喷 3 次，并可开始逐步炼苗。炼苗前喷 1 次杀菌剂，以防病害。当长出 7～9 片真叶、苗高 20cm 左右即可定植。

（二）组培繁殖

番木瓜株性复杂（有雌株、雄株及两性植株），常规的实生繁殖难以保证植株的株性一致，利用嫁接、扦插等无性繁殖方法可解决这一问题，但这些方法效率不高，无法在生产上大面积推广应用。近年来，番木瓜组培快繁技术在生产上得到应用。

以顶芽和腋芽作为组织培养的外植体，取芽前，将植株去顶、去花果，增施肥水，约 15 天后即有大量侧枝长出，侧枝长 1～5cm 时可切取外植体。在连续的晴天取芽，并立即进行表面消毒和接种培养。

表面消毒后转入含利福平 300mg/L 或先锋霉素 V 500mg/L 的液体 MS 培养基中，光照下振荡培养 2 天。外植体在灭菌滤纸上吸干，接种至芽诱导培养基，即固体 MS＋BA 0.5mg/L＋NAA 0.1mg/L＋硫酸腺嘌呤（ADS）80mg/L，或者 MS＋BA 0.25～0.5mg/L＋KT 0.25～0.5mg/L＋NAA 0.15mg/L。

丛生芽形成后，采用的继代培养基为固体 MS＋BA 0.5mg/L＋NAA 0.1mg/L＋GA 3.0mg/L＋ADS 80mg/L，或者 MS＋BA 0.6mg/L＋KT 0.2mg/L＋NAA 0.1mg/L＋GA 1.0mg/L＋ADS 40mg/L，促进芽伸长和壮芽（图 8-84）。

丛生芽长至 1cm 以上时，从基部平切下来，插至诱导生根培养基，即固体 1/2MS＋IBA 1.0～1.5mg/L＋0.2%～0.3% 活性炭，生根后移至营养钵（图 8-85）。

图 8-84　番木瓜增殖培养

图 8-85　番木瓜壮苗生根

【栽培管理技术】

1. 番木瓜营养生长期

番木瓜定植后 60～70 天内要重施磷、钾肥和氨基酸、腐殖酸等，氮、磷、钾施用比例为 1∶1∶1，以复合肥（15-15-15）为宜。

20～30 天环沟施重肥 1 次，每株 0.1kg，也可用硫酸钾撒施或磷酸二氢钾有机复合微肥叶面喷施（每隔 10～15 天 1 次，用肥量逐次增多），促进番木瓜开花。番木瓜生长 45～50 天，可进行一次中耕除草、施肥，其作用一是疏松土壤，防止板结，促进根系发达；二是降低土壤湿度，以防止沤根，烂根；三是减少杂草，破坏害虫栖息环境。

2. 番木瓜开花期

番木瓜开花前氮、磷、钾施用比例为 1∶1.5∶1，并注意补施硼肥及有机复合微肥，提高番木瓜授粉能力和促进开花数量。开花后注意保水、保肥和防风，雨水较多时，及时喷施保护剂，如 80% 大生 600 倍液或 80% 保加新 600 倍液。

3. 番木瓜结果期

番木瓜结果期要重施磷、钾肥和沤熟鸡粪、花生麸，适当补充氮肥和微量元素，如镁、硼、锌等。每次采摘后及时追肥，氮、磷、钾施用比例为 1∶1∶1.5，每株施用氮、磷、钾混合肥 0.1～0.15kg，一般以肥水灌施为主。同时，配合喷施叶面肥（如磷酸二氢钾和有机复合微肥、靓瓜贝和农夫绿泉等）。

番木瓜膨大期一般在 7～8 月。此时结果数量每株 15～25 个，根据叶片质量和地力确定。土壤肥力较好的，其表现是叶色浓绿、厚实、落叶少，可控制施肥或少施肥料。如果叶色偏黄、叶片薄，表明体内营养物质积累降低，可补施肥料。

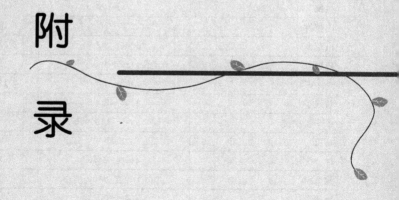

附录

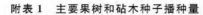

附表 1　主要果树和砧木种子播种量

树种	每千克种子粒数	播种量/(kg/亩)
山定子	150000～220000	1～1.5
海棠果	40000～60000	2.5～3.5
秋子梨	16000～28000	4～6
杜梨	28000～70000	2～3
野生砂梨	20000～40000	1～3
豆梨	80000～90000	0.5～1.5
毛桃	200～400	30～50
山桃	260～600	30～50
山杏	800～1400	15～30
酸枣	4000～5600	4～6
枣	2000～2600	7.5～10
毛樱桃	8000～5600	7.5～10
甜樱桃	10000～16000	7.5～10
山樱桃	12000	7.5～10
山楂	13000～18000	7.5～15
核桃	70～100	100～150
山核桃	100～160	150～175
山葡萄	26000～30000	1.5～2.5
板栗	120～300	100～150
丹东栗	100～140	150～175
君迁子	3400～8000	5～10
中华猕猴桃	800000～1600000	—
草莓	2000000	—
枳	4400～6400	20～60
构头橙	6000～6400	15～45
枳橙	4000～5000	35～60
柚	2400～5000	30～60
荔枝	320	100～125
芒果	50	375～400
番木瓜	50000	1.75～2.0

附表 2 部分果树苗木出圃规格标准
附表 2-1 实生砧苗的质量标准
（GB 9847—88）

项目		级别		
		一级	二级	三级
品种与砧木类型		纯正		
根	侧根数量	5 条以上	4 条以上	4 条以上
	侧根基部粗度	0.45cm 以上	0.35cm 以上	0.30cm 以上
	侧根长度	20cm 以上		
	侧根分布	均匀、舒展而不卷曲		
茎	砧段长度	5cm 以下		
	高度	120cm 以上	100cm 以上	80cm 以上
	粗度	1.20cm 以上	1.00cm 以上	0.80cm 以上
	倾斜度	15°以下		
	根皮与茎皮	无干缩皱皮。无新损伤处；老损伤处总面积不超过 1.00cm²		
芽	整形带内饱满芽数	8 个以上	6 个以上	6 个以上
接合部愈合程度		愈合良好		
砧桩处理与愈合程度		砧桩剪除，剪口环状愈合或完全愈合		

附表 2-2 营养系矮化中间砧苗的质量标准
（GB 9947—88）

项目		级别		
		一级	二级	三级
品种与砧木类型		纯正		
根	侧根数量	5 条以上	4 条以上	4 条以上
	侧根基部粗度	0.45cm 以上	0.35cm 以上	0.30cm 以上
	侧根长度	20cm 以上		
	侧根分布	均匀、舒展而不卷曲		

续表

项目		级别		
		一级	二级	三级
茎	砧段长度	5cm 以下		
	中间砧段长度	20~35cm,但同一苗圃的变幅不超过 5cm		
	高度	120cm 以上	100cm 以上	80cm 以上
	粗度	0.80cm 以上	0.70cm 以上	0.60cm 以上
	倾斜度	15°以下		
根皮与茎皮		无干缩皱皮。无新损伤处;老损伤处总面积不超过 1.00cm²		
芽	整形带内饱满芽数	8 个以上	6 个以上	6 个以上
接合部愈合程度		愈合良好		
砧桩处理与愈合程度		砧桩剪除,剪口环状愈合或完全愈合		

附表 2-3 营养系矮化砧苗的质量标准

(GB 9947—88)

项目		级别		
		一级	二级	三级
品种与砧木类型		纯正		
根	侧根数量	15 条以上	15 条以上	10 条以上
	侧根基部粗度	0.25cm 以上	0.20cm 以上	0.20cm 以上
	侧根长度	20cm 以上		
	侧根分布	均匀、舒展而不卷曲		
茎	砧段长度	10~20cm		
	高度	120cm 以上	100cm 以上	80cm 以上
	粗度	1.00cm 以上	0.80cm 以上	0.70cm 以上
	倾斜度	15°以下		
根皮与茎皮		无干缩皱皮。无新损伤处;老损伤处总面积不超过 1.00cm²		
芽	整形带内饱满芽数	8 个以上	6 个以上	6 个以上
接合部愈合程度		愈合良好		
砧桩处理与愈合程度		砧桩剪除,剪口环状愈合或完全愈合		

附表 2-4　梨、桃果苗出圃规格质量标准

（果树栽培学总论，郗荣庭主编）

树种	项目	规格	标准
梨	根系	主侧根数目及长度	主侧根长度 15cm 以上，有 2 个以上侧根，分布均匀，舒展不弯曲
	苗干	高度和粗度	同苹果苗木标准
	芽	整形带内饱满芽数	6 个以上
	结合部	愈合程度	完全愈合
	砧木	处理状况	砧桩剪除，剪口愈合良好，无损伤
桃	根系	主侧根数目及长度	主侧根长度 15cm 以上，有 3 个以上侧根，分布均匀，舒展不弯曲
	苗干	高度和粗度	苗高 80cm 以上，接口上 10cm 处直径 1.0cm 以上
	芽	整形带内饱满芽数	有 6 个以上饱满芽，若有副梢，应发育充实
	结合部	愈合程度	完全愈合
	砧木	处理状况	完全愈合 砧桩剪除，剪口愈合良好，无损伤

附表 2-5　柑橘类果苗木质量规格（试用）

（果树栽培学总论，郗荣庭主编）

种类	品种（系）	砧木	甲级苗		乙级苗	
			高度/cm	粗度/cm	高度/cm	粗度/cm
甜橙类	锦橙 20 号	甜橙	77 以上	0.8 以上	60~77 以上	0.8 以上
	脐橙	红橘	77 以上	0.8 以上	60~77 以上	0.8 以上
	夏橙	枳	66 以上	0.8 以上	50~60 以上	0.8 以上
	红玉血橙等	枳	66 以上	0.8 以上	50~60 以上	0.8 以上
宽皮柑橘类	大红袍（四川红橘） 江南柑、温州蜜柑、 朱砂柑等	枳	66~77 以上	0.8 以上	50~67 以上	0.8 以上
		红橘	66~77 以上	0.8 以上	50~67 以上	0.8 以上
		枳	67 以上	0.8 以上	50~67 以上	0.8 以上
		红橘	67 以上	0.8 以上	50~67 以上	0.8 以上
柚类	沙田柚、垫江柚、 梁平柚、无核柚等	酸柚	83~100 以上	2.0 以上	67~83 以上	1.0 以上
			83~100 以上	2.0 以上	67~83 以上	1.0 以上

种类	品种（系）	砧木	甲级苗		乙级苗	
			高度/cm	粗度/cm	高度/cm	粗度/cm
柠檬类	尤力克柠檬等	甜橙	83～100以上	2.0以上	67～83以上	1.0以上
			83～100以上	2.0以上	67～83以上	1.0以上
金柑类	罗纹金柑	枳	50以上	0.5以上	33～55以上	0.5以上
	罗浮金柑等	枳	50以上	0.5以上	33～55以上	0.5以上

注：1. 剪口愈合良好。

2. 主干上有 3 个以上分枝。

3. 主干弯曲度不大。

4. 高度从地面算起。

5. 粗度从接口以上 2cm 算起。

标准中术语解释：

实生砧：指用种子繁育的砧木。

营养系矮化中间砧：指根砧（又称基砧，即带根的砧木）与嫁接品种之间的营养系矮化砧段。

营养系矮化砧：指压条、扦插、分株、组织培养等方法繁育的，能使树体矮小的砧木。

根皮与茎皮损伤：包括自然、人为、机械、病虫损伤。无愈合组织的为新损伤处；有环状愈合组织的为老损伤处。

侧根数量：指实生砧主根或营养系矮化砧地下茎段直接长出的侧根数。

侧根基部粗度：指侧根基部 2cm 处的直径。

侧根长度：指侧根基部至先端的距离。

砧段长度：指各种砧木由地表至基部嫁接口的距离。

茎高度：指地面至嫁接品种茎先端芽基部的距离。

茎粗度：指品种嫁接口以上 10cm 处的直径。

茎倾斜度：指嫁接口上下茎段之间的倾斜角度。

整形带：实生砧苗或营养系矮化砧苗，指地面以上 40～75cm 的范围；营养系矮化中间砧苗，指地面以上 50～75cm 的范围。

饱满芽：指整形带内生长发育良好的健康芽。如果其芽发出副梢，一个木质化副梢，计一个饱满芽；未木质化的副梢不计。

接合部愈合程度：指各嫁接口的愈合情况。

砧桩处理与愈合程度：指各嫁接口上部的砧桩是否剪除与其剪口的愈合情况。

附表3　苹果苗木质量检验证书

苹果苗木质量检验证书存根

编号：_____

品种/砧木或品种/中间砧/根砧：_____

株数：_____其中：一级：_____二级：_____三级：_____

起苗日期：_____包装日期：_____发苗日期：_____

收苗单位：_____签证日期：_____

苹果苗木质量检验证书

编号：_____

品种/砧木或品种/中间砧/根砧：_____

株数：_____其中：一级：_____二级：_____三级：_____

收苗单位：_____签证日期：_____

起苗日期：_____包装日期：_____发苗日期：_____

砧木来源：_____接穗来源：_____

检验意见：_____

生产单位：_____收苗单位：_____

生产单位检验人：_____签证日期：_____

参考文献

［1］　郗荣庭.果树栽培学总论.北京：中国农业出版社，2000.

［2］　张玉星.果树栽培学各论.北京：中国农业出版社，2008.

［3］　张耀芳.北方果树苗木生产技术.北京：化学工业出版社，2012.

［4］　苏金乐.园林苗圃.北京：中国农业出版社，2006.

［5］　郭玉生.中原地区主要树种育苗技术.北京：中国林业出版社，2006.

［6］　马宝焜.红富士苹果优质果品生产技术.北京：农业出版社，1993.

［7］　郑志新，金正征，刘社平.园林植物育苗.北京：化学工业出版社，2010.

［8］　史玉群.绿枝扦插快速育苗实用技术.北京：金盾出版社，2008.

［9］　赵进春.21世纪果树优良新品种.北京：中国林业出版社，2010.

［10］　高新一，王玉英.林木嫁接技术图说.北京：金盾出版社，2009.

［11］　王玉柱.主要果树新品种（新品系）及新技术.北京：中国农业大学出版社，2011.

［12］　陈贵林等.大棚日光温室草莓栽培技术.北京：金盾出版社，2009.

［13］　张新华，李富军.枣标准化生产.北京：中国农业出版社，2007.

［14］　张美勇.核桃优质高效安全生产技术.济南：山东科学技术出版社，2008.

［15］　王蒂.植物组织培养.北京：中国农业出版社，2004.

［16］　王景彦等.现代苹果整形修剪技术图解.北京：中国林业出版社，1993.

［17］　贾永祥等.图解梨树整形修剪.北京：中国农业出版社，2010.

欢迎订阅农业种植类图书

书号	书　　名	定价/元
18211	苗木栽培技术丛书——樱花栽培管理与病虫害防治	15.0
18194	苗木栽培技术丛书——杨树丰产栽培与病虫害防治	18.0
15650	苗木栽培技术丛书——银杏丰产栽培与病虫害防治	18.0
15651	苗木栽培技术丛书——树莓蓝莓丰产栽培与病虫害防治	18.0
18188	作物栽培技术丛书——优质抗病烤烟栽培技术	19.8
17494	作物栽培技术丛书——水稻良种选择与丰产栽培技术	19.8
17426	作物栽培技术丛书——玉米良种选择与丰产栽培技术	23.0
16787	作物栽培技术丛书——种桑养蚕高效生产及病虫害防治技术	23.0
16973	A级绿色食品——花生标准化生产田间操作手册	21.0
18095	现代蔬菜病虫害防治丛书——茄果类蔬菜病虫害诊治原色图鉴	59.0
17973	现代蔬菜病虫害防治丛书——西瓜甜瓜病虫害诊治原色图鉴	39.0
17964	现代蔬菜病虫害防治丛书——瓜类蔬菜病虫害诊治原色图鉴	59.0
17951	现代蔬菜病虫害防治丛书——菜用玉米菜用花生病虫害及菜田杂草诊治图鉴	39.0
17912	现代蔬菜病虫害防治丛书——葱姜蒜薯芋类蔬菜病虫害诊治原色图鉴	39.0
17896	现代蔬菜病虫害防治丛书——多年生蔬菜、水生蔬菜病虫害诊治原色图鉴	39.8
17789	现代蔬菜病虫害防治丛书——绿叶类蔬菜病虫害诊治原色图鉴	39.9
17691	现代蔬菜病虫害防治丛书——十字花科蔬菜和根菜类蔬菜病虫害诊治原色图鉴	39.9
17445	现代蔬菜病虫害防治丛书——豆类蔬菜病虫害诊治原色图鉴	39.0
16916	中国现代果树病虫原色图鉴(全彩大全版)	298.0
16833	设施园艺实用技术丛书——设施蔬菜生产技术	39.0
16132	设施园艺实用技术丛书——园艺设施建造技术	29.0
16157	设施园艺实用技术丛书——设施育苗技术	39.0
16127	设施园艺实用技术丛书——设施果树生产技术	29.0

书号	书　名	定价/元
09334	水果栽培技术丛书——枣树无公害丰产栽培技术	16.8
14203	水果栽培技术丛书——苹果优质丰产栽培技术	18.0
09937	水果栽培技术丛书——梨无公害高产栽培技术	18
10011	水果栽培技术丛书——草莓无公害高产栽培技术	16.8
10902	水果栽培技术丛书——杏李无公害高产栽培技术	16.8
12279	杏李优质高效栽培掌中宝	18
22777	山野菜的驯化及高产栽培技术 50 例	29
22640	园林绿化树木整形与修剪	29
22846	苗木繁育及防风固沙树种栽培	29
22055	200 种花卉繁育与养护	39

　　如需以上图书的内容简介、详细目录以及更多的科技图书信息，请登录 www.cip.com.cn。

　　邮购地址：（100011）北京市东城区青年湖南街 13 号　　化学工业出版社

　　服务电话：010-64518888，64519683（销售中心）；如要出版新著，请与编辑联系：010-64519351